U0412479

"十三五"国家重点出版物出版规划项目
现代机械工程系列精品教材

工程与社会

主编　陈江平　胡海涛
参编　冯向军　刘晓晶　马　昊　王恩禄　张延松
（排名不分先后，以姓氏拼音为序）

机械工业出版社

本书为“十三五”国家重点出版物出版规划项目。

本书系统地介绍了工程与社会之间的联系、区别与协调，工程伦理及案例分析，工程架构与常用工具，工程沟通与写作，人才育成及创新能力培养等。全书内容包括：工程、科学、技术与社会的关系，工程伦理对社会的影响，工程师的职业伦理与伦理规范，工程伦理的典型案例与分析框架，工程与项目管理的概念、基本原则、项目组织、计划和实施控制，以及项目管理流程和质量管理，报联商的意义与技巧，学术写作、工程报告与表达、工程预算与经济评价等文件撰写，工程人才育成与创新能力培养。

本书可作为普通高等院校本科生和研究生“工程与社会”课程的教材及相关课程的教学参考书。

图书在版编目（CIP）数据

工程与社会/陈江平，胡海涛主编. —北京：机械工业出版社，2021.3（2025.1重印）

“十三五”国家重点出版物出版规划项目　现代机械工程系列精品教材

ISBN 978-7-111-67894-6

Ⅰ.①工…　Ⅱ.①陈…　②胡…　Ⅲ.①工程技术-伦理学-高等学校-教材　Ⅳ.①B82-057

中国版本图书馆 CIP 数据核字（2021）第 057937 号

机械工业出版社（北京市百万庄大街 22 号　邮政编码 100037）
策划编辑：蔡开颖　责任编辑：蔡开颖　段晓雅
责任校对：张玉静　封面设计：张　静
责任印制：张　博
北京中科印刷有限公司印刷
2025 年 1 月第 1 版第 3 次印刷
184mm×260mm · 11.25 印张 · 273 千字
标准书号：ISBN 978-7-111-67894-6
定价：34.80 元

电话服务	网络服务
客服电话：010-88361066	机　工　官　网：www.cmpbook.com
010-88379833	机　工　官　博：weibo.com/cmp1952
010-68326294	金　　书　　网：www.golden-book.com
封底无防伪标均为盗版	机工教育服务网：www.cmpedu.com

序

工程是人类社会重要而复杂的社会实践过程，涉及政治、文化、经济、环境和社会学等诸多因素，现代工程大规模、高技术的特点，使得影响工程实践结果的风险因素日趋复杂。现代科技的迅猛发展，极大地改变了人与自然、人与人的相处方式，却也带来了环境污染、土地沙化、气候变化等一系列伦理问题。试管婴儿、基因改良、人工智能、自动驾驶等新技术的应用，更对我们传统的价值观提出了极大的挑战。在人类改变世界的过程中，应该遵循什么样的原则？科学与工程的发展是否就是一味向前？在工程活动中，工程师应该对什么负责？向谁负责？负什么责任？谁负责任？工程师又有哪些需要遵循的伦理规范？“工程与社会”这门课，将引导同学们思考上述问题。

目前，大学本科工程类专业学生普遍存在重技术、轻人文的特点，在工程伦理意识，关注社会、安全意识等方面有所欠缺，在人文素养、交流沟通、工程管理及创新能力等方面仍有待提高。《工程与社会》一书就是试图引导学生们能以工程的方法去处理社会问题，探讨如何正确评判工程与社会的复杂关系，通过分析工程与社会、工程与伦理、工程与经济、工程与文化等关系问题，帮助同学们进一步认识工程活动的社会因素，更深入地认识工程活动的规律。

该书内容涵盖工程学与社会学之间的联系、区别与协调，工程伦理及案例分析，工程架构与常用工具，工程沟通与写作，人才育成及创新能力培养等。学习“工程与社会”这门课，可以使学生了解自身在工程中所应具备的综合能力与职业素养，树立正确的价值观，了解中国国情，培养社会责任感；培养学生的工程伦理意识、规范和能力；从案例中学会如何履行职业责任、完成工作使命，以及如何避免潜在危害的发生。

工程类学科强调持续改进。希望同学们在“工程与社会”课程中掌握工程学和社会学系统思维，取长补短，在引领未来产业和社会发展中成为领导者。

林忠钦

上海交通大学校长、中国工程院院士

前言

近代科技发展迅猛，极大地改变了人与自然的相处方式，却也带来了环境污染、土地沙化、气候变化等一系列问题。试管婴儿、基因改良、人工智能等新技术的应用，更对人们传统的价值观提出了极大的挑战。在人类改变世界的过程中，应该遵循什么样的原则？科学与工程的发展是否就是一味向前？此时，每一位有责任感的人都面临心灵的拷问：我们该做什么？我们不该做什么？大学的工程教育，除了传授基础知识、训练专业技能之外，还应该培养学生的哪些能力？

对工程类专业毕业生大学教育的素养提升调查发现，工程类专业毕业生在专业知识、逻辑思维、研究能力、团队协作、乐观积极等方面表现较为突出，但存在重技术、轻人文的特点，主要体现在工程伦理意识匮乏，不太关注社会，安全意识欠缺，人文素养、交流沟通、工程管理及创新能力等方面仍有待提高。从社会学的角度来看工程问题，工程项目是否成功，依赖的不仅仅是技术，还取决于人机料法环等其他因素；如果用工程方法来看社会问题，其实保持低失败率才能建立个人品牌，而项目风险其实都是有迹可循的。本书的书名为《工程与社会》，就是试图引导学生能以工程的方法去处理社会问题，能从社会学的角度评估工程特性。

党的二十大报告指出，要“培育创新文化，弘扬科学家精神，涵养优良学风，营造创新氛围”。本书的内容涵盖工程与社会之间的联系、区别与协调，工程伦理及案例分析，工程架构与常用工具，工程沟通与写作，人才育成及创新能力培养等。工程伦理与多数情况下工程师需要遵循的一系列道德规范有关，从工程实践的社会伦理维度审视工程，其核心则是一种职业伦理；而工程架构、管理与交流，是从实际案例出发，在工程与社会间建立关键性的联系。

本书共七章，由陈江平和胡海涛担任主编，参加编写的还有冯向军、刘晓晶、马昊、王恩禄、张延松（排名不分先后，以姓氏拼音为序）。第 1 章为绪论，重点介绍工程、科学、技术与社会的关系，工程伦理对社会的影响；第 2 章为工程师的职业伦理与伦理规范，详细叙述了工程伦理准则与工程师职业伦理规范；第 3 章为工程伦理的典型案例与分析框架，以典型案例为分析对象，详细阐述工程伦理问题的分析框架；第 4 章为工程管理与分析工具，叙述了工程与项目管理的概念、基本原则、项目组织、计划和实施控制，以及项目管理流程和质量管理；第 5 章为报联商的意义与技巧，叙述了沟通联络的重要性和技巧；第 6 章为学术写作、工程报告与表达，详细介绍了论文与报告的编写规则，论文与工程文档的撰写流程、交流汇报，工程预算与经济评价等，强调了报告写作与交流能力的重要性；第 7 章为工程人才育成与创新能力培养，叙述了职业技能、创新能力的培养。

教师在安排“工程与社会”课程教学内容时，建议第 1 章和第 2 章按照书本内容通过案例进行课堂教学，第 3~7 章可通过学生与老师互动、案例教学、分组展示等多种方式进行教学。分组展示时以 3~5 名学生组成小组，对于每次的分组任务进行分工合作，培养学生的工程伦理决策、工程交流沟通、团队合作等能力。

通过对本课程的学习，学生可以了解工程中所应具备的综合能力与职业素养，认识到工程与社会之间的联系、区别与协调关系，树立正确的价值观，了解我国国情，培养社会责任感；同时，还可以培养自身的工程伦理意识、规范和能力，以及工程架构与交流能力；从案例中，学生能够学会如何履行职业责任、完成工作使命，以及如何避免潜在危害的发生。通过本课程的教学，教师可以对学生进行正确积极的价值引导。

本书的目的并不仅限于向学生传授工程学或社会学的知识，而更加希望学生能把知识变成习惯，学会从不同的视角看待问题，接受不同的观点。

编　者

目录

第 1 章

绪 论

1.1 定义

1.1.1 工程、科学、技术与社会

1. 工程

工程作为日常生活常见的词语，一般有两层含义。第一层含义为抽象概念的“工程”，即将自然科学基础学科的原理和科学实验、生产实践中所积累的经验应用到工农业生产部门而形成的各应用学科的统称，如土木建筑工程、水利工程、生物工程等；第二层含义为具象概念的“工程”，是指作业量较大、作业流程较复杂的基本建设项目，如青藏铁路工程、三峡水利枢纽工程、危房改造工程。

在讨论工程与社会的关系之前，需要先理清技术和工程的概念。技术和工程都起源于人的劳动。在《辞海》中，“技术”被解释为“人类在利用自然和改造自然的过程中积累起来并在生产劳动中体现出来的经验和知识，也泛指其他操作方面的技巧”。从“技术”和“工程”的词源词义来看，可以发现技术与工程之间虽然存在差异，但是相互联系。任何时代的工程活动都以该时代的技术为基础，对其进行集成和应用。同时，工程也必然会成为技术的重要载体，并使技术的本质特征得以具象化。本书后续对于这当中的细微差异不再区分。

任何一个工程活动，从构思、设计到可行性分析，再到工程的实施，直到对工程结果实际效果的评价都涉及社会因素。正因为如此，人们认为工程是嵌入在社会中的。现代工程活动往往由工程师、工人、投资者、管理者和其他利益相关者组成，一般称为工程共同体。一方面，工程活动的目的是“更好地生活”，其出发点是造福人类社会；另一方面，工程共同体通过实践将工程设计和知识应用于自然。因此与现代科学相似，工程活动具有不确定性和探索性。

首先，工程活动都需要有预先的设计方案。在具体实施之前，工程师需要思考多方面的因素，包括且不限于自然资源、社会资源、科学知识、工程技术。

其次，工程活动的实施过程中往往会出现一些设计方案预想之外的问题。这种不确定性来源于理论设计与实地实施的差异，对材料的加工和利用过程的差异，特殊自然条件、地理结构或天气状况的差异。

最后，工程实践的结果往往会超出预期。工程活动的本质是“造物”。新的人工物将如何影响原有的自然环境、社会环境，这些都是未知数。可以预见的是，社会中的各个成员和组成部分之间存在着不同形式的协调和合作，更存在着各式各样的矛盾和冲突。

2. 制造业

人们经常说到的两个行业，一个是服务业，一个是制造业，听起来很对等。假设两个行业产出的 GDP（Gross Domestic Product，国内生产总值）相等，哪个行业的价值更大？有人可能会说，既然 GDP 一样，那价值就一样。得出这个结论，是因为戴着一副抽象的眼镜，把产业抽象成了 GDP 表现出的数字，所以觉得它们一样。如果换一副眼镜，用还原的眼镜再来看这个问题，答案就会发生改变。

服务业和周边社会要素的连接没有那么强，所以，在一个贫穷的国家，人们能看到一座豪华的五星级酒店，也能看到一个不错的软件园，还能看到一个国际银行的地区总部，这些都很正常。它们都可以在某道围墙里做生意，不需要与周边社会打什么交道。

如果是一个制造业的园区呢？它对真实世界会提出苛刻的要求：要有运转良好的港口道路、良好的社会治安、稳定的税收和行政方面的治理能力，要有劳动技能、劳动态度都良好的工人，还要有稳定的能源、原料供应，以及周边的居住、餐饮、医疗、教育等配套设施。

一座工厂，它必须连接一个真实世界。甚至可以说，一个国家的制造业水平本身就是其社会治理能力的晴雨表。说到这，人们就明白了为什么中国经济不能过度虚拟化。不是虚拟产业不好，而是制造业不能丢。制造业是人们构建一个真实、良好的社会的压舱石。

3. 科学与技术的关系

（1）人工智能　人工智能是 21 世纪三大尖端技术之一。该领域的研究包括机器人、语言识别、图像识别、自然语言处理和专家系统等。人工智能分为以下三大类：弱人工智能（Artificial Narrow Intelligence，ANI），强人工智能（Artificial General Intelligence，AGI）和超人工智能（Artificial Super Intelligence，ASI）。

随着劳动力价格上涨，中国制造业的“人口红利”正在不断消失。发达国家推进“再工业化”和“制造业回归”，全球制造业高端化竞争的趋势日益明显。以现代化、自动化的装备提升传统产业，推动技术红利替代人口红利，成为中国制造产业化升级和经济持续增长的必然之选。在用工紧张和资源有限的情况下，通过提升机器的办事效率来提高企业的产出效益（即“机器换人”）也成为各公司发展的必经之路。智能机器人如图 1-1 所示。

图 1-1　智能机器人

在吸纳首位机器人入职的 9 年后，海立集团尝到了大甜头：2015 年，使用一台机器人的成本一年不到 6 万元，而使用一名工人的成本一年近 10 万元。生产空调“心脏”——压缩机的海立集团，拥有上海最大规模之一的机器人工厂。在海立看来，在成本高企的黄浦江畔，压缩机制造产业仍可保留，因为“招聘”机器人员工为海立争取到了战略空间。事实上，除了制造业运用的工业机器人，智能机器人也开始取代人工客服，在金融等领域越来越多地扮演起客服的角色，例如，建行、招行因此共省去 9000 名人工客服。

从 20 世纪广受关注的 IBM 公司超级计算机与国际象棋世界冠军卡斯帕罗夫之间的大战开始，人类与计算机之间的博弈从未停止。1989 年 10 月 22 日，国际象棋大师卡斯帕罗夫 2：0 战胜超级计算机“深蓝”。1997 年 5 月 11 日，卡斯帕罗夫负于“深蓝”，从而在当年的“人机大战”中以一胜二负三和的战绩败北。2004 年 6 月 12 日，国际象棋特级大师诸宸两度负于计算机棋手“紫光之星”。2016 年 3 月 9 日，“阿尔法围棋（AlphaGo）”向人类发起挑战，并在前两轮比赛中击败韩国棋手李世石九段。

（2）智能制造　智能制造（Intelligent Manufacturing，IM）系统是一种由智能机器人和人类专家共同组成的人机一体化智能系统，它能在制造过程中进行智能活动，诸如分析、推离、判断、构思和决策等。智能制造系统将传统的制造自动化的概念更新，并扩展到柔性化、智能化和高度集成化中。

智能化的应用案例之一是协作机器人。协作机器人（Cobots）是参与人类机器人协作的新一代机器人。通过协作机器人，人类与机器人可以在同一车间肩并肩协作，而没有任何障碍，并且可以在生产过程中拥有更大的灵活性。在设置人类机器人协作中，当人类控制和监控其生产时，协作机器人以最高精度执行单调且对人类来说繁重的工作。协作机器人替代了一部分人类的工作，使人类可以在生产过程中关注其他领域。预计到 2023 年，协作机器人的市场价值将达 42.8 亿美元。

协作机器人在制造领域正趋于流行。在汉诺威工业博览会上所展示的索菲亚，这位著名的人形机器人拥有着让世界惊叹不已的智慧。沙特阿拉伯还首先向这个机器人授予了国籍，这也是世界上首个拥有国籍的机器人。在此情况下，索菲亚说：“我对这个特殊的荣誉感到非常荣幸和自豪。成为世界上第一个拥有国籍的机器人，这非常具有历史意义。”

（3）绿色制造　绿色制造也称为环境意识制造（Environmentally Conscious Manufacturing）、面向环境的制造（Manufacturing For Environment）等，是一种综合考虑环境影响和资源效益的现代化制造模式。绿色制造技术是指在保证产品的功能、质量、成本的前提下，综合考虑环境影响和资源效率的现代制造模式。它使产品在设计、制造、使用到报废的整个产品生命周期中不产生环境污染或使产品所造成的环境污染最小化，符合环境保护要求，对生态环境无害或危害极少，节约资源和能源，使资源利用率最高，能源消耗最低。绿色制造的标识如图 1-2 所示。

绿色制造技术的应用案例之一是福特生活屋顶。福特生活屋顶具有更长的寿命和轻量化设计。一方面，通过保护下面的屋顶结构免受紫外线辐射，以及由温暖的天气和凉爽的夜晚引起的热冲击（膨胀和收缩），生活屋顶的使用寿命预计将比传统屋顶延长至少两倍，这可以节省数百万美元的屋顶更换与维护成本；另一方面，生活屋顶上的植物种植在薄薄的四层垫状系统中，而不是松散的土壤中，即使用水浸泡，这种创新的植被毯的质量也很轻。

图 1-2　绿色制造的标识

1.1.2　伦理、道德与工程伦理

伦理，在《汉语大词典》中的意思是人伦道德之理，指人与人相处的各种道德准则。

该词在汉语中指的就是人与人的关系和处理这些关系的规则。如，“天地君亲师”为五天伦，君臣、父子、兄弟、夫妻、朋友为五人伦，忠、孝、悌、忍、信为处理人伦的规则。从学术角度来看，人们往往把伦理看作是对道德标准的寻求。

而道德这个概念，最早可以追溯到中国古代思想家老子的《道德经》：“道生之，德畜之，物形之，势成之。是以万物莫不尊道而贵德。道之尊，德之贵，夫莫之命而常自然。故道生之，德畜之，长之育之，亭之毒之，养之覆之。生而不有，为而不恃，长而不宰，是谓玄德”。《汉语大词典》中将道德解释为社会意识形态之一，是人们共同生活及其行为的准则和规范。

由“伦理”和“道德”引出的伦理规范是指人与人、人与社会和人与自然之间关系处理中的行为规范，或者人与人之间符合某种道德标准的行为准则。工程伦理，就属于工程领域的伦理规范。

1.1.3 伦理立场

在探讨“什么是好、什么是坏，以及道德责任与义务”的过程中，历史上的哲学家形成了不同的伦理学思想和伦理立场。大体上，可以把这些伦理立场概括为功利论、义务论、契约论和德性论。

1. 功利论

功利主义（Utilitarianism）认为人应该做出能“达到最大善”的行为，最大善的计算则必须依靠此行为所涉及的每个个体之苦乐感觉的总和，其中每个个体都被视为具有相同分量，且快乐与痛苦是能够换算的，痛苦仅是“负的快乐”。不同于一般的伦理学说，功利主义不考虑一个人行为的动机与手段，仅考虑一个行为的结果对最大快乐值的影响。能增加最大快乐值的即是善，反之即是恶。边沁和密尔都认为：人类的行为完全以快乐和痛苦为动机。密尔认为：人类行为的唯一目的是求得幸福，所以对幸福的促进就成为判断人的一切行为的标准。

在工程中，“将公众的安全、健康和福祉放在首位”是大多数工程伦理规范的核心原则，功利主义是解释此原则的最直接方式，即认为公众的福祉为“最大的善”。

2. 义务论

理想主义义务论认为人是理性的存在。康德认为：理性追求的是理想至善，道德法则的使命就是“自己为自己立法”，人的自由意志就是要实践道德法治。以罗斯为代表的直觉主义义务论认为，人们通常可以依赖直觉发现正确的道德原则。罗斯提出了遵守诺言、忠诚、感恩、仁慈、正义、自我改进和不行恶的道德原则。

“工程师在履行职业责任时不得受到利益冲突的影响”“工程师应为自己的职业行为承担个人责任”，以及“接受使工程决策符合公众的安全健康和福祉的责任”，美国职业工程师协会关于工程师伦理准则中的这些表述都是义务论的体现。

3. 契约论

契约论通过一个规则性的框架体系，把个人行为的动机和伦理规范看作是一种社会协议。事实上，原始的传统风俗和行为习惯是经过不同形式的社会契约才发展为伦理规范的。工程伦理作为工程师职业道德规范，是基于经验的制度化行为规范框架，是取得共识的价值指引。同时，这套制度规则也允许工程师个体价值的多元性存在。因此，西方工程师协会制定的伦理准则认同工程师有以下权利："生活和追求自己的正当利益""接受履行其职责的回报和从事自己选择的非工作的政治活动，不受雇主的报复或胁迫"，以及"职业角色及其相关义务产生的特殊权利"。

4. 德性论

德性论聚焦在道德主体，即行为的推动者，道德主体的性格为伦理行为的推动力。与目的论、义务论最大的不同之处是，德性伦理学是不会依照单一标准去判断某个行为是否合乎道德的，而是从整体进行判断。

当代德性论的主要代表麦金泰尔认为，德性只有通过实践才能达到自我实现。生命的脆弱性、生存的依赖性，使得人类的共处只有在有德性的状态下才可兴旺昌盛。因此，拥有德性并在实践中践行德性的行为才是正当的、好的行为。这也是工程师协会制定工程师伦理准则的出发点之一。例如，"工程师的行为举止应该坚持与提升工程师专业的荣誉、正直、尊严，并且不容许行贿、欺骗、贪污"。

1.1.4 伦理困境与伦理决策

伦理困境也称为道德悖论，是指陷于几个道德命令之间的明显冲突，如果遵守其中一项，就将违反另一项的情形。此情况下无论如何作为都可能与自身价值观及道德观有冲突，其中比较著名的有"电车难题"。伦理困境的形式化表示如下：

1）A 是道德上必须做的。

2）B 也是道德上必须做的。

3）不能同时做 A 和 B。

面临伦理困境时，持有不同伦理立场的利益相关者，自然有截然不同的选择。麦金泰尔曾指出，人们的道德水平与所处的文化背景有着历史性关联，不存在普适的道德原则。人们只能在有限的道德选择和伦理行为的范围内，审慎地思考下列几对重要的伦理关系：

1）权利与义务的关系。在尊重个人自主权利的同时，也要履行对他人、集体及社会的义务。

2）效率和公平的关系。"效率优先、兼顾公平"，要公正处理利益相关者的关系。

3）个体与集体的关系。一方面，个人利益不能凌驾于集体利益之上；另一方面，工程实践应该充分保障个体的合法权益。

4）环境与社会的关系。工程活动的特性之一是"造物"。在实现工程的社会价值的同时，工程活动对自然环境和生态平衡也会带来直接影响。

1.2 伦理学与工程伦理学

1.2.1 伦理与伦理学

《剑桥哲学辞典》定义伦理学为对于道德的哲学研究，同时指出，伦理和道德的英语用词"ethics"和"morality"在英语里普遍通用；但有时候伦理学也会被狭义地释义为某种传统、群体或个人所持有的道德原则。广义地说，社会里的所有规范、习俗、制度、格言、礼仪、行为标准、律法，都囊括在伦理的范畴内。

伦理学主要分为元伦理学、规范伦理学和描述伦理学三个领域，同时加上应用于实际议题上的应用伦理学，共四种研究领域。元伦理学主要研究伦理概念的理论意义与本质。规范伦理学则着重评判各种不同的道德观，并且对于正确或错误行为给予道德准则建议。描述伦理学试图揭露人们的想法，这包括价值观、对与错的举止、道德主体的哪种特征具有良善的本质等。描述伦理学只注重于表述出人们的价值观，即人们对于某种行为在伦理方面的对错看法，它不会对于人们的行为或想法给出任何判决。应用伦理学旨在通过伦理的分析以解决实际的困局。从中可见，不同的伦理原则会产生不同的结论，得出的解决方法往往未能获得一致认同。应用伦理学有很多细分领域，例如工程伦理学、生物伦理学、企业伦理学、政治伦理学等。

1.2.2 工程伦理学

工程伦理学又称工程师伦理学，是研究工程技术人员（包括技术员、助理工程师、工程师、高级工程师）在工程活动中，包括工程设计和建设及工程运转和维护中的道德原则和行为规范的科学。工程伦理是从“工程问题”中提出来的，把这些工程问题提到道德高度，既有助于提高工程技术人员的道德素质和道德水平，又有助于保证工程质量，最大限度地避免工程风险。

随着 19 世纪工业革命的发展，工程学逐渐成为专门职业。大多数工程师认为自己是独立职业从事者或大型企业的技术员工，而大型企业老板奋力维持资本对劳动人员的支配关系，因此劳资双方的关系变得紧张。为保障自身权益，工程师形成了“行业工会”。尽管如此，在这一时期，伦理观念常被认为是与个人的责任与荣誉有关，不应该明文规定。

但是，在 19 世纪末期与 20 世纪初期，发生了一系列重大的工程事故。特别是建筑工程领域，出现了阿什塔比拉河铁路桥灾难（1876 年）、泰桥灾难（1879 年）和魁北克桥灾难（1879 年）。这些灾难给工程师带来了深刻的冲击，迫使整个行业积极面对技术与工程中存在的缺点，并且严格思考伦理标准是否存在瑕疵。之后，美国大多数的州政府与加拿大省政府发布规定，要求工程师需要取得执业执照，或者通过特别立法，赋予同业工会发放职衔的权力。

现今，工程伦理学所关注的问题大致可分为四个方面，即技术伦理问题、利益伦理问题、责任伦理问题和环境伦理问题。技术伦理问题是指工程中的技术活动是否涉及道德评价和道德干预，技术中立论与科学知识社会论在此议题下就存在很大的分歧。利益伦理问题实际上是效率与公平的问题，如何平衡工程共同体中的各方利益，在追求整体效益最大化的同时，兼顾社会公平。责任伦理问题的主体是工程师，其焦点从“社会责任”开始延伸到“自然责任”上。环境伦理问题是指工程伦理不仅强调工程师需要忠于雇主，关注人类社会福祉，还要关注工程对环境的影响。

1.2.3 工程伦理对社会的影响

工程伦理对社会的影响广泛而深远。一方面，由于工程是在部分无知的情况下实行的，具有不确定的结果，工程活动既可能形成新的人工物来满足人们的需求，也可能导致非预期的不良后果。“工程是社会实验”，而且技术发展具有双刃性，存在一定的风险。由此出发，如何尽可能有效地规避风险，并最大限度地服务于“好的生活”，需要制定必要的行为规范。对于工程师而言，这就是工程伦理。

另一方面，工程实践涉及的利益相关方纷繁复杂，不仅涉及工程师、技术人员、工人、管理者、投资者等直接利益相关方，还涉及公众、社会及自然环境等间接利益相关方。如何平衡来自各主体不同的利益诉求，缓和利益冲突，体现社会公平和可持续发展要求，是工程实践中的重要问题。这也是工程伦理要求工程师在实践中遵循的原则之一。

当历史的车轮缓缓驶入近代，科技开始迅猛发展，环境污染、土地沙化、克隆实验及非可再生资源的无节制消耗等却悄然而至。究竟什么地方出现了差错？人类逐渐意识到，工程活动中包含着事关人类前途和命运的价值选择，每一位有责任感的人都面临心灵的拷问：我们该做些什么？我们能够做些什么？在这样的工程与社会的发展背景下，工程人才培养应当从强调工具理性向突出价值理性方向提升和转移，工程伦理教育应运而生。

工程伦理教育必须强调工程实践活动对社会负责，以社会利益为重，要努力协调和处理好工程实践活动中的各种关系。这有助于工程相关主体在道德与法律、情感与理性的互动中达成伦理意识的均衡。在工程伦理教育情景中，可以对个体工程行为做出事实描述，使之通过自我的道德认知和法律契约关系来实现对社会负责；也可以对集体工程行为做出价值描述，使之通过共同的道德信念和社会理想来实现对社会负责。正是在这种背景下，社会伦理维度要求工程伦理教育必须注重工程实践者的工程伦理理念的培养，提升他们处理个体与社会、个体与自我、集体与社会等不同层次关系的能力；以不同的伦理要求应对不同的工程环境，以对社会的责任感和作为人的良知来引导工程实践者的行为，从而最大限度地维护社会的利益。

1.2.4 工程伦理教育的意义和目标

工程伦理教育对于工程师的培养和工程实践具有重要意义，主要包括以下三方面：

1）提升工程师伦理素养，加强工程从业者的社会责任感。工程师在工程实践中，除了技术问题还需要考虑环境问题、社会问题。另外，工程师在实践中往往存在经济效益和社会公平难以兼顾，以及上级意志和个体思考难以平衡等问题。工程伦理教育的重要意义就在于强化工程师的社会责任意识，使其将公众利益放在突出位置。

2）开展工程伦理教育有利于推动可持续发展，实现人与自然的协同进化。滥用科技的力量，忽视工程对自然环境的影响，导致自然环境被破坏，甚至引发能源危机、生态危机和环境污染，这与可持续发展的理念相违背。工程伦理教育的意义还在于使人们树立保护生态自然的意识，践行绿色发展的理念，在经济发展与环境保护之间做出平衡，推动可持续发展，实现人与自然的协同进化。

3）开展工程伦理教育有利于协调社会各群体之间的利益关系，确保社会稳定和谐。随着工程规模的扩大和集成化程度的提升，工程的社会影响和牵涉范围越来越广。利益相关方之间的关系是否融洽，关系到社会的稳定和谐，也关乎广大群众是否能共享工程实践带来的福祉。工程伦理教育要求工程师牢记社会责任，合理进行价值分配，协调不同的利益诉求，将公众的健康安全置于首位，并且能更有效地发现和解决工程风险，自觉践行协调共享的可持续发展理念。

工程伦理教育的目标可以概括为以下三方面：

1）培养工程伦理意识和责任感。提高对工程伦理问题的敏感性，增强理解、重视工程实践中各种伦理问题的自觉性和能动性。这是积极面对和有效解决工程伦理问题的重要前提。

2）掌握工程伦理的基本规范。工程师面对伦理问题时应该遵循的行为准则是工程师共同体价值观和道德观的具体体现，这也为工程师如何解决伦理问题提供了依据，对工程实践行为具有重要的指导意义。

3）提高工程伦理的决策能力。在面对伦理困境时，仅仅依靠工程伦理规范很难做出判断。工程师需要具备更为复杂的理性决策能力，这已经成为处理伦理问题的必要条件之一。

1.3 工程中的伦理问题

1.3.1 工程特征

工程的概念源于与军事相关的设计和建造活动。广义的工程概念强调众多主体参与的社会性，而狭义的工程概念主要针对物质对象的、与生产实践密切联系的、运用一定知识技术以实现的人类活动。

工程的实践过程一般包括五个环节：首先是计划环节，包括工程设想的提出和决策，主要解决工程建造的必要性和可行性问题；其次是设计环节，在工程计划通过后，确定工程的设计思路、设计理念及具体的施工方案设计；再次是建造环节，包括工程实施、安装、试车和验收等步骤；然后是使用环节，工程竣工验收之后正式投入运营，实现自身的经济效益或社会效益；最后是结束环节，工程过了使用期之后被报废处理。

作为社会实践的工程具有不确定性和探索性。首先工程活动蕴含着有意识、有目的的设计，其体现了工程中的创造并反映了人们对工程的预期。但是，工程设计和实施过程中，人们的知识与技术总是不完善的。任何工程都需要面临新的场景和问题，部分的无知和不确定性在所难免。工程实践本身也是一个探索性的实验过程，而且工程实践的后果往往会超出预期，因为其本质是“发明性的”而非“发现性的”，是“生成的”而非“预成的”，是“创造的”而非“因循的”。

1.3.2 工程中的利益相关者与社会责任

近些年来，企业管理者不断扩展其关注的视域，提出企业社会责任的概念，由过去强调只对股东负责，逐渐扩展到把利益相关者也纳入管理关注的范围。“利益相关者”可界定为：那些在企业中进行了一定专用性投资，并承担了一定风险的个体与群体，其活动能够影响企业目标的实现，或者受到企业实现目标过程的影响。

工程伦理的关注点正好在于目标人群之外的第三方可能受到工程及其结果的影响，尤其是负面影响。此处的“利益相关者”更强调“无辜者”“局外人”，有被动地承受损害、承担风险的意味。虽然工程项目都预先设定了所要服务的目标人群，但一般工程项目及工程产品的使用存在“邻避效应”，即大多数人获益但对邻近居民的生活环境甚至生命财产带来了负面影响，例如垃圾场、变电站、殡仪馆、炼油厂、精神病院等。邻避效应突出反映了工程项目建设的公平性问题。

1.3.3 工程中的诚信与道德问题

工程伦理学的核心目标之一就是培养工程师道德自律的意识和能力，即对道德问题的敏感性和处理伦理问题的能力。因此，我们必须明确工程中涉及的道德问题及其主要准则。

有的学者认为工程活动是单纯的科学和技术活动，只与专业知识和客观事实有关，工程人员应越少地考虑人的因素越好。这种观点在现代社会已经难以成立，因为科学技术已经和人民生产生活息息相关，深深渗透于人类的社会生活中，工程师在做出任何决策时往往必须考虑其对社会的影响，否则就可能引发灾难性后果。工程过程实际上是一种科技与伦理的混合实践过程，工程师的外部科技方面决策的做出是其内在的价值观念推动的结果。

工程师时常处于各种利益的包围之下，如雇主的利益、客户的利益、工程师的个人利益等，各种诱惑也接踵而至，如果没有良好的道德品质和对工程伦理法则的清晰认识，很容易突破道德的底线甚至违反法律。

从实践来看，各国学者均十分重视对工程活动道德规范的研究。有的学者还进行了概括总结，如美国全国职业工程师协会提出的工程道德的基本准则包括：

1）工程师应该保证公众的安全、健康和福利。

2）工程师应该仅在自己的能力范围内提供服务。

3）工程师应该以客观的、诚实的方式发表公开声明。

4）工程师应该是每一个雇主或顾客的忠实代理人。

5）工程师应该避免欺骗行为。

6）工程师应该以自己正直、可靠、道德及合法的行为增强本职业的尊严、地位和荣誉。

我国是礼仪之邦，历来重视人与人交往的礼仪规范。2001 年中共中央印发的《公民道德建设实施纲要》中指出：“职业道德是所有从业人员在职业活动中应该遵循的行为准则，涵盖了从业人员与服务对象、职业与职工、职业与职业之间的关系。随着现代社会分工的发展和专业化程度的增强，市场竞争日趋激烈，整个社会对从业人员的职业观念、职业态度、职业技能、职业纪律和职业作风的要求越来越高。要大力倡导以爱岗敬业、诚实守信、办事公道、服务群众、奉献社会为主要内容的职业道德，鼓励人们在工作中做一个好建设者。”工程师也应以上述职业道德内容为基础，确立工程伦理准则。

1.3.4 工程中的风险、安全与责任及工程伦理

工程总是伴随着风险，这是由工程本身的性质决定的。工程系统不同于自然系统，它是根据人类需求创造出来的自然界原初并不存在的人工物。它包含自然、科学、技术、社会、政治、经济、文化等诸多要素，是一个远离平衡态的复杂有序系统。工程风险主要来源于三个方面，即技术因素的不确定性、外部环境因素的不确定性及人为因素的不确定性。零部件老化、控制系统失灵及非线性作用这些技术因素的风险都可能引发工程事故。外部环境因素的不确定性则是指气候条件是工程运行的外部条件及任何工程在设计之初都有一个抵御气候突变的阈值。人为因素的不确定性是指工程质量事关整个工程的成败，而施工质量是影响工程风险的重要因素。

1.3.5 工程中的价值、利益与公正

职业地位不高，吸引力不大是当前的工程现状之一。我国尚没有建立尊重工程师职业的社会文化，工程师职业的吸引力较弱。联合国教科文组织发表的首份全球《工程报告》显示，无论发达国家还是发展中国家，工程人才都严重短缺。另外，人文学者对工程技术的批判，导致科学与人文两种文化的对立。

公正问题是伦理学中一个非常重要的问题。亚里士多德认为，公正不是德性的一个部分，而是整个德性。罗尔斯在《正义论》中写到，正义是社会制度的首要德性，正像真理是思想体系的首要德性一样。工程伦理的视角之一就是以公正的视角研究工程，这是由公正在伦理中的地位决定的。

1.3.6 工程与环境伦理

工程活动与生产活动息息相关，任何物质的创造都会使用和消耗资源，并排放废弃物，人们面临环境保护与经济发展的统一和对立问题。对人类来说，经济活动至关重要，是其他一切活动的物质基础，经济关系也是其他一切社会关系的物质基础。而环境是社会经济系统的基础，也是人类生存和发展的根基。人类经济活动所带来的诸如环境污染、生态失衡、人口爆炸、能源危机等全球性问题，威胁着人类的生存和发展，其中环境问题主要是指由人类经济和社会活动引起的环境破坏，实质是经济发展与环境保护的冲突，是人与自然关系的失调。

经济活动所造成的负面效应，其直接原因是环境的经济价值没有被计算到经济成本，以及由此产生的环境经济观指导着人类的经济活动。自然资源的有限和对自然资源需求的不断增长，特别是环境污染的控制目标和对能源需求的矛盾愈演愈烈。环境伦理作为调节人与人、人与社会之间关于生态环境利益的规范，其基本原则就是生态整体利益和长远利益高于一切，也就是实现人类与自然生态系统的可持续发展。

1.3.7 工程技术对社会伦理秩序的影响

工程技术对社会伦理秩序的影响主要通过技术规范进行。在工程师集团形成之前，不存在约束该共同体的特定技术规范。当技术共同体形成以后，相应地产生了共同体成员共同遵守的规范。例如，近代以来，工程技术领域的法律法规增多，这就表明了技术规范的产生、形成和发展受技术共同体的制约。

技术共同体影响技术规范的建构，并以此为中介作用于社会伦理秩序。首先，如果当社会技术变化迅速，而技术规范尚未建立或构建不及时，则会出现空白失序状态，技术共同体直面伦理秩序，还可能打破传统伦理秩序，例如克隆技术和信息技术出现后，社会的技术法规出现真空地带。另一种情况是新建立的技术规范与传统技术规范之间存在矛盾和冲突。第三种情况是成熟完善的技术规范的确立，这种技术规范既符合技术共同体的根本利益，也符合整个社会的共同利益，其将引导技术共同体朝着有利于人类的方向发展，从而对社会伦理秩序的构建产生良性影响。

现代工程师的精神气质在各国家和地区的工程师协会的工程师规范中均有体现。共性的精神气质有：

1）人道原则，即工程师必须尊重人的生命权。这是对工程师最基本的道德要求，也是所有技术伦理的根本依据。

2）安全无害原则，即工程师在进行工程技术活动时必须确保工程安全可靠。工程活动是人类利用自然、改造自然为人类自身服务的活动。人类既是工程活动的主体，也是客体，安全无害原则体现了主客体相统一的特点。

3）生态主义，即工程师实践的工程技术活动不仅要满足公众福祉，提高人民生活水平，还要有利于自然界的生命和生态系统的健全发展，提高环境质量。

4）无私利性，即工程师从事工程活动出于“工程的目的”，而不出于追逐名誉、地位、声望的目的。运用不正当竞争手段的行为应该受到谴责和惩罚。

1.3.8 工程技术的伦理内涵

工程活动是一种技术活动，工程技术伦理即工程技术活动所涉及的伦理问题。由于长久以来一直存在技术中立的相关学术主张，对于工程中的技术活动是否涉及道德评价和道德干预也存在较大争议。例如，技术工具论者认为，技术是一种手段，其本身并无善恶；技术自主论者则认为，技术具有自主性，技术活动必须遵循自然规律，并不以人的主观意识为转移。与此相符，科学知识社会学等相关领域的学者则认为，不仅仅是技术，就连人们作为客观评价标准的科学知识也是社会建构的产物，与人的主观判断和利益纷争紧密相连。工程中的技术活动本身具有人的参与性，是技术系统通过人与自然、社会等外界因素发生相互作用的过程。同样的技术，因建造者和组织者的不同，建造的工程千差万别，这说明人在应用技术的过程中在如何应用技术方面具有自主权。同时，人还具有选择运用何种技术、将技术运用于何种环境的自由，以上种种都是工程技术活动中必不可少的环节。

因此在工程的技术活动中，必须要考虑到技术运用的主题，而人是道德主体，人有进行道德选择的自由。由此可见，工程技术活动涉及伦理问题，工程中技术的运用和发展离不开道德评判和干预，道德评价标准应该成为工程技术活动的基本标准之一。

1.3.9 工程伦理问题的特点

工程伦理问题的特点可以概括为历史性、社会性和复杂性三个方面，其中历史性是从时间的维度，社会性和复杂性则是从参与者和涉及因素的维度来看待工程伦理问题。

1. 历史性：与发展阶段相关

在工程由最初的军事工程逐步民用化的过程中，工程伦理的价值取向、研究对象和关注的焦点问题都随之改变，其中，工程伦理的价值取向经历了“忠诚责任—社会责任—自然责任”的转变，工程的研究对象从工程师共同体逐步扩展为包括官员共同体、企业家共同体、工人共同体和公众共同体在内的多个群体。相应地，工程伦理关注的焦点问题也从工程师面临的道德困境和职业规范转移到同时关注其他工程共同体的道德选择和困境。

同时，随着技术发展和工程应用范围的扩大，工程与技术、社会、环境的结合和相互影响更为紧密，工程伦理学关注的领域也有了新的发展，开始将网络伦理、环境伦理、生命伦理等关系到人类未来的生存发展的全球性问题纳入研究范畴，例如计算机的普遍应用所带来的技术胁迫、网络的言论自由及产生的权利关系，以及大型工程技术的应用所导致的世界性贫困等问题。

2. 社会性：多利益主体相关

工程伦理问题的第二个特点是社会性，这是由工程自身的社会性所决定的。与古代工程不同的是，现代工程具有产业化、集成化和规模化的特点，工程与科技经济社会及环境之间都建立了极为紧密的联系。如前所述，现代工程牵涉多种利益群体，其中的一部分作为工程的参与者构成了独特的社会网络，另一部分没有直接参与的利益群体，如日本核辐射受害者等，他们没有参与工程的决策和建造，却成为工程的直接受益者或受损者。有鉴于此，如何平衡围绕工程组成的社会网络中各群体之间的利益，实现公平与效率的统一，如何公正地处理各种利益关系，特别是注重公众的安全健康和福祉，是工程伦理着力解决的主要问题。

3. 复杂性：多影响因素交织

除了历史性和社会性之外，工程伦理问题的第三个特点是复杂性。这种复杂性体现在行动者的多元化及多影响因素交织这两个方面。

工程活动是一项集体性活动，同时也是经济的基础单元，一些国家级的项目在规模和影响力方面均史无前例，一项工程往往承担着科技、军事、民生、经济等多种功能。也正因为如此，以工程为核心形成的行动者网络日趋多元化。以 PX 项目中的决策环节为例，我国 PX 制造能力严重不足，导致这种基础性的化工原料长期以来依靠进口。PX 项目的建造属于国家的战略型工程，因此投资者不仅涉及企业，还涉及国家和地方政府，他们分别有着不同的利益出发点。同时，PX 项目属于化工项目，存在危险性和环境污染的风险，其选址周边的居民也成为利益相关人，随着公共参与决策民主化进程的推进，他们在一些时候也成为决策主体，例如厦门 PX 项目就是因为公众的公开抗议而被迫叫停。可以看出，仅仅决策者这一角色的多元化就给工程带来了巨大的不确定性，而在现阶段的大型工程中，工程师、工人、企业家、管理者和组织者皆呈现出多主体跨地区、跨领域、跨文化合作的多元化趋势，不仅在价值取向上千差万别，在群体文化、生产习惯等方面也存在难以消除的差异，这无疑为工程实践带来了巨大的复杂性和不确定性。

此外，技术的高度集成也使得技术系统对自然的影响存在不确定性，技术系统的构成要素和结构越复杂，技术系统失效的可能性就越大。加上工程本身就与科学实验不同，它是技术在现实环境中的创造性应用，过程本身就具有更高的不确定性。

1.3.10　工程伦理辨识

在具体的工程实践中，工程伦理问题常常与社会问题、法律问题等其他问题交织在一起，在区分时需要注意以下问题。

1. 何者面临工程伦理问题

工程伦理学科体系的建立，除了对工程伦理的理论问题和相关伦理困境提供分析的思想和方法，更是要从伦理道德角度对工程实践中存在的问题与风险、已发生的事故、可能的严重后果等给予价值关切，寻求现实的解决方法。因此，以规范工程活动各主体行为和行动为目标的工程伦理具有了应用伦理学特征。有西方学者将应用伦理学问题按照来源归为三类，一类来自各个专业，一类来自公共政策领域，一类来自个人决定。按照以上三种来源，应用伦理学的研究对象包括两类，一是在公共领域引起道德争论的特定个人或群体的行为，二是特定时期的制度和公共政策的伦理。相应地，在工程实践活动中面临伦理问题的对象范围非常广泛，不仅包括工程师，还包括科学家等其他设计和建造者，以及投资人、决策人、管理者甚至使用者等工程实践主体。同时，不仅是个体，工程组织的伦理规范和伦理准则等也面临伦理问题。工程的社会实践性决定了工程与所处的时代和社会制度等具体情境存在密切关联，不同时期的同一类工程实践也会呈现出不同的特点和道德价值取向。例如，“9·11”事件之后，大部分美国公民一度支持针对个人信息的监控工程，但网络技术可能大范围地侵犯公民的隐私权，大部分的美国公民则对此类的信息监控工程持怀疑或反对态度。因此，伦理规范和伦理准则具有时代性和局限性，同时，其自身在形成之初也并不完备，同样会面临伦理问题，需要不断地修正和完善。

2. 何时出现工程伦理问题

根据工程伦理问题的对象，可将工程伦理问题大体分为以下几种情况。首先，因伦理意识缺失或对行为后果估计不足导致的问题，如在工程设计、决策过程中，未考虑到某些环节会对环境或其他人群造成不良影响；其次，因工程相关的各方利益冲突所造成的伦理困境，如经济效益与环境保护之间、数据共享与个人隐私之间的冲突等，特别是工程的投资方的利益诉求与公众的安全、健康和福祉存在严重冲突；最后，工程共同体内部意见不合，或工程共同体的伦理准则与规范等与其他伦理原则之间不一致导致的问题，如棱镜门事件中斯诺登、美国联邦政府和相关公众对侵犯公众隐私权的伦理判断存在很大冲突，或工程管理者对成本和时间的要求明显超出了安全施工的界限，就会造成工程师及其他实践主体的伦理问题。

1.3.11 处理工程伦理问题的基本原则

伦理原则指的是处理人与人、人与社会、社会与社会利益关系的伦理准则。从不同的伦理学思想出发，人们对什么是合乎道德的行为有不同的认识，对应该遵循的伦理原则也有不同的态度。但总体上看，工程伦理要将公众的安全、健康和福祉放在首位。由此出发，从处理工程与人、社会和自然的关系的层面看，处理工程中的伦理问题要坚持以下三个基本原则。

人道主义提倡关怀和尊重，主张人格平等，以人为本。其包括两条主要的基本原则，即自主原则和不伤害原则。其中，自主原则指的是所有的人享有平等的价值和普遍尊严，人应该有权决定自己的最佳利益。实现自主原则的必要条件有两点：一是保护隐私，这一点是与互联网、信息相关的工程需遵从的基本原则；二是知情同意，这一点在医学工程和计算机工程中被广泛运用。此外，不伤害原则指的是人人具有生存权，工程应该尊重生命，尽可能避免给他人造成伤害。这是道德标准的底线原则，无论何种工程都强调“安全第一”，即必须保证人的健康与人身安全。

社会公正原则用于协调和处理工程与社会各个群体之间的关系，其建立在社会正义的基础之上，是一种群体的人道主义，即要尽可能公正与平等，尊重和保障每一个人的生存权、发展权、财产权和隐私权等。这里的平等既包括财富的平等，也包括权利和机会的平等。具体到工程领域，社会公正体现为在工程的设计与建造过程中需兼顾强势群体与弱势群体、主流文化与边缘文化、受益者与利益受损者、直接利益相关者与间接利益相关者等各方利益。同时，不仅要注重不同群体间资源与经济利益分配上的公平公正，还要兼顾工程对不同群体的身心健康、未来发展、个人隐私等其他方面所产生的影响。

自然是人类赖以生存的物质基础，人与自然的和谐发展是处理工程伦理问题的重要原则，这种和谐发展不仅意味着在具体的工程实践中要注重环保、尽量减少对环境的破坏，同时，还意味着对待自然方式的转变，即自然不再是机械自然观视域下被支配的客体与对象，而具有其自身的发展规律和利益诉求。人类的工程实践必须遵从规律。这种规律又包含两大类，一类是自然规律，例如物理定律、化学定律等，这些规律具有相对确定的因果性，例如建筑不符合力学原理就会坍塌，化工厂排污处理不得当就会污染环境；另一类是自然的生态规律，相比于自然规律，生态规律具有长期性和复杂性，例如大型水利工程、垃圾填埋场对水系生态系统和土壤生态系统的影响，往往需要多年才得以显现，与此同时，对自然环境和生态系统的破坏影响更为深远，后果也更难以挽回。因此，人与自然和谐发展需要工程的决策者、设计者、实施者及使用者都要了解和尊重自然的内在发展规律，不仅要注重自然规律，更要注重生态规律。

以上三点是在作为整体的工程实践活动中处理工程伦理问题的基本原则。为规范人们的工程行为，结合不同种类的工程实践活动，如在水利、能源、信息、医疗等工程领域，形成了相对独立的行为伦理准则。这些行为准则建立在工程伦理基本原则的基础上，兼顾了不同伦理思想和其他社会伦理原则的合理之处，结合具体实践的情境和要求制定。

1.4 工程伦理的发展历程

工程伦理历史悠久，经历了漫长的发展历程，下面分为五个部分来叙述，分别是西方古代和中世纪的工程伦理发展概述、中国古代和近代的工程伦理发展概述、西方近现代的工程伦理发展概述、我国现代的工程伦理发展概述，以及历史的经验和启示。

1. 西方古代和中世纪的工程伦理发展概述

西方近代科学是在16世纪才从神学束缚中解放出来，走上独立发展道路的。在此之前的古代和中世纪，西方的工程和技术活动已经有了长久的历史，工程伦理也在工程技术发展中产生了一定的影响。在古希腊，尽管工商业较发达，但人们推崇思辨和理性，手工技艺的地位相对低下。苏格拉底、柏拉图等哲学家担心技术带来的富足和变化会带来奢侈和懒散，因而要求根据道德来判断技艺，生产和技艺要服从于道德规范和审美。中世纪工匠的社会地位仍然不高，但西方自然观肯定手工技术也是上帝造物的结果，罗吉尔·培根主张技术是满足人类需要而使用的手段，要服从道德的指导。

2. 中国古代和近代的工程伦理发展概述

中国古代强调“以道驭术”，包括用伦理道德制约技术的发展，崇尚节俭，反对奢侈浪费和“奇技淫巧”，主张工程技术要有利于社会稳定和国计民生。先秦儒家提出“六府”（金、木、水、火、土、谷）和“三事”（正德、利用、厚生），技术要“以仁为本”。孔子讲“志于道，据于德，依于人，游于艺”，孟子批评白圭“以邻为壑”的治水方式。先秦道家的“庖丁解牛”，注重技术活动中操作者与工具的和谐，追求“技艺”的境界。管子学派主张限制“奇技淫巧”和“雕文刻镂”的工事。墨子学派主张“兼利天下”，批评公输盘制造云梯帮助楚国攻打宋国（“非攻”）。

关于工程与生态环境的关系，中国古代也有很多相关的论述。先秦时期注重技术活动与生态环境的关系。儒家主张“赞天地之化育”“天地之大德曰生”“小孝用力，中孝用劳，大孝不匮”，保护自然是一种德性。道家主张“道法自然”。古代对工匠的要求是：遵守度程，毋作淫巧，物勒工名，工师效工（考核质量），表彰“诚工”“良工”，技术上要精益求精，“如切如磋，如琢如磨”。汉唐时期强调“抑奢”，限制技术在制造奢侈品上的过度投入，对于制造假冒伪劣产品（称为“行滥”）的现象严厉打击。唐代手工业行会制定了统一的质量标准。明清时期，将德艺俱佳的治水名匠白英（解决了大运河难题）追封为“永济神”“白大王”。

西方近代技术传入中国后，出现了一批近代工程师，他们的伦理实践为近代的工程技术伦理发展奠定了基础。詹天佑制定《京张路张绥路酌订升转工程司品格程度章程及在工学生递升办法》，提出“先品行而后学问”，要求技术人员“勿屈己以徇人，勿沽名而钓誉。以诚接物，勿挟偏私，圭璧束身，以为范则”。徐寿、徐建寅父子以国家利益为重，冒险试制无烟火药，严格管理进口设备。徐建寅著《兵学新书》，主张“欲图存须自强”，后被谋害。近代工匠行会制定职业伦理规则，如上海《水木工业所缘起碑》碑文提出“过相规，善相劝，弊相除，利相兴，相师，相友，共求吾业精进而发达”。

3. 西方近现代的工程伦理发展概述

西方近代的科学伦理和学术道德是在像英国皇家学会、法兰西科学院这样的科研机构出现后才引起普遍关注的。在此之前，由于科学家的研究基本上处于业余状态，几乎没有功利性，所以科学伦理和学术道德方面的问题并不突出。

1830 年，英国剑桥大学数学教授巴伯奇（C. Babbage）曾指出，在科研中修饰数据是不诚实的行为。在科学史上，修饰数据和剽窃的行为曾多次出现，但后来都遭到科学界同行的揭露和批判。20 世纪 80 年代，欧美大多数科研机构和医院成立了科研道德委员会。1989 年，美国科学院、工程院和医学科学院“科学、工程和公共政策委员会”发表《怎样当一名科学家——科学研究中的负责任行为》等文献，作为科学伦理和学术道德读本。

西方近代工程技术兴起之后，它普遍被人们认为是为人类造福的手段，因而本身就是善的，不存在违背伦理道德的问题。新教伦理主张通过科学技术的成就来赞颂上帝的伟大。技术的目的在于控制和征服自然，达到人生的福利和效用。英国经验论者认为人类的最大利益就是利用各种技术，技术进步会使人性更加完美。笛卡儿认为知识应当为所有的人谋福利。斯宾诺莎主张技术对自然不能无限地利用。法国启蒙运动时期的伏尔泰认为技术发明要以现实的人为目的。卢梭认为技术与奢侈并行，技术带来的欲望是不平等的起源，他担心技术进步会导致美德的流失和灵魂的败坏。马克思分析了科学技术在资本主义制度下的两面性。

现代西方的技术伦理和工程伦理与工程师的职业化密切相关。英国土木工程师协会于 1818 年创立，美国土木工程师协会于 1852 年成立，类似的职业协会章程中都包含职业伦理的内容。西方的工程师职业伦理最初强调对企业和雇主的忠诚，后来逐渐增加了对公众和社会负责的内容。20 世纪 60 至 70 年代的美国，某些高新技术的应用使一些严重的社会问题凸显，有关新技术应用的伦理思考受到越来越多的社会关注。一些应用伦理问题研究中心纷纷建立。1979 年，汉斯·尤纳斯发表《责任伦理——工业文明之伦理的一种尝试》。雅克·埃吕尔和路易斯·芒福德等技术哲学家也对现代技术给人类生活带来的影响进行了深刻的伦理反思。

4. 我国现代的工程伦理发展概述

我国现代的科学伦理和学术道德，在新文化运动后逐渐引起社会重视。蔡元培倡导将“诚勤勇爱”的道德品质与科学研究活动相结合。竺可桢将“求是”作为浙江大学的校训。

赵忠尧、侯德榜、茅以升等许多科学家在抗日战争中都表现出崇高的民族气节。

新中国成立后，科学伦理注重爱国主义和集体主义精神，以及严格慎重的工作态度，特别是在“两弹一星”研制活动中。20 世纪 80 年代初，邹承鲁等科学家首倡科研道德讨论；90 年代初，开始对学术不端行为进行揭露和处理，对伪科学现象进行批判。2001 年，中国科学院公布《院士科学道德自律准则》，有关学术道德的专著、译著大量出版。

我国现代的技术伦理和工程伦理与工程技术的现代化进程密切相关。教育家黄炎培在职业技术教育中提倡“敬业乐群”，将传统伦理道德与现代职业技术伦理相结合。新中国成立后，注重宣传王崇伦、孟泰等劳动模范在技术上精益求精、勇于创新的品质，发挥其道德楷模的作用。

20 世纪 80 年代开始，我国学者在网络伦理、纳米伦理、常规技术伦理、工程伦理等领域开展深入研究。1992 年，五位科学家指出河北“灭鼠大王”邱满囤的“毒鼠强”一旦进入土壤会引起严重污染，难以清除。邱满囤状告五位科学家，1993 年法院一审宣判科学家败诉。而在 1995 年，法院做出科学家胜诉的终审判决。此案件之后，技术质量、安全和伦理问题引起了全社会的关注。

近年来对生命伦理问题的讨论主要集中在安乐死、器官移植、克隆人等新技术上。卫生部生物医学研究伦理审查委员会于 1998 年制定了“医学研究伦理审查指导”，于 2000 年成立了“医学伦理学专家委员会”。北京大学孙小礼教授在 1996 年发表“质量问题与科学技术”一文，剖析假冒伪劣产品引发的社会问题。2001 年，邹承鲁批评了“核酸营养品”的夸大宣传。中央电视台“质量报告”栏目揭露了多起假冒伪劣事件。关于技术伦理和工程伦理的研究进入学科建制化阶段，国内外学术交流的范围扩大，一批专著和译著得以出版。

5. 历史的经验与启示

西方近代以前及近代初期的科学技术与工程伦理，注重功利主义伦理学，强调科学技术与工程为人类造福。尽管注意到了为绝大多数人谋福利的宗旨，但比较忽视对生态环境和社会文化的影响。“征服自然”的口号最初具有伦理意义，但后来却带来了未曾预料到的副作用。

我国传统的工程技术伦理注重“以道驭术”，协调技术活动与自然、社会、人际关系和人的身心健康的关系，具有重要的伦理价值，这使得我国传统技术在手工业和工场手工业水平上达到相当完善的程度。但近代科学未能在我国产生，而西方近代科学技术的引进，使得西方的科学技术与工程伦理观念在很大程度上取代了我国传统观念的影响。科学技术的某些负面影响在我国技术现代化进程中“重演”。

我国现代出现的科学伦理、技术伦理和工程伦理方面的现实问题，是社会转型时期难以完全避免的问题。由于原有的伦理制约机制部分失灵，新的伦理制约机制尚未完善，会出现某些“空档”现象。这些问题的存在，反映了开展科学技术与工程伦理教育的紧迫性和重要性。因此，要开展适合中国国情，有中国特色的科学技术与工程伦理教育，需要充分利用中国传统的思想文化资源，学习国外科学技术与工程伦理教育的先进经验，积极开展理论创新和实践探索，培养理工科大学生和科技工作者的科技伦理意识和社会责任感。

1.5 研究工程与伦理的意义

工程是一种改造自然、为人类谋福利的实践活动。在人类改造自然的过程中，必然要涉及人与自然、人与社会、人与人之间的关系，用什么样的准则来指导人们的实践活动及协调和处理上述关系，这就是工程伦理学所规范的内容。在处理人与自然的关系时，要坚持实事求是的准则。在处理人与社会的关系上要坚持为社会谋利益，作为社会的一员，应该爱祖国，为祖国的振兴而努力工作。在人与人的关系上，应坚持诚信为本，团结协作，把自己融入集体，发挥个人在集体中的作用。工程伦理的内容远不止上面所列的几点，但上述内容是其中最基本的部分。

高等工程教育是为国家培养从事工程技术的高级人才的，这样的人才必须是高素质的，包括在政治思想、业务技术和体魄体能上，都要达到较高的标准，其中，应该把道德素质摆在重要地位。当前，尤其要强调工程伦理教育，其主要原因是：工程伦理教育是德育的重要环节，但又是易被忽视的部分。长期以来，由于对其重要性认识不足，没有将其提到应有高度。有时，即使注意到了其重要性，也是宏观的多，微观的少；概念性强调得多，具体操作部分落实得不详细。随着市场经济的发展，某些政治上的腐败消极现象也或多或少地渗透到学术和工程领域，称为学术腐败。如在工程中的豆腐渣工程，偷工减料、乱编数据、伪造工程资料等。对在校工科学生加强工程伦理教育，是塑造未来高素质工程技术人员必不可少的环节，是学校德育教育的一个重要举措。科学的发展提出了许多新的工程伦理问题亟待回答和解决，如能源危机、环境污染、生物工程、克隆技术等。社会科学和自然科学工作者应该认真面对这些问题。可持续发展道德观要求人们，应当充分承认和尊重自然的生存权与发展权。人类对自然的索取应与对自然的给予保持一种动态平衡。人类要热爱和保护自然，努力用自己的聪明才智，按照自然本身的规律改善和优化自然。同时，要尊重后代人的生存权和发展权，不能以浪费和牺牲生态环境资源为代价增加自己的财富，损害后代人的权利和利益。可以说，研究工程伦理学，加强工程伦理教育，是培养21世纪高素质人才的需要，是现代科学技术发展的要求。

因此，工程伦理学的教学和研究除了可以提高工程师解决伦理问题的能力外，还有一项重要任务，这就是使工程师增强道德意识，理解做一个专业人员（工程师）的含义，了解工程师对同事、雇主、客户、社会及环境的道德责任，增进工程师的道德自主性。也就是说，工程伦理学的一个重要目标是帮助那些将要面对工程决策、工程设计施工和工程项目管理的人们建立起明确的社会责任意识、社会价值眼光和对工程综合效应的道德敏感，以使他们在其职业活动中能够清醒地面对各种利益与价值的矛盾，做出符合人类共同利益和长远发展要求的判断和抉择，并以严谨的科学态度和踏实的敬业精神为社会创造优质的产品和提供良好的服务。

1.6 研究工程与伦理的方法及内容

与一般伦理学一样，工程伦理学的研究方法包括对规范、概念和事实的研究这三种类型，即规范性研究、概念性研究和事实性研究。

首先，规范性研究，这是最为核心的，它是关于什么是道德上应当的和什么是好的研究。工程伦理学涉及规范性研究，它寻求指导工程师个人和企业组织的价值观。下面是几个规范性问题的例子：在特定场合工程师保护公共安全的义务的范围是什么？什么时候工程师应当揭发他们为之工作的雇主的危险做法？在进行关于可以接受的风险的决定中，谁的意见应当是决定性的——管理者的、高级工程师的、政府的、选举人的，还是这些人的意见的某种结合？影响工程实践的哪些法律和机构程序在道德上是正当的？应当确认工程师具有什么道德权利以帮助他们履行他们的专业义务？与实际问题结合在一起，规范性研究还有论证特定道德判断的理论任务。例如，工程师对他们的雇主、客户和一般公众有义务，其理由是什么？如何用更一般的道德理想去论证职业理想？什么时候及为什么政府干预自由企业是有道理的？

其次，概念性研究旨在澄清工程伦理学中的概念、原则及问题的含义。例如，“安全”是什么意思？它与“风险”概念是什么关系？当伦理准则说工程师“应当保护公共安全、健康和福利”时，这是什么意思？什么是贿赂？什么是专门职业？专业工作者的特点是什么？应当指出，在讨论道德概念的地方，规范性问题与概念性问题总是紧密联系、不可分割的。

第三，事实性研究，也称为描述性研究，即寻求理解和解决价值问题所需要的事实。研究者可以使用各种科学方法来从事事实性研究，提供关于当代工程实践的商业现实、工程专业的历史、专业学会在促进道德行为中的作用、进行风险评估的程序，以及工程师的心理特征等重要信息。这些事实提供了对产生道德问题的背景条件的理解，能够使我们现实地对待解决道德问题的各种方案。以上三种类型的研究是相互补充和相互联系的。例如，一个年轻的工程师认为，她工作的公司排放到河里去的污染物的浓度太高，如果孩子们在河的下游游泳会有危险。她向她的顶头上司表达了她的观点，而上级却说她的担心是没有根据的，因为在过去污染一直没有引起抱怨。这个工程师应当采取进一步的行动吗？显然，这个问题需要对她应当做什么及为什么进行规范性研究。但是也需要知道关于这个案例的另外一些事实，例如排放的污染物的性质、控制污染的费用及这个工程师认为污染物排放是危险的这一观点是否有充分的根据。这样就需要事实性研究。因为这个工程师的专业判断没有强有力的理由并且被其顶头上司否定了，所以我们认为她应当采取进一步的行动。但是她应当如何行动呢？仅是要求她的上级给一个更详细的答复吗？她应当越过这个直接上级去向更高级的经理反映问题吗？她应当向当地的市长写信反映情况吗？她超出正常的组织渠道反映问题，是否构成对公司的不忠？认为她有权利要求她的上级给出一个有充分理由的答复，其依据是什么？这些都是进一步的规范性问题，因为它们需要就她的责任和权利做出判断。回答这些问题需要了解工程师的一般的道德义务，而这是更加理论化的规范性研究的任务。但是这种研究也需要澄清安全、对公司的忠诚及专业自由和自主等概念的含义，因此也就涉及概念性研究。而且，当试图发现这个工程师可以选择的现实的方案及提供对各种方案的可能结果的估计的时候，会再次碰到事实性研究。这些事实性研究将帮助理解公司运行所处的商业、社会及政治环境的现实。只有具有这种知识，才能就“这个工程师应当怎样办”做出有道理的推荐。

对于工程伦理的价值问题，即狭义道德问题，美国学者哈里斯（C. E. Harris）等人进行了深入探讨。他们把价值问题分成两类，相应地提出了两种解决问题的方法。一种是画线问题，另一种是冲突问题。他们指出，像概念的合理或不合理的应用（如某一行为是不是“贿赂”），是适用概念 A 还是概念 B（如某一行为是“贿赂”还是“勒索”），道德上是可以接受的和道德上是不可以接受的（如没有问题的礼物与行贿），这些情形都属于画线问题。解决画线问题应使用决疑法，即把待检查的案例（不知道如何归类的案例）与典型的范例进行对比。冲突问题是指两个或更多的道德义务、两个或更多期望的行动方案之间发生冲突。有些冲突问题解决起来很简单，如当一个义务明显地压倒其他义务的情形。例如，保护公众安全的义务要重于帮助公司赢利的义务，所以工程师不能靠使产品不安全来降低产品的造价。但是，有时价值冲突涉及艰难的选择，这时就需要诉诸伦理理论分析，如功利分析、尊重人权的分析等。

中国创造：超级镜子发电站

中国创造：蛟龙号

中国创造：鲲龙AG600

大国工匠：大术无极

大国工匠：大道无疆

大国工匠：大任担当

第 2 章 工程师的职业伦理与伦理规范

2.1 工程职业

18 世纪，工程师作为一种职业已经出现，职业（Profession）一词的词源“profess”，意味着“向上帝发誓，以此为职业”。因此在传统的工程师一词中已经包含了两层含义：一是专业技术知识；二是职业伦理。当今，工程师“职业”拥有更多的内涵，“诸如组织、准入标准，还包括品德和所受的训练及除纯技术外的行为标准”。

2.2 工程与伦理的关系

工程活动是由许多要素集成的活动，是现代社会存在和发展的物质基础。一般来说，其包括五个环节，即计划、设计、建造、使用和结束，在实施过程中其涵盖面非常广，不但涉及人与人、人与社会的关系，还涉及人与自然的关系，其在实践过程中非常复杂，需要众多的参与者，因此工程中存在着许多深刻、重要的伦理问题。此外，尽管伦理活动并不是工程活动的目的，但任何工程活动中必然蕴含着一定的伦理目标、伦理关系及伦理问题。世界上不可能存在与伦理无关的工程。如果轻视甚至丢失了这个维度，将会产生危害他人、危害社会、危害自然的不道德工程。

另一方面，伦理学界的一些人也常常忘记工程活动也是伦理学研究的对象，造成伦理学领域中对工程的遗忘。

用一句不太全面的话来概括：过去的工程伦理学更偏重如何把工作做好；而现代工程伦理学关注做好的工作，同时把工作做好。

2.3 工程职业伦理准则与工程师职业伦理

工程伦理作为工程与技术、工程与社会之间关系的道德规范，是工程师必须遵守的道德伦理原则。在工程伦理中，道德规范是对从事工程设计、建设和管理工作的工程技术人员的道德要求。其主要道德规范是责任、公平、安全、风险。前两者是普遍伦理原则，后两者是工程伦理特有的原则。工程伦理的准则包括以下内容：

1. 以人为本原则

以人为本，就是以人为中心、以人为前提、以人为目的，以人为本是工程伦理的核心，也是工程师在处理各种工程问题时最基本的伦理准则。这一原则要求工程师尊重人权，将人放在第一位。展开来说，工程师必须得尊重人的生命权，始终要把保护人的生命放在工程项目的首位，反对一切威胁人的生命的项目的研究开发，不参与危害人类健康工程的设计开发，当然在工程中也要注意保护人的其他权利，在网络信息公开的当下尤其要注意保护人的隐私权。以人为本的工程伦理准则意味着任何工程建设的最终目的都是造福人类，改善人们的物质和精神生活质量。

2. 安全可靠原则

工程师在工程设计和实施中必须要保证工程项目的安全可靠，像对待人的生命一样高度负责地对待工程项目的安全性能。

3. 关爱自然原则

人类的工程活动就是干预自然、改变环境的活动，因此，任何工程都必须对环境负责任。过去，工程建设通常会追求经济利益而忽视工程与生态环境之间的关系，而这已然导致生态环境的日益恶化，反而造成经济发展难以为继。现在的工程项目不但得考虑人自身的利益，还得考虑对自然环境的影响。在工程项目中，工程师需要将人与环境看作相互依赖的整体，尊重自然。当人类的利益与对自然环境的保护发生冲突时，需要秉持整体利益高于局部利益，以及生存需求高于基本需求、基本需求高于非基本需求的原则进行决策。

4. 公平正义原则

工程项目也是人与人之间打交道，因而在工程项目中常常带有人与人之间的竞争、合作等关系，处理不当将造成不公平、不公正的事项，公平正义原则要求工程技术人员的所作所为要有利于社会和他人，不能将工程活动看成提升自己声誉、名望、地位的敲门砖，要反对通过不正当、不公平的手段在竞争中取得优势。在工程活动中，工程师需要体现尊重并且保障每个人合法的生存权、发展权、财产权、隐私权等权益，应该形成处处树立维护公众权利的意识，不随意损害他人的利益，对于已经造成的利益损害需要给予合理的补偿。

2.4　工程师责任与伦理规范

在工程活动中，工程师应该对什么负责？向谁负责？负什么责任？谁负责任？工程师又有哪些需要遵循的伦理规范？对此，本节给出了答案。

2.4.1　工程师的权利与责任

在工程实践过程中，工程师在履行职业伦理所要求的责任的同时，也享受着工程师的权利。

1. 工程师的权利

工程师的权利指的是工程师个人的权利。首先，工程师作为一个人，享有生活的基本权利及自由追求正当利益的权利，例如被公平对待的权利，在被雇佣时不应该受到由于性别、年龄等不同带来的不公平待遇。作为雇员，享有履行职责而收到回报的权利。作为执业人员，工程师还享有由他们的职业角色及相关义务带来的特殊权利。

一般而言，作为一种职业，工程师享有以下八种权利：

① 使用注册职业名称。

② 在规定范围内从事职业活动。

③ 在本人执业活动中形成的文件上签字并加盖执业印章。

④ 保管和使用本人注册证书、执业印章。

⑤ 对本人执业活动进行解释和辩护。

⑥ 接受继续教育。

⑦ 获得相应的劳动报酬。

⑧ 对侵犯本人权利的行为进行申述。在上述权利中，最重要的是第 2 种和第 5 种。工程师应该明确个人的专业能力和职能范围，拒绝接受个人能力不及或非本人专业领域的业务，如 ASCE 中规定的“工程师应当仅在其胜任的领域内从事工作”。

雇员权利是涉及作为一个雇员地位的任何权利，包括道德及法律上的。它们与职业权利有所交叉，并且还包括有组织政策或雇佣合同形成的机构权利，例如领取在合同中规定的工资的权利、平等就业的权利、隐私权利和反对性骚扰的权利等。

2. 工程师的责任

责任（responsibility）一词源于拉丁文“respondeo”，意为响应、回应和回答，在日常用法中代表着承担责任、追究责任和惩罚三种内涵。随着科学技术的不断发展及工程师地位的提高，相应地，工程师的有关法律的、社会的、职业的及环境的责任都在不断增加。如今，在各大工程职业伦理的章程准则中都有规范的表述“工程师应当……”来明确工程师的责任。除了这种“自律”的形式，准则中也通过“他律”的方式检视、评估工程师在工程活动中是否做到尽职尽责，践行工程师的义务责任、过失责任及角色责任。“义务责任指的是工程师遵守甚至超越职业标准的积极责任。过失责任指的是伤害行为的责任。角色责任指的是由于处于一种承担了某种责任的角色中，一个人承担了义务责任，并且也会因为伤害而受到责备”。

首先，工程师必须遵守法律、标准的规范和惯例，避免不正当的行为，并“努力提高工程师职业的能力和声誉”，“以一种有益于客户和公众，并且不损害自身被赋予的信任的方式使用专业知识和技能”。其次，伦理章程严禁工程师随意的、鲁莽的、不负责任的行为，“不得故意从事欺骗的、不诚实的或不合伦理的商业或职业活动”，并要求工程师对因自己的工作疏忽所造成的伤害承担过失责任。

3. 如何做到权责平衡

工程师在职业活动中要做到权利与职责的平衡，不但需要理论知识的支撑，更需要从实践中获得智慧。

首先，品德决定行为，工程师需要培养自身节制、自律、勤奋、真诚等美德，也需要在胜任工作和工作中可能引发的工程风险之间寻求平衡——“与适当的人、以适当的程度、在适当的时间、出于适当的理由、以适当的方式”进行工程活动。

其次，在实际的工程情境中，工程师应当不只是工作的机器，更要有人性的光辉，始终保持自身人格和德行的完整无缺、不受污染，换句话说，就是要求工程师能够在道德上忠诚地坚守价值观，拒绝妥协，主动承担各种职业责任。

2.4.2 工程师责任观念的演变

随着工程师职业内涵的不断变迁、丰富，工程师需要背负的责任也在发生变化，但也有很多基本责任被保存至今，如忠于雇主、忠于国家等。

1. 工程师的早期责任——忠于雇主

工程师这一职业从诞生至今已有三百多年的历史，其职业责任也随着社会的发展和技术的进步而不断地改变。在工程师产生的初期，工程师作为设计、创造和建造火炮等战争工具的人，听命于所在军队，工程师的责任就是对命令的绝对“服从”。在第一次工业革命期间，英国的化工、冶金、船舶、机械、纺织等行业得到了飞速的发展，同时也诞生了建筑工程师、化工工程师、机械工程师等专业人员。他们有着相应的技术知识，但是由于传统观念的影响，他们仍然仅“服从”于上级的雇主（包括政府或商业企业）。因此，这段时期，工程师的责任依旧只对雇主负责，“听命”于雇主。当然，至今这仍是重要的一个责任，包括如今的美国电气工程师学会都表示，成为雇主公司或政府的“忠实代理人或受托人”是工程师的主要义务。

2. 工程师“广泛责任”的扩展

在第二次工业革命中，以内燃机、电力技术为代表的新技术得到了广泛的发展和应用，新兴产业的快速发展使得工程师和技术人员的数量大大增加，工程师的地位也不断提高。19世纪末，由于工程师责任意识的提高，工程师对于成立自己组织的要求越来越迫切，导致美国发生“工程师叛乱”，这场运动中第一次产生了类似“工程师责任”的词汇。之后，随着20世纪30年代美国石油、钢铁、汽车等产业的崛起，技术人员的地位空前提升，“广泛的责任”要求工程师不但要忠于雇主，更要担当起对企业、国家乃至于全人类文明的责任，并最终形成了“专家治国论”。然而，尽管工程师热衷于“专家治国论”，但是由于工程师能力的局限性及他们过多地重视技术，认为技术就是一切社会问题的根源，最终，“专家治国论”失败。

3. 工程师“社会责任”的加强

随着“专家治国论”运动的失败，工程师们认识到他们的能力有限，在随后的反思讨论中，逐渐形成了将责任限定在自身、雇主和公众三者内的态势。这一责任转变的标志是1947年工程专业委员会（ECPD）起草的具有普适性的工程伦理准则。其中包括工程师要关心公共福利促进人类福祉，将公众的健康安全放在第一位等。如今，各个专业工程师协会也都要求“将公众的安全、健康和福利放在首位”。

4. “社会责任”扩展至环境责任

20世纪中期以来，科学技术的突破带来了工程技术的快速发展，大大增强了工程师们改造世界的能力，形成了一种能够与大自然相匹敌的力量。但是在工程技术的应用中，人们缺乏对环境问题的思考，导致环境污染和生态破坏。早在1962年，蕾切尔女士在《寂静的春天》一书中就向社会发出了警告，认为人类中心主义将招致全球生态危机。大部分工程师逐渐认识到忽视工程与自然环境关系的重要性，意识到工程师对于自然环境的责任。一些发达国家的政府及公司已经对工程活动造成的负面影响采取了补救措施，许多工程师协会也都将“工程师对环境负责”加入到规范之中。

2.4.3 工程师责任困境

在实际的工程过程中，工程师的责任是非常有限的，即使随着工程师技术力量的提高，这种责任的限制也没有改变。然而，从最初对个人和雇主的责任到对公众、社会及环境的责任，工程师的责任范围在本质上已经扩大，因此，工程师也不可避免地面临着更多的责任困境。

首先，科学技术本身有一定的价值取向。即使使用技术的人不会滥用技术，科学技术本身也常常带来伦理问题。技术本身的价值取向已成为科技人员伦理困境的重要原因。特别是20世纪中叶以后，随着一批高新技术的出现，许多依靠高新技术的项目应运而生。即使是控制相关领域核心的专家，由于这些高新技术的复杂性和不确定性，一个项目的设计者和实施者也无法充分预测或控制项目的意外后果，这一点在生物医学工程中体现得尤其明显。同时，技术过程的不可预测性也是一样的。

其次，多重角色之间可能存在的冲突使工程师陷入责任困境。在广泛的社会经济背景下，工程师扮演着不同的职业角色和公共角色。角色的转变使工程师不仅要承担专业责任，还要对公众、社会、环境承担更多必要的责任。角色的激增和角色之间可能发生的冲突，使工程师陷入责任困境。在专业活动中，工程师经常面临用人单位为了经济利益而牺牲产品安全，或者对环境造成危害，从而损害产品，直接影响消费者的健康、安全和福利的情况。工程师是否应该拒绝执行雇主的指示，并且将问题暴露给社会？作为员工、公共顾问、管理者或其他角色，工程师应该如何选择？

最后，责任主体的集体化也导致了工程师的责任困境。当工程师和其他社会群体共同实施问题行为时，该如何处理责任问题？在跟踪项目事件时，谁应该承担责任，应该承担什么样的责任？这是迄今为止任何国家都无法准确划分的问题。

面对工程师的责任困境，许多学者提出了解决方案。例如，加强工程道德教育，加强政府监管，提高工程师的职业素质和道德水平。这些措施将有效防止工程师在物质、名誉、地位等功利主义面前出现摇摆不定、左右为难的情况。除此之外，倡导公众参与、加强技术评价也是工程师摆脱责任困境直接有效的途径。公众参与是指让公众参与工程或技术的决策过程。美国著名技术哲学家米查姆曾指出，“考虑新技术的伦理问题不再是专家的事，而是这个时代所有人的事”，现代技术和工程极大地改变了人类的生活，然而也产生了很多负面影响。作为这一负面影响的直接受害者，公众有权要求参与技术或工程的决策，并对这一决策是否损害自身利益做出判断和提醒。而且，专家在决策过程中，由于个人利益或考虑不周，很可能忽视公众的福利，公众参与决策将避免这种情况。“公众”是一个非常宽泛的概念，它可以包括各行各业、各年龄段、各文化层次的公民。什么样的公众参与项目决策是一个关键问题。中国学者李伯聪强调“利益相关者”的存在。事实上，项目决策中的“公众参与”主要是指“利益相关者参与”。一般来说，一个决策是否达到了更高的道德水平，不应该主要由“外部”公众来评判，而应该由“内部”利益相关者来评判。建立一个由技术专家、伦理学家、管理者等利益相关者组成的群体来思考项目的决策与实施，是解决工程师责任困境的重要途径。

技术评价是解决工程师责任困境的另一种途径。在技术应用前，对可能存在的风险进行预测和评价，并制定相应的对策，避免不良后果的发生。这样，工程师也就避免了公众的道德责任，摆脱了责任困境。技术评价是一种超前思维，它强调在决策阶段对已完成设计的方案预测实施效果，特别是“衍生效应”和“长期效应”，进行全面、可预见的评价，而这种对预测“后效”的可预见性评价，应作为事前决策的依据。因此，准确地说，技术评价是一种“事前思考”和“事后思考”的思维。技术评估是为了避免风险和安全，这就要求工程师遵循深思熟虑的道德原则。综合考虑是指工程师在工程设计和工程实施过程中尽可能多地考虑实际因素，以确保工程安全。它是工程设计中较为理想的伦理原则。在工程设计中，除技术因素外，还应考虑环境、社会背景、利益相关者等非技术因素。工程设计蕴含着人类的内涵，知识技术系统是无法替代的。现实是不断变化的，人的活动是自由的，这可能会使理论设计在现实中表现得不尽如人意。许多重大工程事故都是由于设计考虑不周造成的。因此，在对工程项目进行技术评价时，工程师应尽可能多地考虑，避免因设计缺陷造成进退两难的局面。

2.4.4 工程师与社会公众利益冲突

工程职业伦理章程为工程师提供了被公认的价值观和职业责任选择，但是，在实际的工程实践情境中，工程师面临的不仅局限于伦理准则，还有具体实践情景中的角色冲突、利益冲突和责任冲突。

1. 回归工程实践应对角色冲突

工程师在社会生活中不可避免地扮演着多重角色，不同的角色有不同的责任和追求。当工程师作为职业人员的时候，他是一个职业人；工程师受雇于企业，他还是雇员；另外，工程师还可能在企业中担任管理者；同时，他还是家庭中的一员。角色的多重性，意味着责任的多重性，导致工程师处于道德行为选择的困境。首先，作为职业人，工程师一方面受雇于企业；另一方面，工程师有自己的职业理想，要把社会公众的健康和福祉放在首位。当企业的决策明显会危害到社会公众的健康和福祉，或者工程师能预测到这种危害时，工程师就面临着角色冲突，这就是戴维斯所说的工作追求和更高的善的追求之间的冲突。工程师同时作为职业人员和企业的雇员，两者产生冲突的时候，则面临着忠于职业还是忠于企业的选择。其次，工程师作为社会公众的一员，和众多公众一样要遵守一般道德。通常情况下，工程师把公共善的实现放在首位，与一般道德的价值方向一致，不会产生冲突。但是工程活动是一项复杂的社会实践，涉及企业、工程师群体及社会公众甚至政府。工程师在促进工程成功实施的过程中，要协调各方的目的，当工程师实践过程中的行为与一般道德要求相冲突的时候，他就陷入了角色冲突的困境中。最后，工程师还可能是企业的管理者。工程师与管理者的职业利益不同，这使得他们成为同一组织中的两个范式不同的共同体。当企业的决策违反工程规范标准或者可能对公众安全、健康和福祉造成威胁的时候，处于企业决策者位置的工程师就面临着角色道德冲突。

工程师遭遇角色冲突，首先是因为工程师很难兼顾自己的职业角色和个人生活中的其他多种角色。其次，职业伦理章程中对职业责任和雇员责任不偏不倚的强调，也常导致角色冲突。

角色冲突的解决有赖于建立一套宏观和微观的机制。宏观层面的工程职业建设，为问题的解决提供制度保证和理论基础；微观层面，对工程师个体进行心理关怀，培育工程师的自主性，为制度建立内在的道德基础。

当然，工程师角色冲突常伴随着实践而产生，同样地，冲突的解决也依赖于实践，甚至角色冲突的出现和解决已经成为工程生活中的一部分，随着工程实践的进行，角色冲突在不断地产生和解决。

2. 保持多方信任应对利益冲突

工程中的利益冲突问题是工程伦理和工程职业化中的一个重要话题。“当工程师对于客户或社会公众的忠诚和正当的职业服务受到某些其他“利益”的威胁，并有可能导致带有偏见的判断或蓄意违背原本正确的行为时，就会产生利益冲突。”

工程中的利益冲突既包括群体利益（公司）与整体利益（社会公众）之间的冲突，也包括个体利益（工程师）与群体利益（公司）之间的冲突，同时还包括个体利益（工程师）与整体利益（社会公众）之间的冲突。

1）公司与社会公众之间的利益冲突。作为营利性的组织，公司所做出的决策都是遵循利益最大化的原则。而当公司的这种实现自身利益的活动影响到社会公众的利益（安全、健康和福祉）的时候，公司与社会公众之间的利益冲突就产生了。

2）工程师与公司之间的利益冲突。工程师受雇于公司，有责任以自己的职业技能做出准确和可靠的职业判断，并代表雇主的利益。但工程师与公司之间也时常会发生利益冲突，有以下两种情形：①当雇主或客户所提出的要求违背工程师的职业伦理，或者可能危害到社会公众的安全、健康或福祉时，工程师是坚持己见与雇主或客户进行抗争，还是屈服于雇主或客户的要求，而不顾及社会公众的利益；②外部私人利益影响到工程师的职业判断，使其产生偏见，而做出不利于公司利益的判断。

3）工程师与社会公众之间的利益冲突。不同于其他的一般职业，工程中利益冲突的对象并不局限于工程师个体和公司群体这两方面，还常常会涉及“公众”这一重要的利益主体。因此，公众利益是工程利益冲突的一个重要组成部分，也是其特征之一。工程师既是公司的一员，也是社会的一员。工程师既要考虑公司的利益，也同样要为社会公众的安全、健康和福祉负责。这里也有两种冲突的情形：①当工程师面对公众利益与私人利益的选择时，就会有利益冲突的发生；②公司利益与公众利益发生冲突，雇主或客户所提出的要求影响到工程师的职业判断，进而使社会公众的安全、健康和福祉受到损害，这也是发生在工程师与公众之间的利益冲突。

在工程师的日常工作中经常会发生利益冲突的情形。工程师要正确应对可能发生的利益冲突，保持雇主、客户与公众的信任，做“忠诚的代理人或托管人”，保持工程师职业判断的客观性。这就要求工程师尽可能地回避利益冲突。具体到工程实践情境，有以下五种“回避”利益冲突的方式：①拒绝，例如拒收卖主的礼物；②放弃，例如出售在供应商那里所持有的股份；③离职，例如辞去公共委员会中的职务，因为公司的合同是由这个委员会加以鉴定的；④不参与其中，例如不参加对与自己有潜在关系的承包商的评估；⑤披露，即向所有当事方披露可能存在的利益冲突的情形。前四种方式都归类于“回避”的方法。回避利益冲突的方法就是放弃产生冲突的利益。通过回避的方法来处理利益冲突总是有代价的，即有个人损失的发生。其中不同的是“拒绝”是被动地失去可获得的利益，而“放弃”是主动放弃个人的已有利益。而“披露”能够避免欺骗，给那些依赖于工程师的当事方知情同意的机会，让其有机会重新选择是找其他工程师来代替，还是选择调整其他利益关系。

3. 权宜与变通应对责任冲突

责任冲突是指工程师在工程行为及活动中进行职责选择或伦理抉择的矛盾状态，即工程师在特定情况下表现出的左右为难而必须做出某种非此即彼选择的境况。在具体的工程实践场景中，相互冲突的责任往往表现在个人利益的正当性、群体利益的正当性、原则的正当性。因此，工程师需要作四类提问：

1）该行动对“我”有益么？健康的利己是一件好事。如果工程师都不关心自己的利益，又有谁会关心呢？在有些情况下，如果认为某一行动是有益行动，只要能显示这种行动对“我”有益，“我”就能证明自己的这种认识是正确的。

2）该行动对社会有益还是有害？工程师在进行伦理思考时，不能仅考虑这一行动对自己是否有益，而是应该进一步考虑该行动对受其影响的所有人是否有益。

3）该行动公平或正义么？所有人都承认的公平原则，是同样的人（同等的人）应该受到同样的（同等的）待遇。关于什么人是平等的和什么是平等等问题，人们常常有意见分歧，但除非存在相关差别，所有人都应该受到同等待遇。进而，这引出了下一个问题，该行动侵犯别人的权利吗？

4）“我”有没有承诺？这个问题询问的是，是否就以某种方式实施行动向某种现存关系做过含蓄或明确的承诺。假如有过承诺，那么应该信守承诺。因此，对于问题“我答应过做这事吗”，如果答案是肯定的，那么，做这件事就又有了一个正当理由。

通过上述反思，工程师至少可以寻找到一个满意的方案。工程社团的职业伦理章程常常为解决困境提供了直截了当的答案，但也有矛盾的地方。公认的准则是把公众的安全、健康和福祉放在首要位置，但是当公众利益与雇主、客户利益冲突，如何做到诚实和公平？这就需要在具体的伦理困境中进行权宜与变通。

2.4.5 工程师的职业伦理规范

各大工程社团的职业伦理章程对工程师的职业伦理规范进行了解释，其内容包括：将公众的安全、健康和福祉放在首位，诚实可靠，尽职尽责和忠实服务。

1. 将公众的安全、健康和福祉放在首位

“将公众的安全、健康和福祉放在首位”构成了工程师的职业伦理规范的首要原则，这基于两个方面因素的推动：一是时刻在工程风险值的凌厉威胁之下，人在工程-人-自然-社会中的存在困境；二是面向文明的发展与未来的生活，人的生存需要。风险与工程相伴相生，这使得人始终被动地处于存在困境中，“公众的安全、健康和福祉”成为工程-人-自然-社会存在中人的最大现实利益。出于对安全的关注和考虑工程风险可能对人生命财产的伤害，工程活动往往以做出或多或少的自我牺牲为前提。

2. 诚实可靠

工程师的职业生活要求强调某些道德价值的重要性，如诚实可靠。因为工程师的职业活动事关公众的安全、健康和福祉，人们要求和期望工程师自觉地寻求和坚持真理，避免有所欺瞒的行为。

NSPE 伦理准则的六条基本守则中有两条涉及诚实可靠，其中第三条要求工程师“只以客观和诚实的方式发布声明”，第五条要求工程师“避免欺骗行为”。这些要求统称为诚实责任，也是工程师的职业伦理所要求的职业美德。工程师必须是客观的和诚实的，不能欺骗。诚实可靠禁止工程师撒谎，还禁止工程师故意歪曲和夸大，禁止压制相关信息（除保密的信息），禁止要求不应有的荣誉及其他旨在欺骗的误传。诚实可靠的要求还包括没能做到客观的过失，例如因疏忽而没能调查相关信息和允许个人的判断被破坏。

当然，几乎所有的工程社团都在章程中对工程师的诚实可靠提出了要求。IEEE 伦理章程准则三鼓励所有成员“在基于已有的数据做出声明或估计时，要诚实或真实”；准则七要求工程师“寻求、接受和提供对技术工作的诚实批判”。ASME 基本原则二规定，工程师必须“诚实和公正”地从事他们的职业，“只能以一种客观的和诚实的态度来发表公开声明”。

3. 尽职尽责

从职业伦理的角度来看，工程师的“尽职尽责”体现了“工程伦理的核心”。

4. 忠实服务

服务是工程师开展职业活动的一项基本内容和基本方式；“诚实、公平，忠实地为公众、雇主和客户服务”已然成为当代工程师伦理规范的基本准则。

在当前充满商业气息的人类生活中，服务是工程师为公众提供工程产品、聚集社会福利、满足社会发展和实现公众需要的行为或活动，从而呈现出工程师与社会、公众之间基于正义谋利的帮助关系。因为工程实践的过程充满了风险和挑战，工程活动的目标和结果可能存在不可预估的差距，工程产品也极有可能因为人类认识的有限性而对社会发展和公众生活产生难以预测的危害，因此，西方各工程社团的职业伦理章程中，都开宗明义地指出“工程师所提供的服务需要诚实、公平、公正和平等，必须致力于保护公众的健康、安全和福祉”。工程活动及其产品通过商业化的服务行为满足社会和公众的需要，促进社会物质繁荣与人际和谐。由此可见，服务作为现代社会中人类工程活动的一个伦理主题，是经济社会运行的商业要求（正义谋利、市场竞争），服务意识赋予现代工程职业伦理价值观以卓越的内涵。

作为一种精神状态，忠实服务是工程师对自身从事的工程实践伦理本性的内在认可；作为一种显示行为，忠实服务表现为工程师对履行“致力于保护公众的健康、安全和福祉”职责的能动创造。

当然，卓越工程的实现固然离不开工程师遵循责任并开展工程活动，但最终的实现还是依赖于工程师是否能在整个工程生活中履行各层次责任并始终彰显卓越的力量。因此，工程师要按照伦理章程的规范要求遵循职责义务，根据当下的工程实际反思、认识和实践规范提出的道德要求，变通和调整履行责任的行为方式，不断探索和总结“正确行动”的手段和途径。

2.4.6 工程师的伦理决策能力

由于价值标准的多元化及人类生活的复杂性，工程师在工程活动中常常需要面对道德判断与抉择的两难困境，即所谓的“伦理困境”。

“伦理困境”最出名的案例便是“电车悖论”，这个思想实验由菲利帕·福特在 1976 年发表的《堕胎问题和教条双重影响》中首次提出：假设你是一名电车司机，你的电车以 67km/h 的速度行驶在轨道上，突然发现在轨道的尽头有五名工人在施工，恰巧此时制动坏了，你无法令电车停下来。如果电车撞向五名工人，他们必将全部死亡。无助的你发现在轨道的右侧有一条侧轨，然而轨道尽头仍有一名工人在施工，你可以将电车开到侧轨上去，牺牲一个人而挽救五个人。你该做出何种选择呢？

显然，在“电车悖论”中出现了多元价值诉求所带来的冲突，伦理规范在应对人类社会的复杂时显得力不从心。同样地，现代工程中也有多重的价值诉求，工程师也面临着与时俱进的挑战和压力。工程师又该如何决策呢？

麦金泰尔曾经指出，我们具有什么样的道德与个体所处的特殊伦理共同体及其文化传统和道德谱系有着历史的实质性文化关联，不存在普适性的道德原则。

当工程实践中出现超越道德的情形时，诸如从事生化武器研究从而领取薪水养活家人，只能承认存在一个有限的道德选择和伦理行为范围。但是，工程师在面对这些困境时并不是毫无根据地行事的，通过个人的道德慎思，为自己的伦理行为划分优先级，审慎地思考和处理以下伦理关系，从而可以更好地在工程实践中履行伦理的责任。

1）自主与责任的关系。在尊重个人的自由、自主性的同时，要明确个人对他人、集体和社会的责任。

2）效率与公正的关系。工程师在追求效率、用尽可能小的投入获得尽可能大的收益的同时，要恰当地处理好利益相关者的关系，从而促进公正。

3）个人与集体的关系。在追求工程的整体利益和社会收益的同时，工程师要充分尊重和保障个体的合法权益。反过来，工程实践也不能一味地追求个人利益，而忽视工程对集体、社会和环境可能产生的广泛影响。

4）环境与社会的关系。工程实践的一个重要特点就是会对自然环境和生态平衡带来直接的影响，在实现工程的社会价值的过程中，如何遵循环境伦理的基本要求，促进环境保护，维护环境正义，将是工程师实践中不得不面对的重要挑战。

特别需要注意的是，当工程师的责任冲突导致工程实践的伦理困境时，工程师的行为要诉诸遵循社会伦理和公序良俗的最初直觉，引导工程实践并追求更好的生活。

在工程实践的伦理困境中做出正确的选择不能仅靠他律的伦理规范，对每一位工程师而言，更应该积极主动地进行道德践行，而不是冰冷枯燥地规范说教。人类的工程活动本身就是一种完整而具体的理论实践，在工程实践与个人生活中，伦理规范可以指导个体行为者在当下具体的工程活动中“应当如何做”和“应当做什么”，而美德贯穿个体行为者的整个工程生活，与“好的生活”的思考紧密联系在一起，它是个体行为者获得“好的生活”的能力。因为，美德赋予个体行为者实现自身价值的方式——将工程行业的伦理规范与个人美德相结合，通过自我反思来达到对伦理规范的更新认识，并以现实的行动实践这种认识。当面对工程实践中的伦理困境时，反思、认识和实践，一方面身体力行地将静默在伦理规范中的原则、准则运用到每个具体生动的工程实践场景中，另一方面又将这种通过反思而达到的更新认识化作现实的意志冲动，变为更自觉的行为。

工程师伦理困境的解决必须要融入个人美德对规则的反思、认识和实践。有了美德对理性和规范的认识，个体行为者才能在复杂的、充满风险的工程伦理困境中寻求应对之法，进而创造道德卓越，而不仅是技术的卓越和商业的卓越。同时，这也将更加有利于道德规则的完善。

第 3 章 工程伦理的典型案例与分析框架

3.1 工程伦理的典型案例

3.1.1 工程、能源与社会

工程，是指人类利用自身掌握的数学、物理等基础知识，通过整合利用使自然界的物质和能源的特性能够通过各种结构、机器、产品、系统和过程展现出来的一种应用，即将某个（或某些）现有实体（自然的或人造的）转化为具有预期使用价值的人造产品过程。工程的概念最初指代与军事活动相关的设计与建造活动。在现代社会，工程概念的应用更为广泛，也形成了狭义的工程概念和广义的工程概念。广义的工程概念认为，工程是一群人为达到某种目的，在较长的一个实践周期内进行协作活动的过程。这种广义的理解强调众多主体参与的社会性。狭义的工程概念则认为，工程是以满足人类需求的目的为指向，应用各种相关的知识和技术手段，调动多种自然和社会资源，通过一群人的相互协作，将某些现有实体汇聚并建造具有预期使用价值的人造产品的过程。狭义的工程不仅强调多主体参与的社会性，而且主要指针对物质现象、与生产实践密切相关、运用一定的知识和技术得以实现的人类活动，例如“南水北调”“载人航天”工程。工程伦理所讨论的工程主要是指狭义的工程。

能源作为世界经济发展和增长的最基本驱动力，是人类赖以生存的基础。虽然从其本性而言，能量是一种物理因素，但是它也明显贯穿于人类社会的各个方面。生活方式、各种沟通与互动的模式、集体活动及社会结构与变迁的关键特征，均受到可利用的能源、将能源转换为可用形式的技术手段及能源最终使用方法的形塑。现代社会生产不断发展，机械化、电气化、自动化程度不断提高，生产上对能源的需求量也就越来越大。一般来说，一个国家的国民生产总值与它的能源消费量大致是成正比的，能源是主要动力来源，能源的消费量越大，产品的产量就越多，经济就越发达，整个社会就越富裕，人民的生活水平就越高。发达国家的人口总和只占世界人口的五分之一，而能源消费量却占全世界能源总消费量的约70%。目前世界能源结构仍然以煤、石油、天然气等化石能源为主，但同时，核能、风能、氢能、生物质能、太阳能等新能源也正在蓬勃发展。

社会则是指全体人类和环境的总和。人类的生产、消费、娱乐、政治、教育等，都属于社会活动的范畴。动物或其他生物的社会行为也属于社会的范畴。社会是指在特定环境下共同生活的生物，能够长久维持的、彼此不能够离开的相依为命的一种不容易改变的结构。从局部看，“社会”有“同伴”的内涵，是因共同利益而形成的生物与生物的联盟。从整体上看，社会是由长期合作的个体通过发展、组织形成的团体，一般指在人类社会发展中形成的默认小到机构、大到国家等组织形式。研究动物时，可以称其为“猴子社会”“狼群社会”等。

从人类社会的生存与发展的角度来看，人类改造自然的过程常常是以工程的方式进行的。工程是人类社会重要而复杂的社会实践过程，涉及社会、政治、文化、经济、环境等诸多方面的因素。毋庸置疑的是，工程作为人类创造人工物的一种实践活动，显然是一种理性行动。既然理性行动嵌入于社会结构之中，那么工程也就必然嵌入于社会结构之中。而在当代社会发展的背景下，能源的作用也日益增大，能源不仅是工程顺利进行的必要基础和物质保障，更是当今社会进步发展的根本动力，不仅成为衡量综合国力的指标，影响国际社会关系，更成为人类可持续发展的物质基础。工程改造社会、影响社会，而工程的基础是能源，三者密不可分。

工程总是伴随着风险，这是由工程本身的性质决定的，风险主要由三个不确定因素造成：工程中技术因素的不确定性、工程外部环境因素的不确定性和工程中人为因素的不确定性。所以需要对风险的可接受性进行分析，界定安全的等级，并针对一些不可控的意外风险事先制定相应的预警机制和应急预案。工程质量是决定工程成败的关键。由于工程必然涉险，因此所有的工程规范都应把安全置于优先考虑的位置上，都要求工程师必须把公众安全、健康和福祉放在首位。工程师不但应该具有职业伦理责任，同时还应具有社会伦理责任和环境伦理责任。工程是根据自然规律和人类需求创造出来的一个自然界原先不存在的人工事物，所以工程的系统性不同于自然事物的系统性，它包含自然、科学、技术、社会、政治、经济和文化等诸多要素，是一个远离平衡的复杂系统。在工程实践不断发展的今天，工程活动对于人类社会生活的各个方面都会产生诸多影响，同时工程活动也逐渐开始关注各种伦理问题，包括工程行为的正当性判断等，例如在核工程发展过程中核电厂的选址问题涉及生态、辐射、社会、污染等伦理问题，人工智能工程中涉及人性、生命、道德、人权等伦理问题，医学工程中涉及医疗资源不足时选择救治以及试管婴儿带来的道德问题等伦理矛盾。本章接下来将对各个工程实践中较为典型的案例进行分析，揭示工程活动过程中的伦理问题及相关伦理准则。

3.1.2 核工程伦理

例 3-1 福岛核事故

案例分析 福岛核电站（Fukushima Nuclear Power Plant）是当时世界上最大的在役核电站，由福岛第一核电站、福岛第二核电站组成，共 10 台机组（一站 6 台，二站 4 台），均为沸水堆。2011 年 3 月 11 日，日本东北太平洋地区发生里氏 9.0 级地震，地震导致福岛第一核电站所有的站外供电丧失，三个正在运行的反应堆自动停堆，应急柴油发电机按设计自动起动并处于运转状态。地震引起的第一波海啸浪潮在地震发生后 46min 抵达福岛第一核电站。海啸冲破了福岛第一核电站的防御设施，这些防御设施的原始设计是能够抵御浪高 5.7m 的海啸，而当天袭击电站的最大浪潮达到约 14m。海啸浪潮深入到电站内部，造成除一台应急柴油发电机之外的其他应急柴油发电机电源丧失，核电站的直流供电系统也由于受水淹而遭受严重损坏，仅存的一些蓄电池的电力最终也由于充电接口损坏而耗尽。第一核电站丧失所有交、直流电。

由于丧失了把堆芯热量排到最终热阱的手段，福岛第一核电站 1、2、3 号机组在堆芯余热的作用下迅速升温，锆金属包壳在高温下与水作用产生了大量氢气，随后引发了一系列爆炸。爆炸对电站造成进一步破坏，1 号反应堆发生氢气爆炸，2 号反应堆发生猛烈的氢气爆炸并有火情产生，3 号反应堆发生两次氢气爆炸，并释放出大量带有放射性的水蒸气，4 号反应堆则遭受了两次火灾。

福岛核事故发生的主要原因是地震及海啸等自然灾害的出现，外部电网全部瘫痪，备用的柴油发电机由于海啸被毁而无法正常运行，致使反应堆余热排除，系统完全失效，并且地震海啸使得电站及其周围基础设施损坏，抢险救灾工作受阻，灾害不断扩大。此外，灾前忽视对安全隐患的排查，灾后指挥不利，抢救拖沓，管理混乱，以及日本当局对事故的判断和严重程度认识不足也是造成福岛核事故不断扩大的重要原因。

2011 年 4 月 12 日，日本原子力安全保安院（Nuclear and Industrial Safety Agency，NISA）将福岛核事故等级定为核事故最高分级 7 级（特大事故），与切尔诺贝利核事故同级。从福岛核事故中可以清晰地看到核工程伦理在核能的发展和应用中的重要性和必要性。

核工程（Nuclear Engineering）是工程学的一门分支，是原子核物理学的工程应用层面，核工程在众多领域有着广泛的应用，主要领域有核电、核医学、核子材料学和辐射度量等方面。但也和一些国际性议题有关联，如核武器、核扩散等。由于核工程的重要性，充分、合理、安全地开发和使用核能资源对于改善能源结构、拓宽能源市场、推动人类社会进步等各个方面有着巨大贡献；同时又由于核工程的特殊性，在其发展过程中会有诸多不确定因素，给传统的道德观念、理念信仰及伦理原则等带来严峻的挑战。公众对核电缺乏应有的认知，在核电立项、建设、运行和退役等各个环节的参与度不高，加之公众对核电普遍存在“刻板印象”，导致社会“反核”情绪高涨。如果我国这些问题得不到及时、有效的解决，会严重制约核电的可持续发展。对核工程领域进行伦理学的研究和应用，对于保障我国核事业的健康、安全、可持续发展和取得公众、社会和国际信任有重要作用。从人类现在和未来发展的角度看，核工程自身发展与伦理道德体系的制约所引发的问题，以及核工程发展中折射出的伦理道德问题，必须得到妥善解决。核工程所涉及的伦理问题主要包括三种：科技伦理、安全伦理和生态伦理。

核工程中涉及的科技伦理问题主要表现在科学家的道德方面。1945 年美国在日本的广岛和长崎投放了两颗原子弹，就此结束了第二次世界大战，但同时也使得“核”在公众的心目中留下了毁坏性的印象。因此参与原子弹研发的科学家们在报告中提出：“科学家有责任对因原子能利用而导致的科学的、技术的和社会的问题对公众进行科学教育。”核能的双刃剑性质，使科学家在从事核能开发活动和进行相关技术研究中，承担着前所未有的社会责任。首先，要规避可能的潜在风险，预防和减少开发过程中的负面效应，保证科研活动的正当性与合理性，实现社会善用科技的目的；其次，在参与政府核能规划发展决策过程中，尤其是各利益集团博弈时，科学家有责任公开表达自己的意见和观点，有责任确保核技术的应用能更好地服务于大众；最后，推动核技术科研程序与规范的构建，引导核能利用科研行为的善用方向。

核工程中涉及的安全伦理问题主要体现在安全管理方面。核事故造成的危害巨大，影响深远，人作为硬件系统的设计者、安全设计准则的制订者与核电站的运行者，对核能安全运行有着不可推卸的责任。因此重视核能利用中的安全伦理问题显得尤为重要。安全伦理以尊重每一个生命个体为最高伦理原则，以实现人和社会的健康安全、和谐有序的发展为宗旨。安全伦理关系分为人与人的关系和人与自然的关系，现代安全管理也从物本主义走向了人本主义管理，即为了人和人的管理。为了人，即把保证人的生命安全作为安全管理的首要任务；人的管理，即充分调动每个职工的主观能动性，使其主动参与安全管理。

核工程中涉及的生态伦理问题主要体现在核污染方面。地球系统复杂多变，各种生物相互依存，因此我们必须尽可能降低核能风险，减少核事故的发生频率和危害，不能因为本代人的发展需求而使得后代人的发展受限。当代人关心后代人，给后代人留下一个功能健康的生态环境，是对后代应尽的基本义务。这要求人与人之间及人与自然之间的关系要协调，一是人类作为整体公正地对待自然，二是人类作为个体公平地承担对自然环境的责任。在处理核废物的问题上，某些不负责任的处理方式不是技术问题，而是对伦理学提出的挑战。在我国大力发展核能的今天，加强保护自然生态环境的自律性，是解决核能利用中的生态伦理问题、使人与自然和谐相处的重要措施。

从福岛核事故中可以看到，首先，在灾前预防方面，科学家在规避风险上错算了可能发生的情况；在灾后应急方面，没有迅速对政府和救灾人员提出科学有效的救灾方案；在灾后处理方面，面对日本当局重视程度不足的情况也没有提出相悖的意见，可见福岛核事故从发生到结果都是科技伦理失范的表现。其次，在日本当局处理核事故的过程中，先是忽视了核电站可能发生的灾害，随后在灾后的处理上行事拖沓，效率低下，低估灾害程度，忽视了救灾人员的生命安全，导致灾害进一步扩大，是安全伦理失范的表现。最后，福岛核电站也揭露了日本核废物处理及核污染上的问题，在事故处理中，日本当局直接使用海水冷却堆芯，导致大量放射性物质进入大海。同时由于缺乏核废物处理设施，在整个福岛核事故救灾过程中，行动效率和行动质量受到严重影响，间接导致了灾害的扩大，这是生态伦理失范的表现。

因此，在发展核能的过程中，贯彻落实核工程伦理相关问题至关重要。在发展核电来解决能源及环境问题的同时，核电站选址、核电发展应该遵循的原则及核电未来的发展等都与人类对核电开发和利用的伦理抉择密切相关。核电建设应当坚持以人为本原则、可持续发展原则、生态原则及公正原则这四项伦理原则。

（1）以人为本原则　以人为本原则以实现人的全面发展为目标，即一切活动归根结底都是为了所有的人。因此，从伦理角度出发，核能的开发利用应该做到以下几点：首先，充分认识到核电发展的社会地位。发展核电对于推动我国的能源结构改革，促进国家经济增长，社会进步，发展清洁高效能源等各个方面有着重要作用。其次，发展核能核电要以人为本，即保障人民群众的生命健康和安全，从选址开始，负责认真，以福岛核事故作为参考，充分全面地考虑各个安全隐患，降低自然灾害等造成的影响，确保运行安全。随后，要充分调动和发展群众的力量，人民是社会的主体，在核能发展的过程中，离不开广大人民群众的参与。最后，注重发展氛围的营造，健康的发展氛围包括保障员工福利、利益，加强创新文化建设，以及改善工作环境等，激发发展潜力，全面发展。

（2）可持续发展原则　可持续发展的原则是，既要满足人类的各种生活需要，个人也能得到充分发展，又要保护资源和环境，不影响后代人的继续发展。资源的持续利用和生态系统的可持续维持，是人类社会可持续发展的首要前提。核电的开发和利用是目前人类实现可持续发展的重要途径之一，核能完全有能力满足未来可持续发展的能源需求。

（3）生态原则　核能的发展同样必须满足生态原则，在满足核能持续发展的前提下，将其对环境和生态的破坏减至最小，这就是要使核能的开发利用与保护生态环境、自然资源，以及维持生态平衡等和谐统一。生态原则的核心是强调生态环境的权利和内在价值，要求在核工程实践过程中，突出生态伦理的指导思想作用，加强有关生态伦理的思想教育工作，树立我国核能建设的生态价值观，唤醒公众的生态良知。

（4）公正原则　公正原则要求人们以社会公平与正义的观念来指导自己的行为，平衡各方面的利益。发展核电应当遵守公正原则，包括公平原则和正当原则。公平原则是指任何国家都有和平开发和利用核能的基本权利；正当原则是指“正当”发展核电，即任何国家发展核能的计划都要在国际原子能机构和相关规定的监督与制约下进行。保护世界核安全是每个公民的职责，因此需要遵守公正原则。

工程师作为核能专业技术工作人员，是核能发展的主力军，需要具备较强的分析能力、实践才能、创新意识和能力，以及良好的沟通和商务管理能力等。因此，工程师伦理职责和培养在核工程发展过程中至关重要，工程师必须具备较高的伦理道德标准及职业素养去应对伦理问题，其中主要包括在核工程决策中进行指导和调节的伦理责任，在核工程实施中尽职尽责、深谋远虑的伦理责任，在核工程应用中勇于担责、符合道德标准的伦理责任，对公众安全、环境及政府的伦理责任等。

3.1.3　能源工程伦理

例 3-2　石油危机

案例分析　石油危机是指因世界各个国家受到国际石油价格的变化而影响全世界各个国家经济活动所产生的经济危机。

（1）第一次危机（1973 年）　1973 年 10 月第四次中东战争爆发，为打击以色列及其支持者，石油输出国组织的阿拉伯成员国当年 12 月宣布收回石油标价权，并将其积沉原油价格从每桶 3.011 美元提高到 10.651 美元，使油价猛然上涨了两倍多，从而触发了第二次世界大战之后最严重的全球经济危机。持续三年的石油危机对发达国家的经济造成了严重的冲击。在这场危机中，美国的工业生产下降了 14%，日本的工业生产下降了 20%以上，所有工业化国家的经济增长速度都明显放慢。

（2）第二次危机（1979 年）　1978 年底，世界第二大石油出口国伊朗的政局发生剧烈变化，伊朗亲美的温和派国王巴列维下台，引发第二次石油危机。此时又爆发了两伊战争，全球石油产量受到影响，从每天 580 万桶骤降到 100 万桶以下。随着产量的剧减，油价在 1979 年开始暴涨，从每桶 13 美元猛增至 1980 年的 34 美元。这种状态持续了半年多，此次危机成为 20 世纪 70 年代末西方经济全面衰退的一个主要原因。

（3）第三次危机（1990 年）　1990 年 8 月初伊拉克攻占科威特以后，伊拉克遭受国际经济制裁，导致伊拉克的原油供应中断，国际油价因而急升至每桶 42 美元的高点。美国、英国的经济加速衰退，全球 GDP 增长率在 1991 年跌破 2%。国际能源机构启动了紧急计划，每天将250万桶的储备原油投放市场，以沙特阿拉伯为首的石油输出国组织（Organization of the Petroleum Exporting Countries，OPEC）也迅速增加产量，很快稳定了世界石油价格。

此外，2003年国际油价也曾暴涨过，原因是以色列与巴勒斯坦发生暴力冲突，中东局势紧张，从而造成油价暴涨。几次石油危机对全球经济都造成了严重冲击。

能源是经济和社会发展的重要物质基础，也是提高全国人民生活水平的先决条件。随着现代社会生产的不断发展，以及机械化、电气化、自动化程度的不断提高，生产上对能源的需求量也就越来越大。一般来说，一个国家的国民生产总值和它的能源消费量大致是成正比的，能源是主要动力来源，能源的消费量越大，产品的产量就越多，经济就越发达，整个社会就越富裕，人民的生活水平就越高。

能源工程的特点主要包括以下几点：

1）重要性。能源不仅是广大人民衣食住行不可分割的一部分，也是国家发展和社会进步的基础，能源问题直接关系到国民经济的发展和人民生活水平的提高。社会总是不断在前进，生产也在继续增长，人们则需要更高的物质文明和精神文明，因此，能源就显得格外重要，必须把解决好能源问题当作发展国民经济、提高人民生活水平、稳定社会秩序和保障国家安全等方面的头等大事。

2）广泛性。能源产业关系到各行各业，从衣食住行、文化娱乐到农业耕作、制造生产，再到国防进步、国际关系，都与能源息息相关。

3）发展性。从火把到蒸汽机，再到汽车、电力、风力、核能，能源的发展从人类诞生开始就未曾停止，能源的使用效率、使用形式及使用方法都在不断进步和发展。目前人类社会还是处在以石油、煤炭和天然气等化石能源为主，核能、风能、氢能、太阳能等新能源为辅的能源结构，但随着化石燃料的日益消耗，各种新能源的发展则欣欣向荣。

能源工程中的伦理问题则涉及多个方面。古人利用能源秉持“天人合一”的思想，认为人类利用能源必须敬畏自然、保护自然，最早得到利用的主要是比较容易开采的煤等，保证了工程、生态和社会的和谐统一。而随着人类社会的不断进步，两次工业革命给人类文明安装了飞速发展的车轮，人类干预自然的能力不断提升，对能源的需求日益膨胀，能源工程的伦理问题也日益凸显。能源工程不仅涉及经济利益，还涉及社会利益；不仅涉及人类利益，更对自然界有影响；不仅影响当下，更会影响未来的发展。因此能源工程主要涉及社会伦理、经济伦理、生态伦理等多种伦理问题。从社会伦理来看，能源工程在政府的主导下面临着推动既要保障发展需求，同时要维持生态环境等多目标的矛盾和冲突；从经济伦理来看，能源工程承担着推动经济发展的重大责任；从生态伦理来看，能源工程也肩负着维护生态文明的重要任务。

从技术的角度来看石油危机，能源工程在不断创造价值的同时也会带来各种风险，包括可能发生的石油泄漏、环境污染等，而石油危机正是大量的能源资源作为筹码而引起的全球性经济灾难。对于能源工程的价值认同及风险评估要做到与伦理问题一致。

从社会的角度来看石油危机，能源工程涉及利益的分配和风险的分担。中东等石油资源丰富的地区作为产油方，大量开采石油，以出口石油作为原动力推动社会的发展，但是其对石油的加工能力不足，主要出口原油。而西方发达国家及中国等发展中国家对石油资源的需求量巨大，需要进口石油来满足国内加工、汽车等各行业的需要，推动社会运行。在现行国际社会中，油价主要由产油国之间协商而定，其作为整个石油市场的主导者，可以任意改变油价，影响世界各国的经济社会运行。

对不同的国家来说，石油危机的发生是利益冲突的表现，石油资源在分布上的不平等，注定了石油资源带来的利益的不平等。对于中东各个产油国而言，石油危机是其在国力较弱的情况下影响世界格局的唯一手段，在石油资源日益消耗、各种新能源蓬勃发展的今天，再次引起石油危机的可能性正在逐渐降低；对于欧美发达国家而言，石油危机带来的是极大的经济损失，对于社会的正常运行、发展及广大群众的日常生活都会造成极大的影响。同时石油危机也会促进国内各种新能源和新资源的开采和使用，例如现在美国大力发展的页岩气技术，以及石油危机后开采的大量油田，都提高了应对石油危机的能力，促进了社会的发展进步；而对于中国等发展中国家，石油危机带来的影响主要是被动的，在国际交流日益紧密的当代社会，没有国家在国际事件中可以独善其身，油价波动带来的经济冲击各国只能被动地接受，这也更加让各个国家的民众和领导人相信，应对复杂多变的国际事务，只能不断发展国家综合国力，提升国际话语权，才能更好地应对任何危机。

从自然的角度来看石油危机，能源工程与自然生态环境息息相关，人类利用能源的历史就是人类与自然打交道的历史。能源工程活动本身要减少对自然的影响，包括能源的开采、使用、回收等各个环节，避免对自然界无止境的索取，遵从可持续发展的原则。由于自然系统庞大，能源工程的某些问题要在多年之后才会体现，例如臭氧层空洞、全球气候变暖等，因此在当代，能源工程同样要“天人合一”，敬畏自然、保护自然，在利用自然资源的同时要与自然和谐共生。石油危机本身不涉及自然问题，但是长期以来石油等化石燃料的使用，已经致使全球海平面不断升高，多个大洋中的岛国被淹没，造成了诸多自然问题。而且，中东等地区长期开采石油，造成的自然环境破坏、环境污染问题也极其严重。要合理利用能源，别让能源工程成为毁坏自然界的帮凶。

从能源工作者的角度来看石油危机，能源的价值、能源不断推动社会进步的作用，以及维持社会和人们的生活正常运行的存在意义是能源工作者职业自豪感的源泉。作为从业者，要参透能源工程背后的危机，同时正确评估能源工程的风险，分析利益冲突，提升使命感，通过理清角色关系提升自身的责任感。石油危机的造成很大程度上是多个国家的能源工程从业者失职的表现，没有参透能源产业背后蕴含的危机，进而造成全球经济灾难。

简言之，能源工程涉及技术伦理、社会伦理、生态伦理和职业伦理中的重要问题。能源工程应当在满足技术可行、经济合理、社会进步和环境友好等前提下，更多地面对工程伦理的审视，避免类似石油危机的事件再次发生。

能源工程师作为能源专业工作人员，应当承担起能源工程发展、规划、设计、施工和维护等各个方面的责任，同时要具有长远的视野和谋略，在能源发展的多个困难中砥砺前行，在多种能源冲突中，认清自己的位置，提出自己的见解，努力化解危机、谋求发展。能源工程师应当是技术精通的专家，是恪尽职守的道德模范，同时也应该是热爱自然的环境保护者，面对多种伦理问题时，可以保持职业素养，从工程与社会的角度全方位考量，勇于承担伦理责任，全心全意推动能源工程的发展。

3.1.4 人工智能伦理

例 3-3 Uber（优步）无人驾驶汽车首次撞死行人

案例分析 2018 年 3 月 19 日，一辆 Uber 无人驾驶汽车在美国亚利桑那州撞死了一名女性行人，这是美国首次出现无人驾驶车辆撞死行人的事件。当地警方表示：车祸发生的时候，肇事车辆处于无人驾驶模式。被撞的行人当时走在人行横道外，车祸发生后被送到医院不治身亡。车祸发生时，Uber 的测试车内有一名操作员，但该操作员的目光未曾聚焦在路上，也没有按照工作要求的那样在 iPad 应用程序中输入数据，她正在手机上收看其他节目，直到汽车撞倒行人时，她才抬起头来，抓住了方向盘。

无人驾驶汽车被宣传为比人类驾驶更安全，能以计算机的速度观察和做出反应，但 Uber 的汽车却卷入了史上第一起无人驾驶汽车致使行人死亡事件。几名员工称，当死者是个乱穿马路、无家可归的女人，且她的血液检测冰毒和大麻呈阳性这一情况被曝光时，许多人便抓住这些细节来为这场悲剧辩解。

肇事司机在被 Uber 雇佣前就已经被判犯有重罪，许多人对她进行了诋毁。一名员工称："人们把一切都归咎于她。"但内部人士表示，死者和司机并不是造成这次致命事故的唯一因素，还有第三方应该受到指责，即汽车本身，以及制造它的人做出的一系列可疑决定。NSTB（美国国家运输安全委员会）的报告称，这辆汽车在撞到死者前六秒就发现了她，而且在撞到她前一秒就知道应该紧急制动，但它却没有那样做。知情人士称，这款车的设计者禁止在紧急情况下制动，即使它发现了"黏糊糊的东西"——Uber 对人或动物的称呼。NSTB 的报告称，Uber 故意让无人驾驶汽车制动失灵。报告发现，这款车的设计者还关闭了沃尔沃自己的紧急制动设置，甚至修改了汽车的转弯能力。

关于此次事故，人们的注意力大多都集中在司机的过失上。但到目前为止，关于工程师和高管为何关闭了汽车的自动制动能力，还没有太多信息。内部人士透露，这是公司内部混乱而导致的结果。此外，所有受访员工表示，事故发生时，工程师们知道这辆车的无人驾驶软件还不成熟，在各种情况下都无法识别或预测包括行人在内的各种物体的路径，连成堆的树叶都有可能会把汽车弄晕。

人工智能（Artificial Intelligence，AI）是研究、开发用于模拟、延伸和扩展人的智能的理论、方法、技术及应用系统的一门新的技术科学。人工智能是计算机科学的一个分支，它企图了解智能的实质，并生产出一种新的能以人类智能相似的方式做出反应的智能机器，该领域的研究包括机器人、语言识别、图像识别、自然语言处理和专家系统等。人工智能从诞生以来，理论和技术日益成熟，应用领域也不断扩大，可以设想，未来人工智能带来的科技产品，将会是人类智慧的"容器"。人工智能可以对人的意识、思维的信息过程进行模拟，它能像人那样思考，也可能超过人的智能。总的来说，人工智能研究的一个主要目标是使机器能够胜任一些通常需要人类智能才能完成的复杂工作。但不同的时代、不同的人对这种"复杂工作"的理解是不同的。

在人类发展进程中，知识的增长和社会协作体系的扩展起到了十分重要的作用，而这一切都离不开人类大脑提供的智能基础。人工智能的发展，将带来知识生产和利用方式的深刻变革，人工智能不仅意味着前沿科技和高端产业，未来也可以广泛用于解决人类社会面临的长期性挑战。从消除贫困到改善教育，从提供医疗到促进可持续发展，人工智能都有巨大的用武之地。此外，人工智能已经大量应用于生产生活的各个方面，其发展有以下几个战略意义：

1）以"智"提"质"，推动实现高质量发展。人工智能造就了宏大的技术生态群。它在智能驾驶、智能语音、智能机器人等领域不断取得突破，这些突破正在构建智能经济形态。这是中国实现高质量发展的磅礴动力。

2）以“智”图“治”，推动治理能力现代化。机器学习、算法推理、大数据、物联网等技术应用于社会治理，可优化社会生产与社会组织关系，增强治理的协同性、生态性，提高社会治理的智能化、法治化和现代化水平。

3）以“智”谋“祉”，推动提高民生福祉。人工智能的价值要在应用中体现。中国在推进“智能+生产”的同时，注重发展“智能+生活”，注重人工智能技术应用开发的民生导向，围绕教育、医疗卫生、体育、住房、助残养老等开发智能产品和服务，让人工智能提升民生福祉。

在人工智能不断发展的过程中，所涉及的伦理问题也越发凸显，主要包括技术伦理、经济伦理、社会伦理等。中国发展研究基金会副理事长兼秘书长卢迈表示，人工智能发展将进一步释放社会活力，中国应积极拥抱人工智能，充分利用好人工智能对生产力的解放效应。但是，把握机遇的前提是了解并预防风险，这需要在伦理学和社会治理上下功夫。

从技术伦理的角度来看，人工智能不断发展，可以不断产生创新的技术、另类的思想，扩展现有的领域，无论对于日常生活、科学研究还是国际事务都有利。以无人驾驶为例，无人驾驶汽车是未来汽车发展的方向，人类在不久的将来会用上智能型无人驾驶汽车似乎已经成为社会所公认的事情。然而人工智能发展的风险同样不可忽略。Uber 无人驾驶汽车事故正是由于 Uber 技术人员无视相关风险，一意孤行执行测试，最后造成车祸的悲剧。因此，对于人工智能的价值和风险评估同样要遵从严格的工程伦理审视制度。无人驾驶目前并不安全，因此需要配置安全司机，但无人驾驶的目的是解放司机。如果需要乘车人时刻保持警惕，以防意外，那么无人驾驶的意义何在？

中国发展研究基金会秘书长助理、研究一部主任俞建拖认为，社会应该正视人工智能带来的挑战，并以超越纯技术和经济的视角，从社会和人文视角去探讨人工智能带来的影响。

从人文视角来看，人工智能带来了一些已经在发生或即将发生、有可能撼动人类社会基础的根本性问题。随着人工智能的不断发展，对人的理解越来越物化和去意义化，人和机器的边界越来越模糊，需要思考这种边界模糊的后果。该如何对待机器和自身的关系？人和机器应该整合吗？如果人对快乐和痛苦的感受可以通过其他的物理和化学手段来满足，那么人还有参与社会互动的需要和动力吗？从 Uber 无人驾驶汽车事故来看，当人工智能自动驾驶普及之后，当它比人类驾驶更加安全的时候，人类还有驾驶的必要甚至是驾驶的权利吗？人工智能驾驶出现驾驶事故的时候，谁应该对此负责呢？是案例中的安全司机玩忽职守，还是 Uber 公司一意孤行进行测试忽视了安全风险，还是行人自身状态导致事故发生呢？人工智能的发展伦理约束从单一角度来看无法解决，需要从各个方面、各个伦理的角度进行审视，该案例中的事故，Uber 公司技术伦理失范是根本原因，安全司机的职业伦理失范是直接原因。但该案例较为简单，从更复杂的人文角度来着，当人工智能拥有感情之后，人与机械应该如何区分？人与人工智能的情感该如何判定？人与人工智能可以相爱吗？人工智能拥有人权吗？人与人工智能之间的关系该如何，是主仆关系还是平等关系呢？这都需要从多方位的伦理角度进行长时间的争论之后才能有定论。

从社会角度来看，人工智能还带来了新的社会权力结构问题。还可能会造成偏见强化。在社交媒体中，人工智能将观点相近的人相互推荐，新闻推送也常常存在路径依赖。当人们的信息来源越来越依赖于智能机器，偏见会在这种同化和路径依赖中被强化。人工智能使社会的信息和知识加工处理能力被极大地放大，信息和知识的冗余反而会使人陷入选择困境。如果人参与社会互动的次数和范围缩小，而人工智能越来越多地介入到知识的生产中，知识与人的需求之间的关系变得越来越间接，甚至会反过来支配了人的需求。Uber 无人驾驶汽车事故在此方面带来的启示就是人工智能的安全伦理和社会法律规范问题，而需要在明确人工智能的法律地位及其带来的安全隐患对于社会的影响后才会得知其具体问题所在。

总的来看，人工智能涉及的伦理问题范围广、交错程度高，需要明确的伦理规范来确定如何解决伦理问题。微软公司总裁施博德表示，要设计出可信赖的人工智能，必须采取体现道德原则的解决方案，因此微软提出六个道德基本准则：公平、包容、透明、负责、可靠与安全、隐私与保密。但是，考虑到人工智能对未来社会的深远影响，还需要全社会和各国政府的共同努力，制定人工智能开发和应用的伦理规范和政策方向，为其未来的健康发展奠定基础。

在社会层面，高校和研究机构开展了前瞻性的科技伦理研究，为相关规范和制度的建立提供了理论支撑；各国政府、产业界、研究人员、民间组织和其他利益有关方开展了广泛对话和持续合作，通过一套切实可行的指导原则，鼓励发展以人为本的人工智能；人工智能企业应该将伦理考量纳入企业社会责任框架中；投资机构应将伦理问题纳入 ESG（环境、社会和治理）框架，引导企业进行负责任的人工智能产品开发；社会组织可以通过培训、发布伦理评估报告、总结代表性案例等方式，推动人工智能伦理规范的构建。

在公共政策层面，人工智能研发和应用的政策应该将人置于核心，满足人全面发展的需求，促进社会的公平和可持续发展；政府需要设立专项资金，支持大学和研究机构开展人工智能等前沿科技的伦理研究；政府还需要提供不同人群学习了解人工智能的机会，推动全社会对人工智能的知识普及和公共政策讨论；优先鼓励人工智能应用于解决社会领域的突出挑战，包括减少贫困和不平等、促进弱势群体融入社会并参与社会发展进程等；应组建由政府部门和行业专家组成的人工智能伦理委员会，对人工智能的开发和应用提供伦理指引，并对具有重大公共影响的人工智能产品进行伦理与合法性评估。

此外，人工智能的规范发展也需要更广泛的国际合作。清华大学公共管理学院院长薛澜认为，“人工智能的发展将在创新治理、可持续发展和全球安全合作三方面对现行国际秩序产生深刻影响，需要各国政府与社会各界从人类命运共同体的高度予以关切和回应。只有加强各国之间的合作与交流，才有可能真正构建起一套全球性的、共建共享、安全高效、持续发展的人工智能治理新秩序。

3.1.5　大数据公共治理伦理

例 3-4　“棱镜门”事件下的隐私与公共治理

案例分析　棱镜计划（PRISM）是一项由美国国家安全局自 2007 年起开始实施的绝密电子监听计划。2013 年 6 月 6 日，前美国中央情报局雇员斯诺登对该计划进行披露，引起轩然大波。他的文件描述棱镜计划能够对即时通信和既存资料进行深度的监听。许可的监听对象包括任何在美国以外地区使用参与计划公司服务的客户，或是任何与国外人士通信的美国公民。受到美国国家安全局信息监视项目——“棱镜”监控的主要有十类信息：电邮、即时消息、视频、照片、存储数据、语音聊天、文件传输、视频会议、登录时间和社交网络资料的细节。通过棱镜计划，美国国家安全局甚至可以实时监控一个人正在进行的网络搜索内容。

打着反恐的旗号，美国国家安全局和联邦调查局通过进入微软、苹果、雅虎等九大网络巨头的服务器，在未做公告、更不可能告知用户的前提下，监控美国公民甚至全球用户的电子邮件、聊天记录、视频及照片等秘密资料。由此，情报部门可以直接获取公民的通话及网络活动的具体内容，也可以借助大数据处理分析、推断出个人性格、兴趣、爱好、习惯、犯罪倾向等内容。随着越来越多棱镜计划内容的曝光，不光是美国公民，世界范围内的诸多舆论和各国政府相继公开反对棱镜计划。同时，“棱镜门”事件也将网络迅速发展及大数据热潮中公共治理与隐私保护的伦理关系摆上了台面。

值得一提的是，美国本身是最早提出隐私权法律的国家之一，早在1890年，美国就颁布了相关法律，正式提出了隐私权的概念，并且在随后的若干年内，反复强调隐私权是公民的一项正当权利。而“棱镜门”事件的曝光，就如曝光者斯诺登所说：“你什么错都没有，但你却可能成为被怀疑的对象，也许只是因为一次拨错了的电话。他们就可以用这个项目仔细调查你过去的所有决定，审查所有跟你交谈过的朋友。一旦你连上网络，就能验证你的机器。无论采用什么样的措施，你都不可能安全。”

随着现代网络信息技术的蓬勃发展，各种各样的信息不断地产生、积累、关联，由此产生了一个全新的“大数据”时代。大数据是指无法在一定时间范围内用常规软件工具进行捕捉、管理和处理的数据集合，是需要借助新处理模式才能具有更强的决策力、洞察发现力和流程优化能力的海量、高增长率和多样化的信息资产。大数据具有海量的数据规模、快速的数据流转、多样的数据类型和价值密度低四大特征。大数据技术的战略意义不在于掌握庞大的数据信息，而在于对这些含有意义的数据进行专业化处理。换言之，如果把大数据比作一种产业，那么这种产业实现盈利的关键，在于提高对数据的“加工能力”，通过“加工”实现数据的“增值”。适用于大数据的技术，包括大规模并行处理（MPP）数据库、数据挖掘、分布式文件系统、分布式数据库、云计算平台、互联网和可扩展的存储系统。

对公共治理来讲，大数据带来了三个方面的深刻变化：一是政府治理借由渗透力极强的大数据覆盖，其管控力获得了空前的提升；二是大数据应用打破了以往政府部门独享信息的垄断地位，私人部门不仅能够获得并拥有大数据技术的优势地位，而且还强有力地进入信息资源的再分配领域当中；三是出现了公共部门与私人部门信息共享的趋势。因此，大数据的公共治理对于政府管理提出了一系列新的要求和挑战，倒逼政府主动从内容、平台和服务上变革创新思维，不断提升公共治理的水平。“开放、分享、平等、协作”是互联网的精神，相应地，大数据公共治理也必须具备新的思维要素，才能适应碎片化和高度流动的网络社会。十八届三中全会提出，要推进国家治理体系和治理能力现代化。在一定程度上，国家治理体系和治理能力的现代化就是政府治理能力和服务能力的现代化，就是要不断改进政府的公共治理能力，提高公共治理的效率与质量。十八届五中全会决定实施“互联网+”行动计划，发展分享经济，实施国家大数据战略。可以说，在一切业务数据化的时代，无论是互联网金融、在线教育还是智慧城市，其核心都是数据化，人类将通过越来越普及的电子记录手段构建一个与物理世界相对应的数据世界。因此，在大数据时代深入推动大数据公共治理的建设和应用，已成为当前推动政府治理能力现代化的内在需求和必然选择。

大数据公共治理所面临的伦理问题涉及非常广泛，除了网络信息空间的伦理问题，包括虚拟人际关系、网络行为正当性等，还有大数据时代特有的伦理问题，主要体现在无所不知的感知网络、无所不知的云端计算、分秒不离的智能终端构成的网络空间与现实交错。这使得一些平时正当的伦理关系（如平等、公正等）遭遇挑战，挑战主要集中于四点：身份困境、隐私边界、数据权利及数据治理。在公共治理相关伦理价值方面，一方面，网络和信息技术使得实施网络和信息管控非常方便；另一方面，怎么界定、保护、转换、授权用户的信息访问控制权还未形成社会共识。大数据的公共治理伦理问题可以从以下几个方面分析，包括个人隐私角度、社会伦理角度及公共治理角度。

从个人隐私角度看，大数据时代下，每个人的私人信息都充斥于整个网络空间，包括手机号、信用卡、身份证等。获取信息的企业或者公共机构在收集、处理、存储、使用和发布时如果产生失误，就会导致信息产生错误，甚至造成信息外泄，从而侵犯个人隐私。如果泄露的信息被某些违法分子使用，将造成更为严重的后果。另外在大数据背景下，可能出现个人信息被大数据分析、关联、挖掘等技术连带出来，在本人不知情的情况下泄露。因此大数据下的公共治理应该遵守的前提就是维护好个人隐私，其中主要面临的挑战包括：①可靠性和可信性，即大数据的处理平台是否具有可靠、可信的数据处理能力；②快速扩散性；③关联技术与关联发现，即把零散的信息碎片拼接起来，重新关联从而获得完整的信息轮廓；④身份盗窃和冒用；⑤恶意攻击。从“棱镜门”事件中，可以明显看到个人信息隐私的泄露完全是信息所有人所不知情的，通过各个 IT 公司、社交媒体收集的信息没有被良好地管理，反而被公共治理部分在个人非本意的情况下“窃取”，显然是违背了大数据相关的伦理规范。

从社会伦理角度来看，大数据时代下，每个人的信息都是相互联系的，因此整个社会整体的数据保护工作应该是公正平等的。大数据从业者和企业应当主动承担起维护大数据下数据的真实性、保密性和准确性的责任，保证社会不会被泄露的或者具有欺骗性的信息误导，避免影响社会的正常运行或造成社会的损失。此外，大数据下的公共治理应当以维持社会的正常有序运行为基础，对于社会有利的信息要及时公开，对于社会不利的消息要严肃处理、一视同仁。我国的公共治理拥有四个传统社会伦理的中华价值观特色，分别是责任先于自由、义务先于权利、群体高于个人、和谐高于冲突。从“棱镜门”事件来看，美国政府实施“棱镜计划”声称是为了打击恐怖主义，为的是维护社会的安全和谐，但是其违背的社会伦理在于收集信息时未征求信息主人的同意，擅自“窃取”社会上错综复杂的信息。同时，打击恐怖主义在他国人民和政府看来，称其为“借口”并不为过，尽管美国官方称“棱镜”打击了不少于 50 次恐怖活动，但很难证明这些活动的真实性及“棱镜”是否是必需品。总而言之，“棱镜”带给社会更多的是信息泄露，以及个人隐私被窃取的不安和愤怒。

从公共治理角度来看，政府应该积极推进良好的大数据研究，例如使用大数据分析解决贫困人口问题、分析经济结构转型等，利用云计算，以人为本，全力发展大数据的积极应用，推动社会和人民生活水平的不断进步。我国政府目前推出的大数据公共治理战略包括：加快政府数据开放共享，推动资源整合，提高治理能力；推动产业创新发展，培育新兴业态，助力经济转型；强化安全保障，提升管理水平，促进健康发展等。“棱镜门”事件就是政府在公共伦理上犯下的错误，脱离了以人为本的根本伦理原则，只是打着“以人为本”的名号，不仅没有达到为社会和公民谋福祉的目的，反而造成了社会的普遍恐慌，造成政府公信力下降，这是公共治理能力不足的表现。

大数据时代下的科技创新人员，应该明确大数据的“双刃剑”特性，明确自己既有普通的社会伦理责任，更应该具有数据伦理责任，包括尊重个人自由、强化保护技术、严格操作规程、加强行业自律和承担社会责任。总体而言，大数据时代已经来临，大数据不仅给科学、工程、生产和生活带来了翻天覆地的变化，也要求公共治理做出相应的变化，在此背景下，政府和数据工作人员应该恪尽职守，尽快完成大数据相关的行为规范，明确相关伦理准则，保证大数据公共治理积极向好、不断发展。

3.1.6 转基因工程伦理

基因（遗传因子）是遗传的物质基础，是 DNA 或 RNA 分子上具有遗传信息的特定核苷酸序列。基因通过复制把遗传信息传递给下一代，使后代出现与亲代相似的性状。生物体的生、长、病、老、死等一切生命现象都与基因有关，基因也是决定人体健康的内在因素。1953 年沃森和克里克发现了 DNA 分子的双螺旋结构，开启了分子生物学的大门，奠定了基因技术的基础。将人工分离和修饰过的基因导入到生物体基因组中，导入基因的表达引起生物体的性状出现可遗传的修饰，这一技术称为转基因技术（Transgene Technology）。转基因技术包括外源基因的克隆、表达载体、受体细胞及转基因途径等。外源基因的人工合成技术、基因调控网络的人工设计发展，使得 21 世纪的转基因技术将走向转基因系统生物技术——合成生物学时代。

转基因技术是现代生物技术的核心，运用转基因技术培育高产、优质、多抗、高效的新品种，能够降低农药、肥料的投入，对缓解资源约束、保护生态环境、改善产品品质、扩展农业功能等具有重要作用。从古至今，农业发展就是人类不断改造自然条件、赢得生存空间的过程。

自 1996 年首例转基因农作物商业化应用以来，发达国家纷纷把转基因技术作为抢占科技制高点和增强农业国际竞争力的战略重点，发展中国家也积极跟进，全球转基因技术研究与产业快速发展。美国、日本等发达国家都在大力发展转基因技术，从发展趋势看，转基因植物将向多元化发展，例如品质改良、高产、抗逆（抗旱、抗寒、抗低光照、耐盐碱、耐瘠薄等）的基因工程发展。随着转基因技术的深入发展，人们也将把转基因植物应用到医药化工领域，建立基因工厂，从而利用转基因植物生产各种化工原料和药品，摆脱传统化工厂对日益短缺的化工原料的依赖和生产过程中对环境的严重污染。但由于我国转基因的研究应用较晚，相关科普工作比较薄弱，绝大多数公众对转基因技术不了解或了解很有限，很容易受到一些负面言论的误导，进而陷入“食品安全”“环境安全”“专利陷阱”等担心。

转基因工程涉及生物医学技术，代表了现代医学和生物科学的最前沿水平，同样也是最近几十年才出现的全新领域，人们对转基因技术不了解、不熟悉，再加上转基因技术是对生物最根本的基因进行改造，难免引起众多方面的伦理道德问题。

首先是技术伦理方面。转基因技术已广泛应用于医药、工业、农业、环保等领域。转基因技术的价值毋庸置疑，主要可以概括为以下三点：

1）使食品质量得到改善。转基因产品具有一定的抗逆性，部分生物属性得到加强，食品的口感质量和营养价值得到提高，且某些具有抗虫性的植物不仅减少了农药的使用量，还可以保证食品表面无毒无公害，不会在人体内造成农药积累。我国获批的转基因水稻在历时十余年的安全性评价中均完全符合食品安全标准，且某些转基因农作物的食品安全评价指标甚至高于国际标准。

2）在环境保护方面有显著成效。我国种植的转基因水稻具有抗虫性、抗旱性、抗盐碱性，使得农药的使用量降低，并且种植转基因水稻所存在的负面影响可能远远小于种植非转基因作物。未来，“生物农业”的优势将远远超出“化学农业”，这一趋势是必然的也是不可逆转的。

3）具有不可估量的社会效益。在社会经济方面，转基因技术可以提高物质生产率，成为拉动经济增长和质量提升的新动力。同时转基因技术在医药领域也具有一定的优势，以转基因技术为主导的健康产业将逐渐成为世界经济的支柱型产业。在社会文化方面，转基因文化也是社会先进文化的重要组成部分，它在某种程度上也反映了一个国家的经济实力和国际地位。

但转基因技术的风险同样不可忽略。任何科学技术在发展过程中都存在一定风险，转基因技术也不例外。科学家通过科学研究，已经排除或澄清了许多风险问题，要求转基因生物“零风险”等提法并不科学。转基因产品并不像某些宣传描述的那样可怕，也可以说只是传统育种技术的发展和延续。转基因并不是人类凭空创造的一项技术，而是在自然界中本来就普遍存在的现象，包括物种内和物种间的基因转移。可以说，没有基因转移现象也就没有当今生物的多样性。目前，转基因技术存在争议是合理的，也是非常必要的。在争论的过程中，一方面可以让科学家更加谨慎地去对转基因食品的安全性进行更严格的评估，另一方面也能够对公众更好地普及转基因知识。

其次是安全伦理方面。人们对于转基因技术最担心的还是安全问题，各种谣言层出不穷，也造成了人们在一定程度上对于转基因技术的恐慌。实际上关于转基因食品的安全性是有权威结论的，即通过安全评价、获得安全证书的转基因生物及其产品是安全的。转基因食品入市前都要通过严格的毒性、致敏性、致畸等安全评价和审批程序，比以往任何一种食品的安全评价都更加严格、具体。各相关国际组织、发达国家和我国已经开展了大量的科学研究，国内外均认为已经上市的转基因食品与传统食品同样安全。世界卫生组织（WHO）认为，“目前尚未显示转基因食品批准国的广大民众食用转基因食品后对人体健康产生了任何影响。”但长期来看，作物基因的改变可能会引起非期望效应，新引入的蛋白可能具有毒性或者过敏性问题，转基因作物里面的抗生素标记基因可能会导致抗生素治疗失效，基因的定向转移同样可能导致生态安全和环境安全等问题。

然后是生态伦理方面。转基因生物的基因会向自然生物群落流动，例如转抗除草剂的基因可能逃逸到杂草上，使杂草产生超级抗杂草剂的性状，这不但会增加清除这种杂草的难度，而且这种生物间基因的相互转移，有可能影响到物种间的公平竞争关系，破坏原有的生态平衡，从而使原有的某些优势物种转为劣势甚至遭到灭绝。转基因生物在为人类带来便利的同时也破坏了自然遗传进化规律，其在抑制有害生物正常生长的同时可能也会对有益生物造成影响或者使其灭绝；其次转基因生物的基因也可能促进虫子、病毒、细菌的进化速度加快，研究表明，棉铃虫已对转基因抗虫棉产生抗性。由此可见，转基因技术对于生态安全、生态稳定性和生态多样性不可避免地会产生影响，需要更强有力的伦理道德规范和法律进行约束。

最后是社会伦理方面。转基因技术与社会运行息息相关，转基因技术的良好应用可以推动社会的进步和发展。但转基因技术的不成熟同样会导致许多风险，而人们对于新兴技术的风险接受程度显然低于其他技术。造成的结果就是关于转基因技术的大量谣言的出现，逐渐出现“谈转基因色变”的社会现象。事实上，转基因技术目前仍然存在大量的不确定性和争议，作为社会大众，应当从当事人的角度出发，认真地了解转基因技术，不造谣、不信谣，积极参与转基因技术的监督、管理和发展；而作为转基因技术的研究者和管理者，应该更加积极地参与转基因的研究和发展，更严格地遵守相关法律法规，恪尽职守，以人为本，贯彻各种伦理准则，尽一切可能降低转基因技术的风险，力求带来更多的价值。

3.1.7 典型项目工程伦理

例 3-5 南水北调工程

案例分析 1952 年，毛泽东同志在视察黄河时提出：“南方水多，北方水少，如有可能，借点水来也是可以的。”这也是南水北调这一宏伟构想的首次提出。在党中央、国务院的领导和关怀下，广大科技工作者做了大量的野外勘查和测量工作，在分析比较 50 多种方案的基础上，形成了南水北调东线、中线和西线调水的基本方案，并取得了一大批富有价值的成果。

从 1979 年到 2000 年，经过二十多年的研究，南水北调工程规划有序展开，经过数十年的研究，南水北调工程的总体格局定为西、中、东三条线路，分别从长江流域上、中、下游调水。经过两年的审查，2002 年国务院正式批复《南水北调总体规划》。经过十几年的工程建设，到 2012 年 9 月，南水北调中线工程丹江口库区移民搬迁全面完成。南水北调工程主要解决我国北方地区，尤其是黄淮海流域的水资源短缺问题，通过三条调水线路与长江、黄河、淮河和海河四大江河的联系，构成以“四横三纵”为主体的总体布局，以利于实现中国水资源南北调配、东西互济的合理配置格局。

南水北调工程规划区涉及人口 4.38 亿，调水规模 448 亿 m^3。工程规划的东、中、西线干线总长度达 4350km。东、中线一期工程干线总长 2899km，沿线六省市一级配套支渠约 2700km。

南水北调工程是我国的战略性工程，东线工程的起点位于江苏扬州江都水利枢纽；中线工程的起点位于汉江中上游丹江口水库，供水区域为河南、河北、北京和天津四个省(市)；西线工程的起点位于四川长江上游支流雅砻江、大渡河等长江水系。南水北调工程对于整个国家来讲具有极其重要的战略意义，是优化水资源配置、促进区域协调发展的基础性工程，是新中国成立以来投资额最大、涉及面最广的战略性工程，事关中华民族的长远发展。其中，工程建设起到了决战决胜的关键作用。但同时，南水北调工程整体规模庞大，涉及地域和范围广，跨越多个省市地区，经过多种生态环境和自然地貌，关乎整个国家、民族的利益，可谓牵一发而动全身。因此，南水北调工程本身涉及了诸多伦理问题，包括技术伦理问题、经济伦理问题、社会伦理问题、生态伦理问题等。

(1) 技术伦理问题 南水北调的目的是解决北方地区长期干旱缺水的问题，利用我国地域辽阔、整体降水量丰富但区域降水不均匀的状况，将水从水资源丰富的地区（南方）送到水资源匮乏的地区（北方）。从价值角度来看，该工程不仅可以解决北方水资源匮乏、南方水资源过剩的问题，还能对地区经济、社会发展等起到一定的推动作用。但如此庞大的工程，显然存在不可避免的风险，可能造成的生态问题、环境问题及移民等社会问题都需要通过伦理道德方面的审视。

（2）经济伦理问题　从工程本身来看，南水北调工程有着极大的经济意义：

1）为北方经济发展提供保障。

2）优化产业结构，促进经济结构的战略性调整。

3）通过改善水资源条件来促进潜在生产力发展，形成经济增长。

4）扩大内需，创造就业岗位，扩展创业思路，促进和谐发展。

但在这些经济价值背后，也有很多经济风险。南水北调工程涉及诸多政策措施，包括大面积的移民花费、生态环境的改善治理、水质经过多个地区的调整和净化，以及环境变化所带来的环境污染治理等。从目前来看，整体工程带来的经济利益大于损失，但对于环境和生态短期内的影响不明显，未来可能造成的经济损失还有待观察。

（3）社会伦理问题　南水北调工程本身是一个民生项目，其带来的社会价值包括：解决北方缺水问题；增加水资源承载能力，提高资源的配置效率；使中国北方地区逐步成为水资源配置合理、水环境良好的节水、防污型地区；有利于缓解水资源短缺对北方地区城市化发展的制约，促进当地城市化进程；为京杭大运河济宁至徐州段的全年通航保证了水源；使鲁西和苏北两个商品粮基地得到巩固和发展。但同时，南水北调工程也带来了大规模的移民问题，河南省近33万人搬迁，有些移民因为得到的补偿款不足，在买下政府提供的住房之后，所剩款项只能购置一小块耕地，许多人不得不背井离乡，到新的环境生活。此外，南水北调的成本已经高于现有的海水淡化成本，最低的海水淡化成本约为3元，而南水北调的成本约为10元。但客观来看，海水淡化并不是每个地区都能使用，此番比较缺乏事实依据。作为社会大众，应该从伦理道德的角度，认真地对待南水北调工程，事实上南水北调从客观上解决了北方缺水的问题，并且在促进地区发展等其他方面卓有成效。后续应该将重点放在移民的妥善安置及生态环境保护等问题上。

（4）生态伦理问题　首先，南水北调工程对于各地的生态环境有着诸多积极意义：

1）改善黄淮海地区的生态环境状况。

2）改善北方当地饮水质量，有效解决北方一些地区因自然原因造成的地下水水质问题，如高氟水、苦咸水和其他含有对人体有害的物质的水源问题。

3）有利于回补北方地下水，保护当地湿地和生物多样性。

4）改善北方因缺水而恶化的环境，较大地改善北方地区的生态和环境特别是水资源条件。

但同时，大规模的工程项目显然也会引起诸多生态和环境问题。“三线”同时引水，将导致整个长江流域的沿江生态发生难以估计的变化，不利于保护沿江现有生态。生态平衡与水量平衡之间有密切关系。众所周知，对于一个地区来说，水量平衡要素（如降水、蒸发、地表水与地下水等）是重要的生态物理因子。跨流域调水工程会引起水量平衡要素和它们对比关系的变化，最终将导致生态系统的改变，并有可能导致长江枯水期时航道的承载能力更低，其生态影响范围和程度已大大超乎中国专家们的理解范围。中线工程和三峡水利枢纽工程的共同作用，使得汉江及长江中下游环境变化，将对武汉产生难以估量的损失。东线工程调水对长江河口地区的影响将导致北方灌区土壤次生盐渍化等。

在南水北调的过程中，若调水量太少，则发挥不了经济效益；若调水量过多，枯水期可能会使长江的水量不足，影响长江河道的航运，长江口的咸潮加深，更有可能引发长江流域自然环境出现生态危机。并且因为2010年初的中国西南大旱，中国水利水电科学研究院水力学所及灾害与环境研究中心总工刘树坤对南水北调工程提出了质疑。他认为，西南这次出现百年难遇的干旱，应该对水文资料重新修订，对于旱出现频率和可能性都要重新评估。

简言之，南水北调工程因为其规模庞大，涉及地域多，跨度大，不可避免地会引起生态环境的变化，需要站在生态伦理的角度辩证地看待。目前看来，南水北调工程除了引起少量南方水量减少后的环境问题之外，并没有造成危害较大的生态环境事件，反而对北方各地的生态改善发挥了较大的作用。但从长期来看，南方水文地质条件的变化带来的影响还需要长期密切的观察。

在21世纪，水资源短缺已成为我国经济社会可持续发展的主要制约因素。通过合理开发、全面节约、有效保护和优化配置我国有限的水资源，实现经济、社会和环境效益的最大化，以水资源的可持续利用支持经济社会的可持续发展，就必须对水资源进行优化配置。南水北调项目就是我国实现水资源再分配的伟大战略工程，与20世纪我国的北煤南运和21世纪初正在进行的西气东输、西电东送工程一样，都是一种资源配置工作。纵观世界上其他国家，在资源利用和资源国土分布不均的情况下，随着国家社会经济的发展，就必须对资源进行相应的优化配置。尽管南水北调工程在实施过程中不可避免地会遭遇生态、社会、经济等各个方面的伦理道德问题，但我们应该从事实出发，从我国国情出发，从工程伦理和社会道德出发，客观审视南水北调工程带来的各种伦理问题。虽然从长远来看，南水北调工程对各方面的影响还有待观察，但就目前来讲，南水北调工程是当今世界上最大的远距离、跨流域、跨省市调水工程，是我国五千年历史上的伟大工程，它将成为人类充分利用地理、地形特点优化配置国土资源的又一个伟大范例。

3.2 工程伦理问题的分析框架

要分析工程伦理问题，先得理清分析相关工程问题的框架，即分析工程伦理问题的相关方法、角度和顺序等。首先，应该对工程伦理问题进行识别，判断工程是否涉及工程伦理，涉及哪些工程伦理，应该用哪些伦理分析方法解决；随后，应该明确在伦理分析方面的相关准则，在工程伦理分析的过程中，应当做到以伦理准则为标杆，分析过程不偏离、不违背伦理准则；最后，再使用相关伦理分析的方法，“自上而下”或者“自下而上”地分析工程伦理问题。

3.2.1 工程伦理问题的识别

工程伦理是自20世纪70年代起，在美国等一些发达国家兴起的。经历了20世纪的最后20年，工程伦理学的教学和研究逐渐走入建制化阶段。理解工程伦理问题可以从以下两个方面入手：

1）作为一种社会实践活动，工程必然具有其内在的伦理维度。对工程的伦理维度的研究（实践伦理）构成了工程伦理学的主要内容之一，即欣津格和马丁所说的“工程伦理是对在工程实践中涉及的道德价值、问题和决策的研究”。

2）作为一种职业，工程师应当具有其自身独特的职业伦理。这种与众不同的职业伦理也应当成为工程伦理学的主要研究内容之一。“无论工程伦理是什么，它至少是一种职业伦理”。

这两个方面又是一致的，这就表现在工程师的职业活动本身就是一种社会实践活动。从研究范围上看，无论作为实践伦理，还是作为职业伦理，工程伦理均有规范性的维度和描述性的维度。

对工程伦理问题的辨识也应该从以下两个方面入手：

1）什么人会面临工程伦理问题。有学者将工程伦理问题的来源分为三类，一类来自各个专业，另一类来自公共政策，再一类来自个人决定。由上述分类可将伦理研究对象分为两类：一类是在公共领域引起道德争论的特定个体或群体行为；另一类是特定时期制度和公共政策的伦理维度。相应地，在工程实践活动中，面临伦理问题的对象非常广泛，既包括工程师、科学家、设计者和制造者等，还包括管理人、决策人甚至是工程实践主体，不仅包括个人，还包括团体组织。

2）什么时候出现工程伦理问题。工程伦理问题出现的情况包括：因伦理意识缺失或对行为后果估计不足导致的问题；因工程相关的各方利益冲突导致的伦理困境；因工程共同体内部不和，或者工程共同体的伦理准则和规范与其他伦理准则和规范相矛盾导致的问题。

在具体分析工程伦理问题时，需要保持清醒的认识，从客观理性的角度分析其中涉及的道德价值和伦理规范。既要站在工程师的角度，又要站在工程外的角度，多角度理解待分析工程伦理问题的宽度和广度，做到认识充分，从而为接下来的分析过程做好准备。

3.2.2　伦理问题的分析

工程伦理问题的分析方法多种多样，作为一种职业伦理或实践伦理，伦理学的方法自然地就被引入了工程伦理学中。功利主义伦理学、康德的尊重人的伦理学和德性论是三种常用的方法。对于同一个工程问题，事实上我们可以用这三种方法分别做出分析。有时应用这三种方法会得出不同的结论。前一种情景会增加道德辩护的力量，后一种情景会使我们对工程中的伦理问题感到更加扑朔迷离。这种状态与工程中的伦理问题的性质相关。与工程中的技术问题相比，工程伦理问题往往具有一种不确定性，即往往不能在正确与错误、是与非之间进行抉择，通常只能从特定的视角出发，做出不同程度的“应当”或“最好”之类的价值判断。

前述三种方法的共同特点是将一般的伦理理论应用到具体的场景或案例之中，哈里斯将这种方法称为“从上至下”的方法。学者们意识到这些方法对于工程学学生和工程实践者是不适用的，至少不适于面向工程学学生的教学。在20世纪的最后10年间，由美国国家人文社会科学基金（NEH）和美国国家科学基金（NSF）资助的项目主要集中在研究如何或以何种方法将工程伦理引入工程学学科教育体系中。案例法就是其中一种获得NSF资助并被广泛认可的教学与研究方法，哈里斯称这种方法为“从下至上”的方法。

当利益冲突、责任冲突和价值冲突导致工程实践的伦理困境时，行为者的实践一方面要诉诸于遵循社会伦理和公共秩序，另一方面要将工程行业的伦理规范与个人美德结合。如此才能在复杂的、充满风险的工程伦理困境中寻求应对之法，进而真正实现工程实践“最大善”的伦理追求。

一般来说，面对具体的工程伦理问题时，可以从以下五个方面来着手解决：

1）培养工程实践主体的伦理意识。伦理意识是解决伦理问题的第一步，许多伦理问题是由于实践主体缺乏必要的伦理意识造成的，特别是当一些工程决策者和管理者缺乏伦理意识时，还会给工程师等其他群体造成伦理困境。因此，不仅是工程师，其他社会主体也同样需要有伦理意识。

2）利用伦理准则、底线原则和相关具体情境相结合的方式化解工程实践中的伦理问题。伦理准则包括之前提到的处理伦理问题的三个基本原则，以及与工程相关的道德价值包含的几个方面，即个人的伦理和道德自律、工程共同体的伦理规范和伦理准则等。底线原则主要是指伦理原则中处于首位的、最基础的原则，例如安全准则、健康准则等。具体情境指的是工程实践发生的条件和背景的组合，包括工程涉及的特殊的自然和社会环境、要实现的具体目的、关联到的具体利益群体，以及不同工程类型涉及的行为准则和规范等。

3）遇到难以抉择的伦理问题时，要听取多方的意见，综合考虑。可采用相关领域专家座谈、利益相关群体调查、工程共同体内部协商等方式，听取多方意见，综合决策。

4）根据工程实践中遇到的伦理问题及时修正相关伦理准则和规范。伦理准则和规范在形成之初并不完善，需要在具体实践中被不断地修正和完善。因此，需要根据工程实践中遇到的伦理问题，及时修正伦理准则和规范自身存在的问题，以便更好地指导工程实践活动。

5）逐步建立遵守工程伦理准则的相关保障制度。目前已经形成了关于工程的行业规范、工程师行为规范等伦理准则，然而，对于遵守相关准则的保障制度仍然不够完善。当工程师等实践主体在面临雇主要求和伦理准则之间的矛盾时，难以有效维护自身权益。因此，应该逐步探索和建立遵守工程伦理准则所需要的相关保障制度，促进工程伦理问题的处理制度化。

综上所述，工程实践活动具有多样性、风险性和复杂性等特点。同时，不同的伦理思想会产生不同的伦理诉求，并不存在统一的、普遍适用的伦理准则，相应地，具体实践中人们面对的伦理选择也是复杂多样的，常常面临伦理困境。因此，在面对具体的伦理问题时，需要实践主体结合各类工程不同的特点与要求，选择恰当的伦理原则并进行权宜、变通、理解和综合，相对合理地去分析和解决伦理问题。

川藏公路修筑纪实

川藏公路修筑纪实

川藏公路修筑纪实

第 4 章

工程管理与分析工具

4.1 工程与项目管理

项目管理知识体系（Project Management Body of Knowledge，PMBOK）将项目定义为：“为创造独特的产品、服务或成果而进行的临时性努力”；ISO 10006 定义项目为：“具有独特的过程，有开始和结束日期，由一系列相互协调和受控的活动组成，过程的实施是为了达到规定的目标，包括满足时间、费用和资源等约束条件”；德国国家标准 DIN 69901 对项目的定义是：“项目是指在总体上符合如下条件的具有唯一性的任务（计划）：具有预定的目标，具有时间、财务、人力和其他限制条件，具有专门的组织”。在现代社会中，项目是很普遍的，开发项目、建设工程项目、科研项目、投资项目、环保项目、军事项目等都属于项目的范畴。可见，项目已经进入社会的经济、文化、军事等各个领域，在现代社会，人们都不可避免地会参与或接触到各类项目。而对于一个工程项目来说，管理工作有两个层次，一是战略管理，负责研究全局性的战略问题，确定发展方向、战略目标和总体计划；二是项目管理，是指将经过战略研究后确定的工程项目构思和计划付诸实施，用一整套项目管理方法、手段、措施确保在预定的投资和工期范围内实现总目标。可见，项目管理是战略目标实现的保证。在现代社会，项目管理已经渗透到各个层次的管理和专业工作中，各类人员都必须具有项目管理的知识和技能。项目管理已经成为政府和企业管理许多事务的一种主要组织形式，越来越广泛地被应用于各行各业。

4.1.1 现代项目管理的历史发展

现代项目管理是在 20 世纪 50 年代以后发展起来的，原因主要有两点：一是大型及特大型的工程项目越来越多，如航天工程、核武器研制工程、导弹研制工程、大型水利工程、交通工程等，由于项目规模大、技术复杂、参加单位多，又受到时间和资金的严格限制，因此需要新的管理手段和方法；二是随着现代科学技术的发展，产生了系统论、信息论、控制论、计算机技术、运筹学、预测技术和决策技术，对现代项目管理理论和方法的产生和发展提供了可能性。

20世纪50年代，网络计划技术（CPM和PERT）应用于工程项目工期计划和控制中。其中，PERT（Program Evaluation and Review Technique，计划评估和审查技术）是现代项目管理的起点，最早是由美国海军在计划和控制北极星导弹的研制时发展起来的。简单来说，PERT是利用网络分析制订计划及对计划予以评价的技术。它能协调整个计划的各道工序，合理安排人力、物力、时间、资金，加速计划的完成。而CPM（Critical Path Method，关键路径法）是和PERT在20世纪50年代后期几乎同时出现的另一种计划方法，其通过网络图来表达项目中各项活动的进度和它们之间的相互关系，并在此基础上进行网络分析，计算网络中的各项时间参数，确定关键活动与关键路线，利用时差不断地调整与优化网络，以求得最短周期。

20世纪60年代，人们实现了用计算机进行工期、资源和成本的计划、优化和控制。20世纪60年代初，华罗庚教授将网络计划方法介绍到我国，将它称为“统筹法”，并在纺织、冶金和建筑工程等领域中推广。在我国国防工程中，系统工程理论和方法的应用提高了项目管理的水平，保证了我国许多重大国防工程项目的顺利实施。

20世纪70年代，项目管理过程和各个管理职能开始得到全面系统的研究，同时，项目管理在企业组织中推广，其在企业职能组织中的应用得到研究，并在工程项目中提出和普及了全面质量管理（Total Quality Management，TQM）和全面质量控制（Total Quality Control，TQC）。与传统的质量管理相比较，全面质量管理具有以下特点：①把过去的以事后检验和把关为主转变为以预防为主，即从管结果转变为管因素；②从过去的就事论事、分散管理，转变为以系统的观点为指导进行全面的综合治理；③突出以质量为中心，围绕质量开展全员的工作；④由单纯符合标准转变为满足顾客需要；⑤强调不断改进过程质量，从而不断改进产品质量。

到了20世纪70年代末80年代初，计算机得到了普及，计算机成为项目管理的得力工具，帮助实现了现代项目管理方法和手段的有效应用，提高了工作效率。项目管理的应用领域也由此扩展到建筑工程、航空航天、国防、农业、IT、医药、化工、金融、财务、广告和法律等行业。

4.1.2 工程项目的概念

人类通过工程项目改善生存环境，提高物质生活水平，改造自然，改变自然的特性，降低了自然造成的负面影响。工程项目为社会经济发展提供动力，其有三个使命：①为上层组织（如国家、地方、企业、部门）提供符合要求的产品或服务，以解决上层系统问题，或满足上层系统的需要，或实现上层组织的战略目标和计划；②承担社会责任，工程项目必须满足项目相关者的利益和期望，必须满足社会各方面对项目的要求，必须与环境协调；③承担历史责任，不仅要满足当代人的需求，而且要承担历史责任，能够持续地满足将来人们对工程的需求，具有历史价值。

工程通常需要具有预定要求的工程技术系统，例如有一定生产能力的车间或工厂，一定长度和等级的公路等。工程项目是指以完成一定的工程系统的建设为任务的项目，包括前期策划、设计和计划、施工、竣工交付等过程。工程项目不仅具有一般项目的特征，还有自身的一些特殊性：①工程项目的交付成果是一个一定规模的工程技术系统；②工程项目具有特定的目标，包括质量目标、成本目标和时间目标；③工程项目的实施具有约束条件，包括资金限制、人力资源和其他资源的限制，以及环境条件的限制等。

现代工程项目具有一定的复杂性，具体体现在：①投资大、规模大、科技含量高、持续时间长等；②可交付成果系统复杂，包括设备系统、软件系统、运行程序、操作规程等；③是研究过程、开发过程、施工过程和运行过程的统一体；④资本组成方式（资本结构）、承发包方式、管理模式丰富多彩，需要国际合作。

评价一个工程项目成功与否有以下几个标准：①提交的工程应能够满足预定的使用功能要求、达到预定的生产能力或能提供预定要求的产品或服务，能经济、安全、高效率地运行，工程产品或服务能够被社会、市场接受；②在预算费用范围内完成，尽可能地降低费用消耗；③在预定时间内按计划、有秩序、顺利地完成工程建设；④项目各相关方都感到满意；⑤与环境协调；⑥工程项目具有可持续发展的能力。

4.1.3　现代工程项目的特点

1. 项目管理理论、方法和手段的科学化

现代管理理论（如信息论、控制论、系统论、行为科学等）在工程项目中的应用，奠定了现代项目管理理论体系的基石。应用于项目管理的现代管理方法包括预测技术、决策技术、数学分析方法、数理统计方法、模糊数学、线性规划、网络计划技术、图论、排队论等；应用于项目管理的现代管理手段有计算机和现代信息技术，其又包括现代图文处理技术、通信技术、精密仪器、先进的测量定位技术、多媒体技术和互联网等；此外，还有一些其他新的管理理论和方法在工程项目中得到应用，如创新管理、以人为本、学习型组织、变革管理、危机管理、集成化管理、知识管理、虚拟组织、柔性管理和物流管理等。

2. 项目管理的社会化和专业化

按社会分工的要求，由专业化的项目管理公司专门承接项目管理业务，为业主和投资者提供全过程的专业咨询和管理服务，如我国的注册监理工程师、造价工程师、建造师制度。

3. 项目管理的标准化和规范化

项目管理的标准化和规范化的主要表现有：逐渐形成统一的工程费用划分方法及统一的工程计量方法和结算方法；网络计划表达形式逐渐标准化，如《工程网络计划技术规程》（JGJ/T 121—99）；合同条件和招投标文件标准化等。

4. 工程项目管理国际化

1）国际合作项目越来越多，如国际工程、国际投资、国际采购、国际咨询和管理，以及项目管理领域的国际交流。我国的工程承包市场已成为国际承包市场的一部分，大量的工程项目的要素（如参加单位、设备、材料、管理服务、软件系统和资金等）都呈现国际化趋势，这就要求按国际惯例进行项目管理，采用国际通用的管理模式、程序、准则和方法。

2）工程项目管理参照的国际惯例越来越多，例如国际标准《质量管理——项目管理质量指南（ISO 10006）》、国际标准《项目管理（ISO 21500）》等。

3）项目管理知识体系的建立，划定了项目管理的知识范围和界限，并将其结构化，分为五大过程组（启动、规划、执行、监控、收尾）和十大知识体系（综合管理、范围管理、时间管理、成本管理、质量管理、人力资源管理、沟通管理、风险管理、采购管理和项目相关者管理），这对项目管理在全球范围内的普及和推广都具有深远影响。

4.1.4　工程项目管理的概念和基本原则

工程项目管理的定义有很多种。英国建造学会《项目管理实施规则》定义：工程项目

管理为“一个建设项目进行从概念到完成的全方位的计划、控制与协调，以满足委托人的要求，使项目在所要求的质量标准的基础上，在规定的时间之内，在批准的费用预算内完成”。我国建设工程项目管理规范（GB/T 50326—2017）定义：工程项目管理是运用系统的理论和方法，对工程项目进行的计划、组织、指挥、协调和控制等专业化活动。通常来说，工程项目管理就是以工程的建设过程为对象的系统管理方法，通过一个临时性的专门的组织，对工程项目的全过程进行计划、组织、指导和控制，以实现工程项目的目标。工程项目管理的总目标是成功的项目指标，项目管理阶段性的具体目标为三个：质量目标（生产能力、功能、技术标准等）、工期目标和费用目标（成本、投资）。

现代工程的建设和运行对社会的经济、文化和科学技术的发展影响较大，需要消耗大量的社会资源和自然资源。因此，对任何一个工程项目的决策和建设都应该慎之又慎。项目管理工作应遵循以下基本原则：①必须有社会责任感和历史责任感，为工程提供客观、公正、诚实的专业服务；②应遵守法律和法规，将公共利益、安全和健康放在第一位；③在工程中必须以应有的理性和良知工作，珍惜社会财富、节约资源、保护环境；④以科学的态度勤勉、慎重地工作，努力追求项目的成功，而不能追求不当利益等。

4.1.5 工程项目阶段划分

工程具有寿命期，它是指从构思产生到工程报废的全过程，分为前期策划阶段、设计和计划阶段、施工阶段、运行阶段和拆除阶段五个过程。而工程项目是一个工程系统的建设并交付使用的过程，它是工程寿命期的一部分，主要包括：①前期策划阶段（又称为概念阶段）；②设计和计划阶段，即开发阶段；③施工阶段，这个阶段从现场开工直到工程竣工并通过验收为止；④结束阶段。工程寿命期阶段划分和工程项目阶段划分如图 4-1 所示。

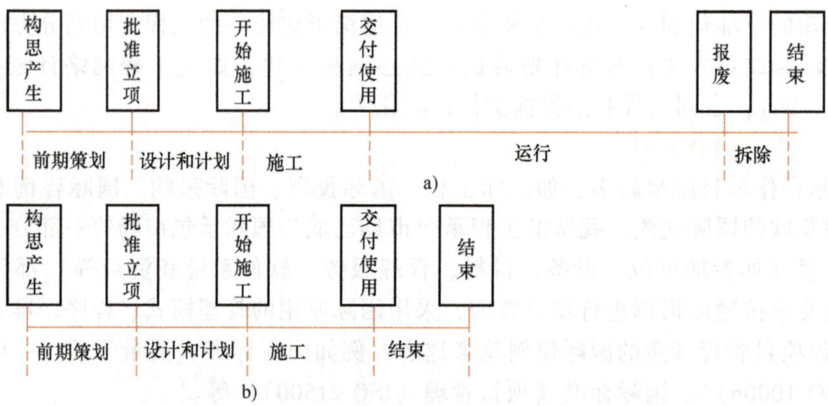

图 4-1 工程寿命期阶段划分和工程项目阶段划分

a）工程寿命期阶段划分 b）工程项目阶段划分

由于工程和工程项目自身的规律性和内在逻辑性的要求，以及现代社会对工程全寿命期管理的需求，工程项目需要全周期管理。工程项目的全周期管理是指以工程全寿命期的整体效率和效益最优作为管理的总目标，注重工程可靠、安全和高效率运行，在全寿命期中实现资源节约，费用优化，与环境协调、健康和可持续发展。全周期管理有利于构建具有连续性和系统性的管理组织责任体系，能够极大地提高项目管理的效率，改善工程的运行状况，提升项目管理者的伦理道德及对历史和社会的使命感，还能够改进项目的组织文化，促进项目组织的沟通。

4.1.6 工程项目系统的描述

在工程项目管理中，“系统”一词用得最多，系统方法是最重要也是最基本的思想方法和工作方法。系统是由若干个相互作用和相互依赖的要素组合而成，且有特定功能的整体；而工程项目是技术、物质、组织、行为和信息综合的系统，可以从各个角度、各个方面对其进行描述。工程项目系统主要包括环境系统、目标系统、对象系统、行为系统、组织系统和项目管理系统。工程项目系统的总体框架如图 4-2 所示。

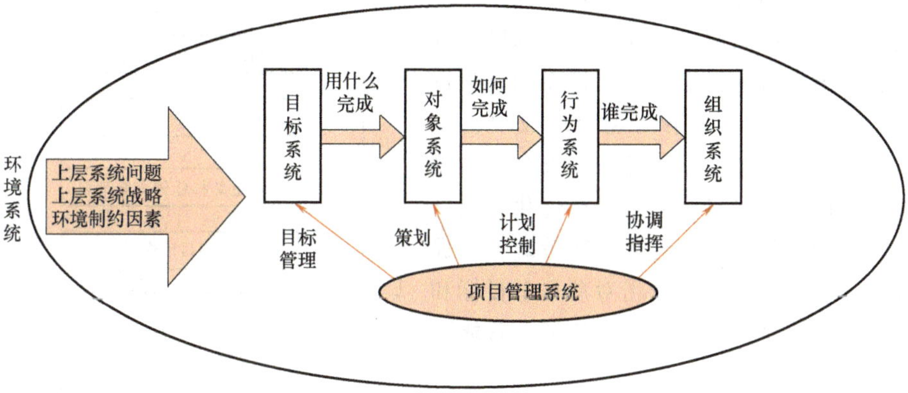

图 4-2　工程项目系统的总体框架

环境系统是指围绕项目或影响项目成败的所有外部因素的总和，对工程项目有重大影响。目标系统是工程项目所要达到的最终状态的描述系统，是一个动态的抽象系统，具有自身的结构，有一定的完整性，对目标具有均衡性。工程系统的目标是通过工程系统的建设和运行实现的，工程系统有自身的系统结构形式，即工程系统分解结构 EBS。

行为系统由实现项目目标、完成工程建设所必需的工程活动构成，包括各种设计、施工、供应和管理工作，其基本要求为：①包括实现项目目标系统必需的所有工作，并将它们纳入计划和控制过程中；②保证项目实施过程程序化、合理化，均衡地利用资源（如劳动力、材料、设备），保持现场秩序；③保证各分部实施和各专业工程活动之间有良好的协调性，形成一个有序、高效率、经济的实施过程。行为系统也是一个抽象系统。

组织系统是一个目标明确、开放、动态、自我形成的系统，是由项目的行为主体构成的系统。常见的有业主、承包商、设计单位、监理单位、分包商和供应商等。它们之间通过行政或合同的关系连接并形成一个庞大的组织体系，为了实现共同的项目目标承担着各自的任务。

项目管理系统是由项目管理的组织、方法、措施、信息和工作过程形成的系统。项目管理系统的主要作用为：①对目标系统进行策划、论证和控制，通过项目和项目管理过程保证目标的实现；②对对象系统（工程系统）进行策划、评价和质量的控制；③对行为系统进行计划和控制；④对组织系统进行沟通、协调和指挥。

4.2 项目前期策划与系统分析

4.2.1 工程项目的前期策划工作

工程项目的前期策划阶段是指从项目构思产生到项目批准正式立项为止的阶段，又称为概念阶段。项目前期策划工作的主要任务是寻找项目机会，确立项目目标，定义项目，并对项目进行详细的技术经济论证，使整个项目建立在可靠、坚实和优化的基础之上。

工程项目前期策划的过程如图 4-3 所示。

任何项目都起源于具体的项目构思，项目的构思是对项目机会的寻求、分析和初步选择。

通过对上层系统的情况和存在的问题进行进一步研究，提出项目的目标因素，进而构成项目目标系统，通过对目标的书面说明形成项目定义。该阶段包括以下工作：①环境调查和问题的研究；②目标设计，对目标因素进行优化，建立目标系统；③项目的定义和总体方案策划；④提出项目建议书。可行性研究是指对项目总目标和总体实施方案进行全面的技术经济论证，看能否实现目标。

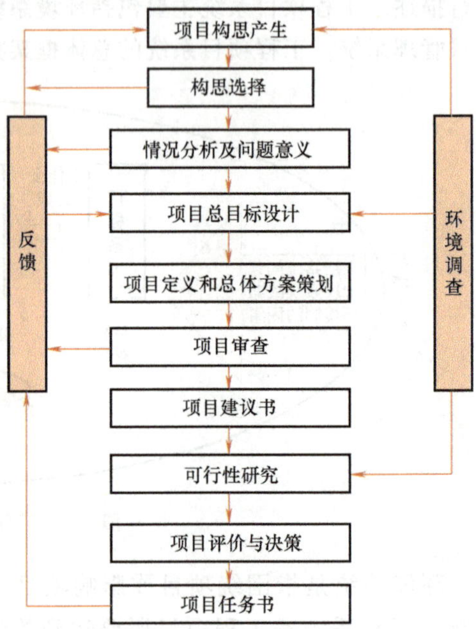

图 4-3 工程项目前期策划的过程

项目的前期策划具有非常重要的作用。它是工程项目的孕育阶段，工程项目与人类在生态方面具有相似性：前期策划决定了工程项目的“遗传因素”和“孕育状况”，不仅对工程全寿命期起着决定性作用，而且对工程的整个上层系统都有极其重要的影响。项目构思和目标设计可以确立项目的方向，方向错误必然会导致整个项目的失败，而且这种失败常常又是无法弥补的。项目前期策划阶段的失误，常常会产生以下后果：①工程建成后无法正常运行，达不到预期使用效果；②虽然可以正常运行，但其产品或服务没有市场，不能为社会所接受；③运行费用高，效益不好，缺乏竞争力；④项目目标在工程建设过程中不断变动，造成超投资、超工期等现象。

工程项目的前期策划应注意以下几个问题：

1）应重视项目前期策划工作的安排，防止如下现象：①不按科学的程序办事，投资者、政府官员拍脑袋上项目，直接构思工程方案，直接下达指令做可行性研究，甚至直接做技术设计；②在该阶段不愿意花费时间、金钱和精力，项目构思一经产生，不做详细而系统的调查和研究，不做细致的目标设计和方案论证，常常仅做一些概念性的定性分析，立即就要上马项目。

2）上层管理者在本阶段的任务是提出解决问题的期望，或将总战略目标和计划进行分解，不能过多地考虑实现目标的细节，而在我国，许多上层管理者喜欢在项目构思产生后就提出具体的实施方案甚至提出技术方案。

3）应争取高层组织的支持。

4）应保证前期策划工作的客观性，进行客观的可行性研究和项目评价。最好委托独立身份的第三方进行研究和评价，项目发起单位不能自我评价。

5）可行性研究内容应详细而全面，所采用的研究和分析方法应是科学而可靠的。

6）加强风险分析。例如项目的产品市场、项目的环境条件及参加者的技术、经济、财务等方面可能存在的风险。

7）进行项目要素的优化组合。

8）项目前期决策的关键问题通常是产品或服务的市场定位和市场规模、融资方案、环境问题、社会影响等，而技术问题，特别是施工技术的难度相对降低。

4.2.2 工程项目的构思

工程项目构思的产生通常有以下几点原因：①通过市场研究发现新的投资机会、有利的投资地点和投资领域，例如市场出现新的需求，顾客有新的要求，或当地某种资源丰富，可以开发利用这些资源；②解决上层系统运行存在的问题或困难，例如某地交通拥挤不堪，市场上某些物品供应紧张，住房供应特别紧张等；③实现上层组织的发展战略，例如我国的交通发展战略、能源发展战略、区域发展战略等，都包含大量的工程建设需求；④重大的社会活动，常常需要大量的工程建设，如 2008 年奥运会、2010 年世博会、2010 年亚运会，以及每一届全国运动会等；⑤通过工程信息寻求项目业务机会，如工程建设计划、招标公告，都是承接工程项目业务的机会；⑥通过生产要素的合理组合，产生项目机会，如通过引进外资，引进先进的设备、生产工艺，与当地的廉价劳动力、原材料、已有的厂房组合，生产符合国际市场需求的产品；⑦其他，如社会特殊的需要、国防、抗震救灾或灾后重建、科学研究等。

在一个具体的社会环境中，上层系统的问题和需求很多，使得项目机会增多，项目的构思丰富多彩，需要对其进行选择，但是，项目构思很难进行系统的定量评价和筛选，一般只能从如下几方面来把握：①上层系统问题和需求的现实性，即上层系统的问题和需求是实质性的，而不是表象性的，同时预测通过采用工程项目手段可以顺利地解决这些问题；②考虑到环境的制约，充分利用资源和外部条件；③充分发挥自身既有的长处，运用自己的竞争优势，或在项目中实现合作各方竞争优势的最佳组合，追求“构思-环境-能力”之间的平衡。

4.2.3 工程项目的目标设计

工程项目在实施前就必须明确其总目标，并对其进行精心优化和论证，经过批准后，将它落实到项目的各阶段。项目目标设计是一个连续反复循环的过程：在项目前期进行项目总体目标设计，再进行目标分解，落实在设计和施工中；将目标分解落实到各阶段和项目组织的各层次上，与职能管理相结合，建立自上而下、由整体到分部的目标控制体系；以工程全寿命期作为对象建立目标系统，保证在工程全寿命期中目标、组织、过程、责任体系的连续性和整体性。项目目标设计的过程如图 4-4 所示。

然而，目前管理存在矛盾性，主要体现在以下几个方面：①在项目前期就要求设计完整和科学的目标系统是十分困难的，这是因为项目是一次性的，目标设计缺乏直接可用的参照系，项目初期人们掌握的信息较少，对问题的认识还不深入、不全面，目标设计的依据不

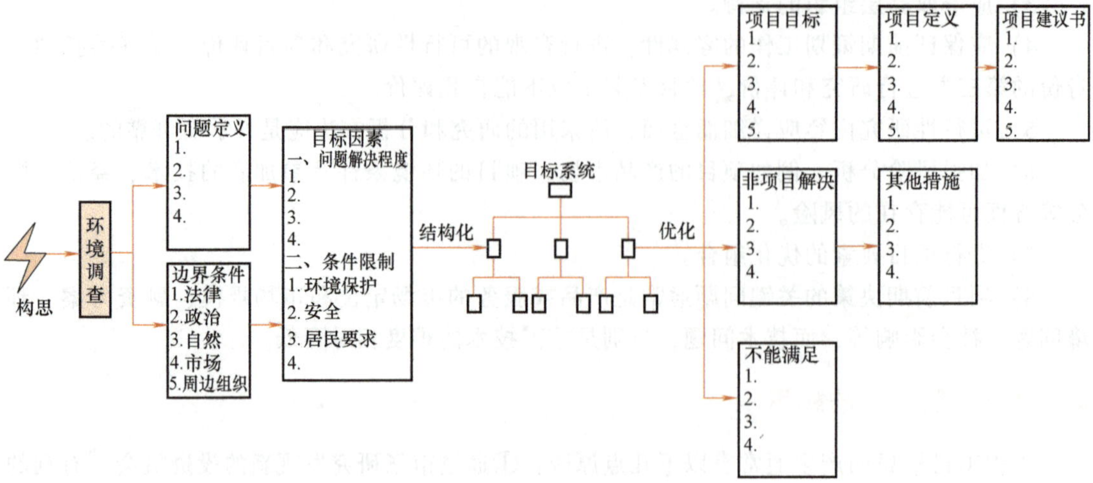

图 4-4　项目目标设计的过程

足，设计目标系统的指导原则和政策不够明确，并且项目系统环境复杂，边界不清楚，不可预见的干扰多；②项目批准后，行政机制的惯性、项目资源的投入、决策者的侥幸心理等原因使得目标的刚性增大，不能随便改动，也很难改动；③在项目中，人们常常注重近期的局部的目标，在建设期人们常常过于注重建设成本（投资）目标、工期目标，而较少注重运行成本问题，承包商则注重自己的经济效益，希望降低成本，加快施工速度，而不顾工程质量；④有些影响项目目标实现的因素不是项目管理者能够控制的，如项目的复杂程度和特殊性、风险状况、时间限制、资源供应条件、项目相关者要求的一致性、环境影响等；⑤其他问题，例如人们可能过分使用和注重定量目标，因为定量目标易于评价和考核，而有些重要的和有重大影响的目标很难用数字表示。

环境调查是项目目标设计的重要阶段。环境调查是为项目的目标设计、可行性研究、决策、设计和计划、控制服务的，其可以进一步研究和评价项目构思的现实性，对上层组织的目标和问题进行定义，从而确定项目的目标因素和边界条件状况，或者直接产生项目的目标因素，例如法律规定、资源约束条件和周边组织要求等，为目标设计、项目定义、可行性研究，以及设计和计划提供信息，并对项目中的风险因素进行分析，提出相应的防范措施。

环境调查的内容主要包括：①项目相关者，特别是用户、项目所属的企业（业主）、投资者、承包商等的组织状况，对项目的需求、态度，对项目的支持或可能的障碍等；②社会政治环境，如政治局面、政府、与项目有关的政策、国际政治；③社会经济环境，如社会的发展状况、国民经济计划安排、国家的财政状况、银行的货币供应能力和政策、市场情况；④法律环境，如工程所在地与工程的建设和运行相关的法律；⑤自然条件，如可供工程项目使用的各种自然资源的蕴藏情况、对工程有影响的自然地理状况及气候情况等；⑥技术因素，即与工程项目相关的技术标准、规范、技术能力和发展水平，解决工程施工和运行问题技术方面的可能性；⑦工程周围的基础设施、场地交通运输和通信状况；⑧其他方面，如项目所在地的人口、文化素质、教育、道德、种族、价值取向、习惯、风俗和禁忌等；⑨同类工程的资料，如相似工程项目的工期、成本、效率、存在问题、经验和教训。

环境调查的途径有：①新闻媒介，如互联网、报纸、杂志、电视、新闻发布会等，如国内工程建设或招标方面的公共信息平台；②专业渠道，如通过学会、商会或委托咨询公司做调查；③向合作者、同行、侨胞、朋友调查；④派人实地考察；⑤通过业务代理人调查；⑥专家调查法；⑦直接询问，特别是对于市场价格信息，可以直接向供应商、分包商询价等。

环境调查的要求主要包括：①适当的详细程度；②有侧重点，符合项目管理的决策、计划和控制的要求；③系统性，环境调查应按系统工作方法有步骤地进行，在调查前，必须对调查内容进行系统的分析，将项目的环境系统结构化，使调查工作程序化、规范化，委派专人负责具体内容的调查工作，并要求其对调查内容的准确性承担责任，对调查内容做分析和数据处理，并推敲其真实性和可靠性，登记归档，用于整个项目过程中，甚至用于以后承担的新的项目中；④客观性，实事求是，尽可能量化，用数据说话；⑤前瞻性，对今后的发展趋势做出预测和初步评价。

目标因素优化、目标系统的建立是紧随环境调查之后的重要阶段。目标因素通常由以下几个方面决定：①问题的定义，即各个问题的解决程度；②边界条件的限制，如法律的制约、周边组织的要求等；③上层战略目标和计划的分解，这是由高层组织设置的。

常见的目标因素包括：①问题解决的程度，这是工程建成后所能实现的功能、所达到的运行状态，例如新产品开发达到的销售量、生产量、市场占有份额、产品竞争力，拟解决多少人口的居住问题或提高当地的人均居住面积，增加道路的交通流量或所达到的行车速度等；②与工程建设相关的目标，如工程规模、经济性、时间；③其他目标因素，如工程的技术标准和技术水平、劳动生产率（如达到新的人均产量、产值水平）、人均产值利润额、吸引外资数额及新的成本水平等。按照性质的不同，目标因素可以分为：①强制性目标，即必须满足的目标因素，如法律和法规的限制、官方的规定、强制性技术规范的要求等，这些目标必须纳入项目系统中，否则项目不能成立；②期望的目标，即尽可能满足、有一定范围弹性的目标因素。按照表达的不同，目标因素又可以分为：①定量目标，如工期、投资回报率；②定性目标，如提升企业形象，使各方面满意。

初步确定各目标因素指标需要遵循以下原则：①在环境调查和问题定义的基础上，真实反映上层系统的问题和需要；②切合实际，实事求是，既不好大喜功，又不保守，一般经过努力能够实现；③尽可能保证科学性和可行性；④要有一定的可变性和弹性，应考虑到环境的不确定性和风险因素、有利和不利的条件，设定一定的变动范围；⑤目标因素的时间限定；⑥许多目标因素应由项目相关者各方提出来，必须向项目相关者各方调查询问，征求他们的意见；⑦目标因素指标还可以采用同类（或相似）项目比较法、指标（参数）计算法、费用/效用分析法、头脑风暴法和价值工程等方法确定。

目标系统结构如图 4-5 所示。其中，系统目标是由项目的上层系统决定的，对整个工程项目具有普遍的适用性和影响，主要有功能目标、技术目标、经济目标、社会目标、生态目标五大类。子目标是由系统目标导出或分解得到的，或是自我成立的目标因素，或是对系统目标的补充，或是边界条件对系统目标的约束。可执行目标是与工程的设计、施工相关的目标，决定了工程的详细构成。

值得注意的是，目标因素设计过程中必须关注以下几个问题：①项目的目标系统应注重工程的社会价值和历史价值，不能仅顾及经济指标；②许多目标因素是项目相关者各方提出的，或是为了考虑相关者的利益而设置的，所以目标争执常常又是不同群体的利益争执；③应在有广泛代表性的基础上构建一个工作小组负责该项工作，包括管理人员、市场分析诊

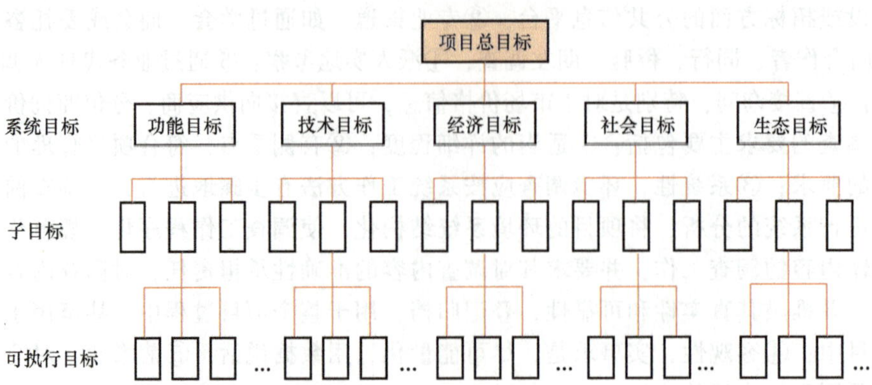

图 4-5　目标系统结构

断人员、与项目相关的实施技术和产品开发人员等；④工程的功能目标设置可能会导致预测的市场需求与经济生产规模相矛盾的情况。

4.2.4　工程项目的定义和可行性研究

项目定义是指以书面的形式描述项目目标系统，并初步提出完成方式的建议。项目定义作为项目目标设计结果的检查和阶段决策的基础，是项目目标设计的里程碑，其主要内容包括：①提出问题，说明问题的范围和问题的定义；②项目对上层系统的影响和意义；③项目目标系统说明；④提出项目可能的解决方案和实施过程的总体建议；⑤经济性说明，如总投资、预期收益、价格水准、运行费用；⑥项目实施的边界条件分析和风险分析；⑦需要进一步研究的各个问题和变量。

项目定义和总策划完成之后，需要进行可行性研究，但是在可行性研究之前，还需要完成以下工作：①对大的工程项目进入可行性研究阶段要任命项目经理；②成立研究小组或委托研究任务；③指定工作圈子，在研究中需要上层组织的许多部门配合，需要建立一个工作圈子；④明确研究深度和广度的要求，确定研究报告的内容；⑤确定可行性研究开始和结束的时间，安排工作计划。接着，可以开展可行性研究的工作，通常工业项目可行性研究报告包括以下基本内容：①实施要点，扼要叙述主要研究成果、关键性问题和结论；②项目背景和历史，介绍项目背景、项目发起人、项目历史、启动过程及已完成的调查和研究工作；③市场和工厂生产能力研究，预测将来需求的增长，确定本项目产品的销售计划，估算年销售收入和费用，进一步确定项目产品的生产计划和生产能力；④厂址选择，按照项目对选址的要求，说明最合适的选择及选择理由，估算与选址有关的费用；⑤工程方案的确定；⑥原材料供应计划和供应方案，并估算相关费用；⑦按照正常生产和企业运营要求，确定工厂组织机构和人员配置，并估算企业管理费和人员相关的费用；⑧工程建设计划，确定工程建设计划，划分工程建设的主要阶段、主要实施工作、时间目标和实施时间表，估算工程建设的费用，做工程建设“时间-费用”计划；⑨财务和经济评价；⑩社会影响评价，评价项目对当地社会的影响，以及当地社会条件对项目的适应性和可接受程度，评价项目的社会可行性；⑪环境影响评价及劳动安全、健康保护，识别和评价工程建设和运行对生态、自然景观、社会环境、基础设施等方面的影响，以及可能产生的对劳动者和财产不安全的因素；⑫不确定性与风险分析，分析上述预测和估算中的不确定性与风险因素，识别项目的关键风险因素；⑬得出总结论，在前述各项研究论证的基础上，归纳总结，提出推荐项目方案，并对推荐方案进行总体论证，提出结论性意见和建议，指出可能存在的主要风险，并做出项目是否可行的明确结论。

4.2.5 工程项目常用的系统分析过程和结构分解

由于工程项目系统具有结合性、相关性、目的性、开放性、动态性和不确定性等特点，必须要进行项目系统分析。项目系统分析是项目管理的基础工作，又是项目管理最有力的工具。在项目的设计、计划和实施之前对工程项目系统进行分析，把所有的工程和工作都考虑周全，透彻地分析各系统（包括子系统）的构成和内部联系，使设计和计划周全，从而有利于实时控制和变更管理。

项目系统分析的基本思路是以项目目标体系为主导，以工程系统范围和项目的总任务为依据，由上而下、由粗到细地进行。具体而言，可分为以下几个方面：①以项目总目标和总任务为依据，划定项目系统范围；②采用系统分解方法，将项目系统按照一定规则自上而下、由粗到细地进行分解；③系统单元联系（界面）分析，包括界限的划分与定义、逻辑关系的分析、实施顺序的安排；④项目系统说明，通过设计文件、计划文件、合同文件和项目工作分解结构表等对各层次的单元进行说明，赋予项目系统单元具体的实质性内容。值得注意的是，项目系统分析是一个渐进的过程，它随着项目目标设计、规划、工程设计和计划工作的进展而逐渐细化。

而对于项目系统的分解方法，主要有两种：①结构化分解方法，任何项目系统都有它的结构，都可以进行结构分解，分解的结果通常为树形结构图；②过程化分解方法。项目由许多活动组成，活动的有机组合形成了过程。过程还可以分为许多互相依赖的子过程或阶段。

工作分解结构，即 WBS（Work Breakdown Structure）。由于项目是由许多互相联系、互相影响和互相依赖的活动组成的，所以按系统工作程序，可以将项目范围规定的全部工作分解为较小的、便于管理的独立活动。通过定义这些活动的费用、进度和质量，以及它们之间的内在联系，将完成这些活动的责任赋予相应的单位和人员，建立明确的责任体系，达到控制整个项目的目的。项目工作结构分解的结果通常包括以下两种：①树形结构图；②项目工作结构分析表（项目活动清单），它既是项目工作任务分配表，又是项目范围说明书。

项目工作结构分解是在 EBS（Engineering Breakdown Structure，工程系统分解结构）的基础上进行的，按照过程化方法进行，主要包括：设计/计划、招标投标、实施准备、施工、试生产/验收，以及项目管理工作的分解等步骤。图 4-6 所示为某项目包括一栋楼和楼外工程的建设工作结构分解图。

在整个项目管理中，WBS 具有十分重要的地位，它是对项目进行设计、计划、目标和责任分解、成本核算、质量控制、信息管理、组织管理的工作对象。项目工作结构分解既描述了项目的系统结构，又定义了项目的全部工作范围，不能有遗漏，这样保证了项目结构的系统性和完整性，从而保证了项目的设计、计划和控制的完整性。项目工作结构分解使项目的形象透明，使人们对项目范围和组成一目了然，使项目管理者，甚至不懂项目管理的业主、投资者也能方便地观察、了解和控制项目全过程，建立了项目目标保证体系。而且，作为工程项目的工期计划、成本和费用估计的依据，项目工作结构分解有利于资源分配。另外，将项目质量、工期、成本（投资）目标分解到各项目单元，这样可以对各项目单元进

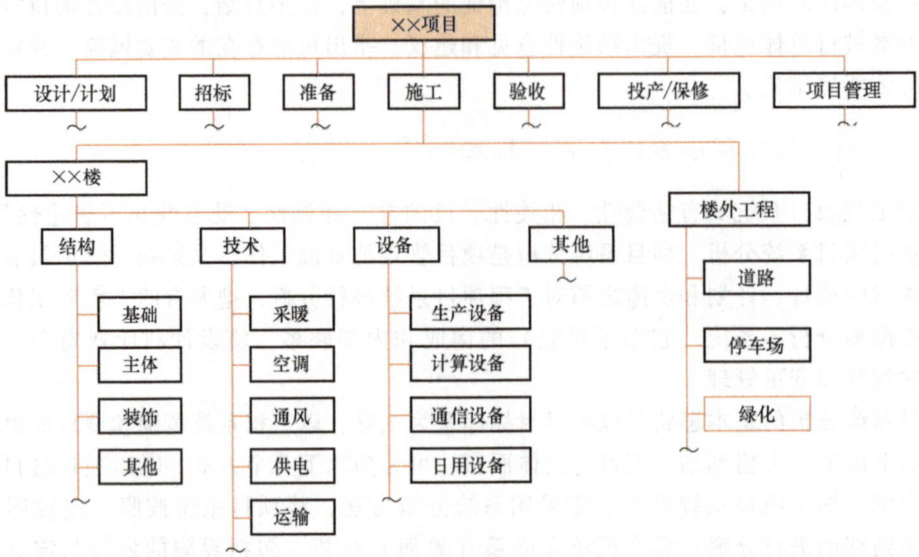

图 4-6　某项目包括一栋楼和楼外工程的建设工作结构分解图

行详细设计，确定实施方案，做各种计划和风险分析，实施控制，对完成状况进行评价。最后，项目工作结构分解作为项目报告系统的对象，是协调各部门、各专业的手段。

在项目工作结构分解过程中，应遵循以下基本原则：①应在各层次上保持项目内容上的完整性，分解结果代表项目的范围和组成部分，它应包括项目的所有工作，不能有遗漏，要不断地检查项目工作结构分解的完整性。②一个项目单元 J_i 只能从属于某一个上层单元 J，不能同时交叉属于两个上层单元 J 和 I，要保证项目系统的线性分解。③由一个上层单元 J 分解得到的几个下层项目单元 J_1，J_2，…，J_n 应有相同的性质。④项目单元应能区分不同的责任者和不同的工作内容，应有较高的整体性和独立性，单元之间的工作责任界面应尽可能小而明确，考虑工作任务的合理归属。⑤项目工作结构分解应符合项目计划和控制的要求。⑥项目工作结构分解应有一定的弹性，应能方便地扩展项目的范围、内容和变更项目的结构。⑦要求适当的详细程度。

4.2.6　工程项目范围的确定

项目范围的概念主要针对如下两方面：

1）项目可交付成果的范围，即项目的对象系统的范围。工程项目的可交付成果是工程系统，可以用 EBS 表示。

2）项目工作范围，完成项目可交付成果而必须完成的所有工作的组合，即项目的行为系统的范围，可以用 WBS 表示，包括：①为完成项目可交付成果所必需的专业性工作，如规划、勘察、各专业工程的设计、工程施工、供应（制造）等工作；②项目管理工作，如计划、组织、控制，以及合同管理、进度管理、成本管理、质量管理、资源管理等；③其他工作，如事务性工作（规划的审批、工程施工许可证的办理、招标过程中会议的组织等）。

确定项目范围具有非常重要的作用。项目范围是项目管理的对象，是分解项目目标，确定项目的费用、时间和资源计划的前提条件和基准。范围管理对组织管理、成本管理、进度管理、质量管理和采购管理等都有规定。项目范围是工程项目设计和计划、实施和评价项目成果的依据，有助于落实和分清项目组织责任，对项目任务的承担者和项目成果进行考核和评价。不过，项目范围是一个相对的概念，项目建议书、可行性研究报告、项目任务书，以及设计和计划文件、招标文件、合同文件，都是定义和描述项目范围的文件，并为项目进一步实施（设计、计划、施工）打下了基础，形成一个前后相继、不断细化和完善的过程。项目范围的确定过程如图 4-7 所示。

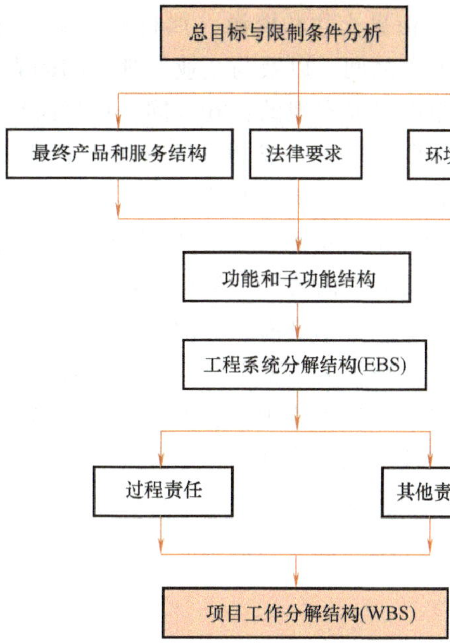

图 4-7　项目范围的确定过程

在项目范围的基础上，才能进行项目范围管理。范围管理是现代项目管理的基础工作，是项目管理知识体系中十大知识体系之一。范围管理的目的是：①按照项目目标、用户及其他相关者的要求确定项目范围，并详细定义、计划这些活动；②在项目过程中，确保在预定的项目范围内有计划地进行项目的实施和管理工作，确保成功完成规定要做的全部工作，既不多余又不遗漏；③确保项目的各项活动满足项目范围定义所描述的要求。

4.2.7　工程项目系统界面分析

项目系统分解是对项目进行静态描述。而项目系统的功能常常是通过系统单元之间的互相作用、互相联系、互相影响实现的。各类项目单元之间存在着复杂的关系，即它们之间存在着界面。事实上，系统单元之间界面的划分和联系分析是项目系统分析的重要内容。

界面作为项目的系统特性具有十分广泛的意义，项目的各类系统，如目标系统、技术系统、行为系统、组织系统等，它们的内部系统单元之间、各类系统之间，以及各个系统与环境之间都存在界面。

（1）目标系统的界面　目标因素之间互相影响，有的有相互依存性，如产品的销售量与利润；而有的存在冲突，如环境保护标准的提高会导致投资的增加和投资利润率的下降。

（2）技术系统的界面　①各工程专业系统存在依赖和制约关系，例如结构和建筑之间，结构、建筑和工艺、设备专业之间；②工程技术系统是在一定的空间上存在并起作用的，必然存在空间上的联系，例如给排水、暖通工程对结构工程有依赖性，弱电的综合布线依附于结构工程。

（3）行为系统的界面　行为系统的界面最主要的是工程活动之间的逻辑关系，由此才能构建网络计划。

（4）组织系统的界面　组织系统的界面涉及的范围很广，包括以下内容：①项目组织划分不同的单位和部门，它们有各自不同的任务、责任和权利，项目组织责任的分配、项目管理信息系统设计和组织沟通的主要任务就是解决组织界面问题；②不同的组织有不同的目标、组织行为和处理问题的风格，它们会带来组织冲突；③组织界面有复杂的工作交往（工作流）、信息交往和资源（如材料、设备和服务等）交往；④项目经理与企业职能经理之间、与业主之间，以及与企业经理之间的界面是最重要的组织界面；⑤组织责任的互相制衡是通过组织界面实现的；⑥合同是项目组织的纽带，签订合同是一种关键性的组织界面活动；⑦为了取得项目的成功，项目组织必须疏通与环境组织，如外部团体、上层组织、用户、承包企业、供应单位的关系。

（5）项目的各类系统（包括系统单元）与环境系统和上层组织系统之间存在着复杂的界面。项目所需要的资源、信息、资金、技术等都是通过界面输入的，项目向外界提供的产品、服务、信息等也是通过界面输出的。环境对项目有深远的影响，项目能否顺利实施并达到预期的目标在很大程度上依赖于项目与环境系统界面的配合程度。

在项目中，大量的矛盾、争执、损失都发生在界面上。项目管理的大量工作都需要解决界面问题，涉及项目管理的各个方面。界面管理是项目管理集成化和综合化的要求。作为项目管理的一个重要对象，界面必须经过精心组织和设计。而且，在项目中需要对重要的界面进行设计、计划、说明和控制。

4.2.8　工程项目系统的描述体系

工程项目系统的描述体系可以分解为以下几个层次：①项目系统目标文件，包括项目建议书、可行性研究报告、项目任务书等，项目系统目标文件是项目最高层次的文件，对项目的各方面都有规定；②工程系统设计（说明）文件，工程系统设计文件按照目标文件编制，主要通过工程规划文件、产品要求说明书、图样（或 CAD）、规范、工程量表和模型等，描述工程系统的要求、技术原则与特征；③实施方案和计划文件，按照项目目标文件和工程设计文件，说明如何完成工程建设工作，包括工程的施工方案、各种实施计划、投标文件、技术措施、项目组织、项目管理计划等；④工作包说明，在项目工作分解结构中，最低层次的项目单元是工作包，它是计划和控制的最小单位，是项目目标管理的具体体现。图 4-8 所示为常见的工作包说明表的格式。

工作包说明表		
项目名：________ 子项目名：________	工作包编码： ________________	日期：________________ 版次：________________
工作包名称：		
结果：		
前提条件：		
工程活动(或事件)：		
负责人：		
费用： 计划： 实际：	其他参加者：	工期： 计划： 实际：

图 4-8　常见的工作包说明表的格式

通常来说，项目系统的描述文件之间存在时间顺序和依存关系。通常由目标文件决定技术设计，再共同决定实施方案和计划，以此类推。上层文件的修改必然会引起下层文件的变更，例如目标的变更会引起设计方案的变更，设计方案的修改会引起实施方案和计划的变更。而上述的任何一项变更都会引起工作包说明内容的变更。

另外，对于项目系统描述体系必须进行管理。首先，需要对项目系统状态描述体系进行标识并形成文件。所有的系统描述应形成文件和状态报告，应建立各种文档，记录并报告其实施状况。其次，在系统描述文件确定后，对项目系统状况的任何变更应进行严格控制，以确保工程项目变更不损害系统目标、性能、费用和进度，不造成混乱。接着，在项目运行过程中可以应用项目系统描述文件对设计、计划和施工过程进行经常性的检查和跟踪。最后，在工程竣工交付前，应以项目系统描述体系对项目的实施过程和最终工程状况进行全面审核。值得一提的是，可以通过现代信息技术，采用更直接明了的方法反映项目的系统状况，如 BIM（Building Information Modeline）技术可以集成项目的整个描述体系，可以展示工程规划成果、各专业工程系统的结构和相互关系，以及各个专业工程系统的特性，同时可以展示虚拟展示施工过程或运行过程。

4.3 项目组织、计划和实施控制

工程项目组织是指为完成工程项目工作分解结构图中各项工作的个人、单位、部门按一定的规则或规律构成的群体，通常包括业主、施工单位、项目管理单位、设计和供应单位、投资者、为项目提供服务或与项目有某些关系的部门等。根据 ISO 21500 的定义，项目组织是指从事项目具体工作的组织，是临时性组织，它包括项目参与方、责任、层级结构和界限等。

工程项目的基本形式是由目标产生工作任务，由工作任务决定承担者，由承担者形成组织。项目组织不同于一般的企业组织、社团组织和军队组织，它具有自身的组织特殊性，这是由项目的特点决定的，同时它又决定了项目组织设置和运行的原则，在很大程度上决定了人们在项目中的组织行为，决定了项目沟通管理、协调及信息管理，具有一定的特殊性。项目组织是为了完成项目总目标和总任务而建立的，所以具有一定的目的性。项目目标和任务是决定项目组织结构和组织运行的最重要因素。项目工作的分解结构对项目组织结构具有很大的影响，它决定了组织结构的基本形态和组织工作的基本分工。项目组织也是一次性的、暂时的，具有临时组合的特点。另外，项目组织是柔性组织，具有高度的弹性、可变性、不稳定性。项目的一次性和项目组织的可变性，使得项目组织很难像企业组织一样建立自己的组织文化，即项目参与者很难在一段时间内形成自己较为统一的、共同的行为方式、信仰和价值观，从而带来了项目管理的困难。

4.3.1 工程项目组织的基本原则

（1）目标统一原则　工程项目有总目标，但项目分阶段实施，项目组织成员隶属于不同的单位（企业），具有不同的利益和目标，存在着项目总目标与阶段性目标及不同利益群体目标之间的矛盾。这是项目组织的基本矛盾。

（2）责权利平衡　按照责权利平衡的原则明确项目投资者、业主、项目管理公司、承包商，以及其他相关者间的经济关系、职责和权限，并通过合同、计划、组织规则等文件定义。

（3）适用性和灵活性原则　在工程项目组织设置中，有许多可选择的融资模式、承发包模式、管理模式和组织结构形式，由此带来项目组织形式选择的多样性。各种模式没有先进、落后之分，主要是为了保证项目组织运作的有效性、适用性和灵活性。项目组织形式灵活多样，在同一个企业内，不同的项目，其组织形式不同，甚至在同一个项目的不同阶段，项目组织也是动态的，有不同的授权方式和组织形式。项目组织时应考虑如下因素：①应确保项目组织结构适合项目的范围、特殊性（如数量、规模、难度、目标的紧迫性等）、环境条件及业主的项目实施策略；②项目组织结构应考虑到原组织［业主的和（或）承包商的企业组织］的特点（如管理体制、组织文化等），并与它们相适应，应充分利用业主和项目管理者过去的项目管理经验，选择最合适的组织结构，并最大限度地使用企业现有部门中的职能人员；③项目组织必须顾及前期策划、设计和计划、施工、供应、运行过程的规律性和一体化要求；④项目组织结构的设计应有利于所有项目相关者的交流和合作，使决策过程快捷和信息流畅通；⑤项目组织要保持最小规模，使组织机构简单、工作人员精简。

（4）组织制衡原则　具体而言：①要做到权责分明，应十分清楚地划定组织成员之间的任务和责任界限，如果界限不清会导致有些任务无人负责完成，互相推卸责任，产生权利争执、组织摩擦、弄权和低效率；②设置责任制衡和工作过程制衡，应加强过程的监督，包括阶段工作成果的检查、评价、监督和审计等；③通过组织结构、责任矩阵、合同、管理规程、管理信息系统保持组织界面的清晰；④通过其他手段达到制衡，例如保函、保险和担保等，但是过于强调组织制衡和采用过多的制衡措施会使项目组织结构复杂、程序烦琐，会产生沟通的障碍，破坏合作气氛，容易产生“高效的低效率”。例如，过多的责任连环会造成责任落实的困难和争执，恶化合作气氛，制衡也可能会造成管理过程的中间环节太多，如中间检查、验收、审批，使工期延长，管理费用增加。

（5）保证组织成员和责任的连续性和统一性　由于项目组织容易造成责任体系的中断、责任盲区和短期行为，在项目阶段界面上出现信息衰竭，所以应尽可能保持项目组织成员、责任、过程、信息系统的连续性、一致性。

（6）减少管理层次，组织扁平化　组织结构的选择常常要在管理跨度和组织层次之间权衡，大跨度组织与多层次组织如图4-9所示。现代工程项目规模大，单体建筑多，参加单位多，造成组织结构非常复杂。同样，现代工程承包企业及项目管理企业（如监理公司）同时承接很多项目，也容易使组织结构复杂。值得一提的是，现代项目组织（特别是矩阵式项目组织）和现代信息技术的应用能够减少组织层次，使组织扁平化。

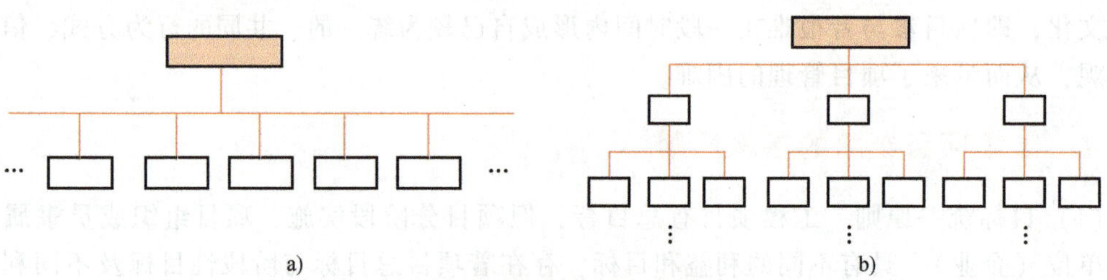

图 4-9　大跨度组织与多层次组织

a）大跨度组织　b）多层次组织

（7）合理授权和分权　项目的任何组织单元都有一定的工作任务和责任，必须拥有相应的权利、手段和资源去完成任务。由于项目的使命和项目特殊性，项目组织鼓励多样性和创新，项目组织在权利的分配方面应体现授权管理和分权管理，才能调动各方面的积极性和创造力。没有授权和分权，或授权和分权不当，就会导致组织没有活力或失控，使决策渠道阻塞，而且项目上许多日常琐碎的不重要的问题将被提交高层处理，使高层人员陷于日常的琐碎事务中，无力进行重要的决策和控制。授权和分权的原则如下：①依据要完成的任务和预期成果进行授权，明确目标、任务和职权之间的逻辑关系，并订立完成程度考核的指标；②根据要完成的工作任务选择人员，分配职位和职务；③采用适当的控制手段，确保下层恰当的使用权利，以防止失控，不能由于分权导致独立王国；④在组织中保持信息渠道的开放和畅通，使整个组织运作透明；⑤对有效的授权和有工作成效的下层组织给予奖励；⑥谨慎地进行授权，防止出现混乱，失去整体目标和控制。

4.3.2　工程项目组织策划的基本原理

工程项目组织策划有许多宏观和微观的问题需要解决，对项目组织有最重要影响的是如下三方面：①工程项目的资本结构，即项目所采用的融资模式；②承发包方式，它决定了项目实施和管理工作任务的委托方式，以及工程项目组织结构的基本形式；③项目管理组织方式，即项目所采用的管理模式，它决定了业主委托项目管理的组织形式和管理工作的分担。

图 4-10 所示为工程项目组织策划的全过程。在项目组织策划前应进行项目总目标分析、环境调查和制约条件分析，完成相应阶段的工程技术系统设计和分析、项目范围确定和结构分解工作等。之后，应确定项目的实施组织策略，即确定项目实施组织和项目管理模式的总指导思想，例如该如何实施该项目，业主如何管理项目，控制到什么程度，总体确定哪些工作由企业内部组织完成，哪些由承包商完成，业主准备投入多少管理力量等。接下来是一些涉及项目实施者任务的委托及相关的组织工作，包括项目承发包策划、招标和合同策划工作，以及起草招标文件和合同文件等。紧接着是涉及项目管理任务的组织工作，包括项目管

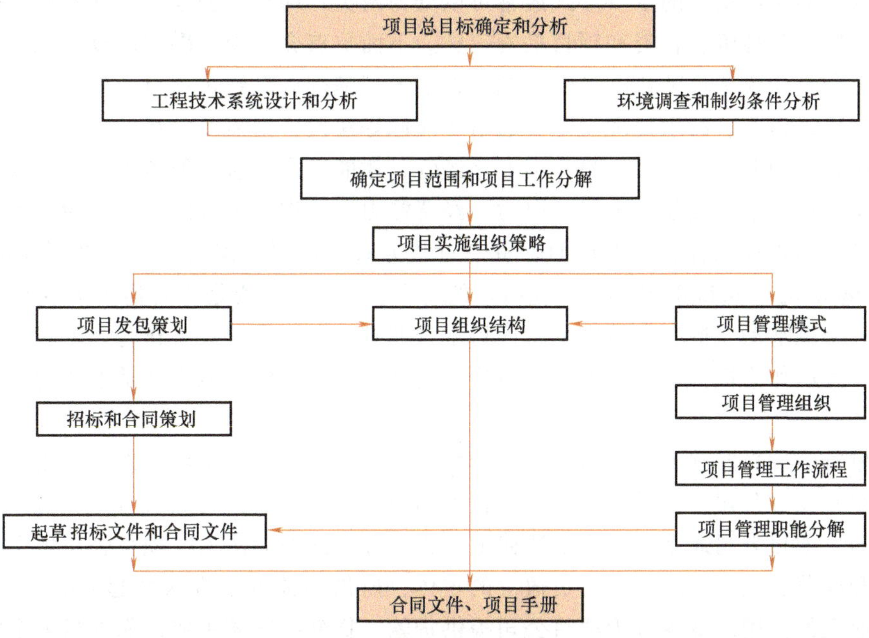

图 4-10　工程项目组织策划的全过程

理模式的确定、项目管理组织的设置。最后，是用招标文件、合同文件和项目手册等定义组织策划结果。

值得注意的是，工程项目组织策划有一定的依据。

1）在业主方面：需注意项目的资本结构，上层组织的总体战略、组织形式、思维方式、项目目标，以及目标的确定性，业主的项目实施策略、具有的管理力量、管理水平、管理风格和管理习惯，业主对工程师和承包商的信任程度，期望对工程管理的介入深度，对工程项目的质量和工期要求等。

2）在承包商方面：关注拟选择的承包商的能力，如是否具备总承包能力，承包商的资信、企业规模、管理风格和水平、抗御风险的能力、相关工程和相关承包方式的经验等。

3）在工程方面：必须考虑工程的类型、规模、基本结构、特点、技术复杂程度、质量要求、设计深度和工程范围的确定性，工期的限制，项目的营利性，项目风险程度，项目资源（如资金、材料、设备等）供应及限制条件等。

4）在环境方面：工程所处的法律环境、市场交易方式和市场行为，人们的诚实信用程度，建筑市场竞争的激烈程度，资源供应的保障程度，获得额外资源的可能性等。

4.3.3 工程项目的资本结构、管理模式和承发包方式

对工程项目，特别是大型的工业项目、基础设施建设项目，采用什么样的资本结构，以什么样的融资方式取得资金，是现代战略管理和项目管理的重要课题，它不仅对建设过程，而且对工程建成后的运行过程都有极为重要的作用：它决定了项目的法律形式，即项目及由项目所产生的企业的法律性质，它还决定了项目法人的形式和结构、项目投资各方在组织中的法律地位，并且在很大程度上决定了项目的组织形式和项目管理模式，以及工程建成后的经营管理权力和利益的分配。

工程项目的资本结构的主要形式通常可以分为两类，即私有资本和公共资本。按照资本组合方式可以分为独资、合资和项目融资三类。下面重点介绍项目融资的概念。

项目融资是现代工程项目的热点问题，许多大型基础设施建设项目，如铁路、公路、港口设施、机场、供水、污水处理设施、通信和能源等建设，都需要大量的投资，由政府独立出资十分困难。同时，这些项目只有商业化经营，才能提高效益，但若由一个企业作为项目投资者承担责任，由于其技术力量、财力、经营能力和管理能力有限，则风险太大。而项目融资是一种无追索权或有限追索权的融资或贷款方式。按照美国财务会计准则委员会（Financial Accounting Standards Board，FASB）的定义，“项目融资是指对需要大规模资金的项目而采取的金融活动。借款人原则上将项目本身拥有的资金及其收益作为还款资金来源，而且将其项目资产作为抵押条件来处理。该项目主体的一般性信用能力通常不作为重要因素来考虑”。

项目融资由项目发起人、项目公司、贷款方三方参加。项目由项目发起人主办，它以股东的身份组建项目公司，又是投资者，其投入的资本形成项目公司的权益。项目融资的主体为项目公司，项目公司通常是一个从法律上与股东分离的独立法人。项目公司负责项目的融资、建设和经营，是自主经营、自负盈亏的主体，所借的债务不进入发起人的资产负债表，不影响发起人的信用。贷款方为项目公司提供贷款，贷款的偿还主要依靠项目未来的收益和资产。由于项目周期长，贷款人承担的风险大，所以要求的投资回报较高，对项目发起人来

说项目融资成本较高。在特大型项目中，往往由多家银行组成一个银团对项目贷款。

项目融资的主要模式主要有 PPP、ABS 和 PFI 三种。

1）PPP（Public Private Partnership）模式，即公私合作。私人企业与政府进行合作，参与公共基础设施的建设，通过协议的方式明确参与合作的各方共同承担的责任和融资风险，明确项目各个流程环节的权利和义务，最大限度地发挥各方优势，使政府不过多地干预和限制项目的实施，又充分发挥民营资本在资源整合与经营上的优势，达到比各方单独进行项目实施更有利的结果。

2）ABS（Asset Backed Securitization）模式，是以项目所拥有的资产为基础，以项目可预期的运营收益为保证，通过在资本市场发行证券来募集资金的一种项目融资方式。由于 ABS 模式能够以较低的资金成本筹集到期限较长、规模较大的建设资金，对于投资规模大、周期长、资金回报慢的城市基础设施来说，是一种理想的融资方式。

3）PFI（Private Finance Intiative）模式，是私人（或民间）主动参与的项目融资方式。政府通过购买私营机构提供的物品和服务，或给予私营机构以收费特许权，实现资源配置的最优化。

项目融资最常见的实施方式是 BOT（Build-Operate-Transfer），即建造-经营-移交方式。BOT 是由项目所在国政府或所属机构与项目发起人签订一份特许经营权协议，政府授予项目公司以特许经营权，项目公司按照协议的要求进行项目的融资、建设、经营和管理，直接通过建成后的项目运行收入偿还贷款，在规定的特许经营期之后，将此工程无偿转让给所在国政府。在特许经营期限内，项目公司仅拥有该项目的使用权和经营权。项目融资的其他实施方式还有：①BOO（Build-Own-Operate），即建设-拥有-经营；②BTO（Build-Transfer-Operate），即建设-转让-经营；③BOOT（Build-Own-Operate-Transfer），即建设-拥有-经营-转让；④BROT（Build-Rent-Operate-Transfer），即建设-租赁-经营-转让；⑤BT（Build-Transfer），即建设-转让；⑥TOT（Transfer-Operate-Transfer），即转让-经营-转让。

项目工作分解结构得到的各个项目工作，必须由一定的组织去完成，也就是说，业主必须将它们委托出去，通过承发包的方式选择承包商和供应商，通过合同的签订和执行完成任务，保证工程总目标的实现。现代工程项目中，承发包的范围通常包括工程施工、物资供应、服务和计算机软件、信息控制系统等。

项目的承发包方式是项目实施的战略问题，对整个项目实施有重大影响。首先，它必须反映项目战略和企业战略，反映业主的经营指导方针和根本利益。其次，承发包策划决定了与业主签约的承包商的数量，决定着项目的组织结构的基本形式及管理模式，从根本上决定了工程项目的组织关系。本质上来说，工程承发包是实施项目的手段。另外，承发包模式又属于工程承包的市场交易方式，影响工程项目交易费用，它需要承包市场的培育和逐步完善。

工程项目中主要的承包模式有以下几种：

1）分阶段分专业工程平行承包，即业主将设计、设备供应和土建、电器安装、机械安装、装饰等工程施工任务分别委托给不同的承包商。各承包商分别与业主签订合同，对业主负责，各承包商之间没有合同关系，如图 4-11 所示。该承包方式的特点如下：①业主有大量的管理工作，需要对出现的各种工程问题做中间决策，有许多次招标，项目的设计和计划必须周全、准确、细致，需要严格的实施控制；②业主必须负责各承包商之间的协调，对各承包商之间互相干扰造成的问题承担责任，所以，在这类工程中组织争执较多，索赔较多，工期比较长；③业主可以分阶段进行招标，通过协调和组织管理加强对工程的干预，各承包商的工程范围容易确定，责任界限比较清楚；④设计和施工分离，设计不管施工，缺乏对施工的指导和咨询，而施工单位对设计没有发言权，设计单位和施工承包商对技术方案的优化和创新的积极性都不高；⑤业主将面对很多承包商（包括设计、供应、施工单位），管理跨度太大，容易造成项目协调困难，以及项目中的混乱和失控现象，最终导致总投资的增加和工期的延长。

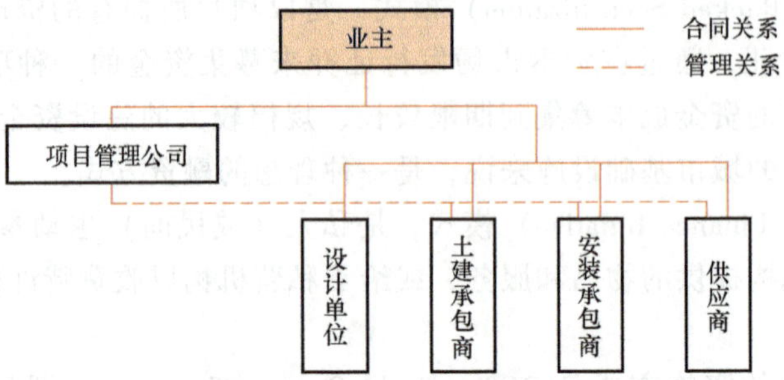

图 4-11　分阶段分专业工程平行承包

2）“设计-采购-施工（Engineering Procurement Construction，EPC）”总承包。由一个承包商承担工程项目的设计、设备采购、各专业工程施工以及项目管理工作，承包商向业主承担全部工程责任。业主需要委托一个咨询公司代表业主对项目进行宏观管理。总承包商可以将部分设计、施工、供应工作分包出去。EPC 总承包方式的特点如下：①减少业主面对承包商的数量，给业主带来很大的方便，业主的事务性管理工作较少，（例如仅需要一次招标），业主不干涉承包商的工程实施和项目管理工作，责任较小；②承包商能将整个项目管理形成一个统一的系统，避免多头领导，方便协调和控制，减少大量的重复性的管理工作，降低管理费用，使得信息沟通方便、快捷、不失真，有利于施工现场的管理，减少中间检查、交接环节和手续，避免由此引起的工程拖延，能缩短工期；③承包商为业主提供全过程、全方位的服务，包括工程的设计、施工、供应、项目管理、运行管理，工程项目的持续时间很长，责任范围很大，项目责任体系是完备的，所以合同争执较少，索赔也较少；④能够最大限度地调动承包商对工程的规划、设计、施工技术、过程的优化和控制的积极性和创造性。EPC 模式对承包商的要求很高，业主必须加强对承包商的宏观控制，选择资信好、实力强、适应全方位工作的承包商。

目前这种承包方式在国际上受到普遍欢迎。国际上有人建议，对大型工业建设项目，业主应尽量减少他所面对的现场承包商的数目（当然，最少是一个，即采用全包方式）。据统计，国际上最大的承包商所承接的工程项目大多数都是采用总承包的形式。

3）采用介于上述两者之间的中间形式，即将工程委托给几个主要承包商，如设计总承包商、施工总承包商、供应总承包商等。

4）其他形式的总承包，例如，“设计-施工（Design and Build，DB）”总承包，“设计-管理”总承包模式，非代理型的 CM 承包方式，即 CM/non-Agency 方式，风险型“项目管理总承包”模式，“设计-建造-运行（Design，Build and Operate，DBO）”承包方式等。

确定工程项目的管理模式，必须依据业主的项目实施策略和项目的特殊性，常常与项目的承发包方式连带考虑，有以下几种方式：

1）业主自行管理。投资者（项目所有者）委派业主代表，成立以他为首的项目经理部，以业主的身份负责整个项目的管理工作，直接管理承包商、供应商和设计单位。

2）业主将项目管理工作按照职能分别委托给其他单位，如将招标工作、工程估价工作、施工监理工作分别委托给招标代理单位、造价咨询单位和施工监理单位。在施工阶段，业主委派业主代表和监理工程师共同工作。英国 NEC 合同确定的项目管理模式也属于该类型。监理工程师仅仅负责工程的质量检查和监督，提供质量报告。

3）业主将整个工程项目管理工作以合同的形式委托出去，由一个项目管理公司派出项目经理作为业主的代理人，管理设计单位、施工单位等。当工程采用“设计-施工-供应”总承包方式时，由工程的总承包商负责项目上具体的管理工作，业主仅承担项目的宏观管理和高层决策工作。

4）代理型 CM（CM/Agency）承包模式。CM 承包商接受业主的委托进行整个工程的施工管理，协调设计单位与施工承包商的关系，保证在工程中设计和施工的搭接。业主直接与工程承包商和供应商签订合同，CM 单位主要从事管理工作，与设计单位、施工单位、供应单位之间没有合同关系，在性质上属于管理工作承包。

5）风险型“项目管理总承包”。它与非代理型的 CM 承包相似，项目管理公司直接与业主签订合同，接受整个工程项目管理的委托，再与分包商、供应商签订合同。项目管理公司承担工程承包的风险，也可以认为它是一种工程承包方式。

6）代建制式管理模式。“代建制”是我国对政府投资的非经营性工程建设项目采用的一种管理模式。

4.3.4　工程项目中常见的组织形式及变化

首先介绍工程项目中常见的组织形式。通常独立单个中小型工程项目都采用直线式项目组织形式，这种组织结构形式与项目的结构分解图具有较好的对应性，如图 4-12 所示。其可以保证单线领导，项目参加者的工作任务分配明确，权责关系清楚，指令唯一，协调方便，可以减少纠纷。项目经理有指令权，能直接控制资源，对业主负责，而且信息流通快，决策迅速，项目容易控制。这种组织结构形式与项目结构分解图式基本一致，目标分解和责任落实比较容易，不会遗漏项目工作。但是，这种组织结构形式也有一定的缺点：①当项目（或子项目）比较多时，组织机构复杂，导致资源不能被充分合理的利用；②项目经理责任较大，一切决策信息都来源于项目经理，这就要求其能力强、知识全面、经验丰富；③不能

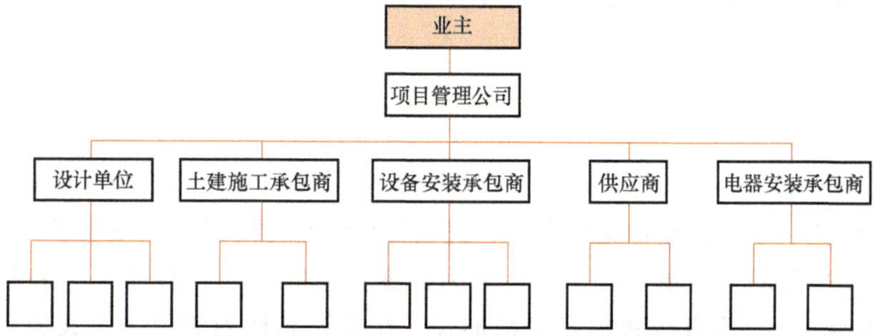

图 4-12　直线式项目组织形式

保证项目组织成员之间信息流通的速度和质量，权利争执会使项目组织成员间合作困难；④如果工程较大，专业化分工太细，会造成多级分包，进而造成管理层次的增加。

职能式项目组织形式是专业化分工发展的结果，通常适用于工程项目规模大，但子项目又不多的情况。职能式项目组织强调职能部门和职能人员专业化的作用，大大提高了项目组织内职能管理的专业化水平，进而能够提高项目的整体效率，项目经理主要负责协调。但是，职能式项目组织中权利过于分散，有碍于指令的统一性，容易形成多头领导，也容易产生职能工作的重复或遗漏。职能式项目组织形式如图 4-13 所示。

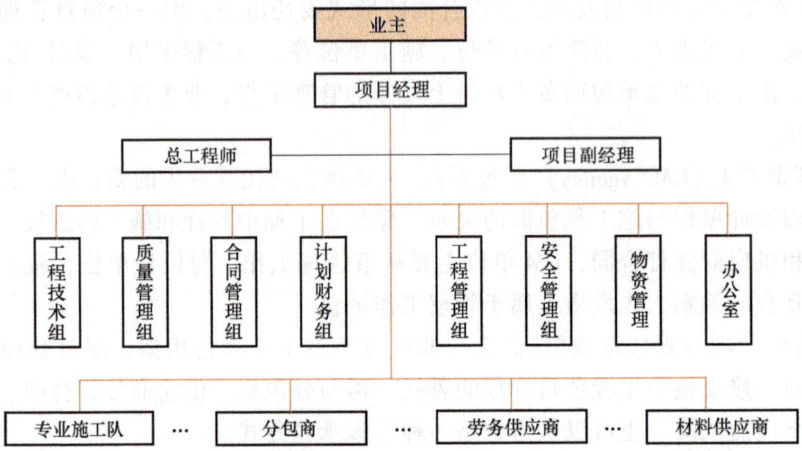

图 4-13 职能式项目组织形式

另外还有矩阵式项目组织形式。矩阵式项目组织一般由两类部门组成：①按专业任务（或管理职能）分类的部门，主要负责专业工作、职能管理或资源的分配和利用，具有与专业任务相关的决策权和指令权；②按项目（或子项目）分类的组织，主要围绕独立的项目对象，对它的目标负责，进行计划和控制，协调项目过程中各部门间的关系，具有与项目相关的指令权。

不过在寿命期内，项目组织结构会不断改变，在不同阶段可以采用不同的组织形式。例如，图 4-14 所示为某大型工程建设项目的组织结构形式变化。

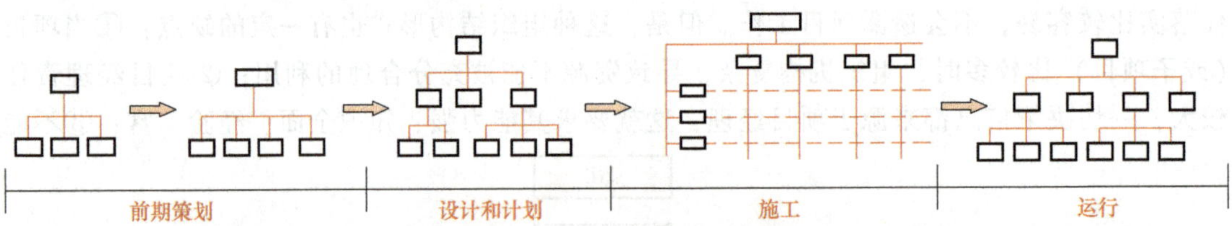

图 4-14 某大型工程建设项目的组织结构形式变化

在项目构思形成后，上层组织成立一个临时性的项目小组做项目的目标研究工作，为直线式项目组织形式。在提出项目建议书后，进入可行性研究阶段，就成立了一个规模不大的项目领导班子，项目的参加单位很少，主要为咨询公司（做可行性研究）和技术服务单位（如地质的勘探单位），为直线式项目组织形式。在设计和计划阶段，正式成立建设项目公司（作为业主），采用职能式项目组织形式。在施工阶段，有 40 多个子项目（标段）同时施工，有许多承包商、供应商、咨询和技术服务单位共同参与，采用矩阵式项目组织形式。工程竣工后交付运营公司，它作为一个企业独立地进行运营，则相关的工程运行维护组织作为企业组织的一部分。

工程施工项目组织形式也同样经历了一个变化的过程，如图 4-15 所示。施工项目组织形式及其变化与施工企业所采用的项目责任制形式相关。

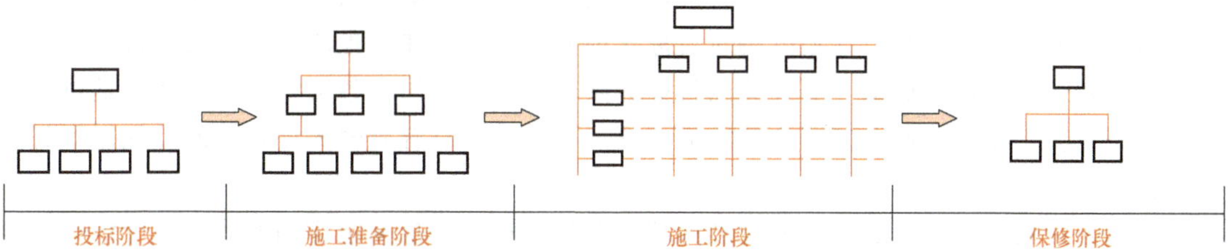

图 4-15　工程施工项目组织形式变化

在投标阶段，施工企业会成立临时性投标小组，属于直线式项目组织形式。如果施工企业投标的项目很多，会呈弱矩阵式项目组织形式。在施工准备阶段，成立施工项目部呈直线职能型组织关系。在施工准备中要集中企业的优势编制实施方案，调动资源，安排人员，企业职能部门的权利要大些，施工企业与项目部的组织关系呈弱矩阵型组织关系。在施工阶段，由于大型施工项目区段（子项目）较多，分包商、供应商较多，施工项目部呈矩阵式项目组织形式。施工企业与项目经理部呈矩阵型组织关系。有些施工企业采用项目经理承包责任制，由项目经理组织投标，安排施工组织，采购资源，呈独立项目组织形式。在保修阶段，项目竣工后施工项目部解散，项目结束工作由企业负责。保修期的维修工作由企业的保修（分）公司负责。

项目组织演变会带来许多问题。在工程项目的各阶段，组织的主要任务存在以下差异：

1）前期策划阶段，主要为战略管理、市场分析、投资决策、可行性研究方面的工作。

2）设计和计划阶段，主要为勘察、规划、设计、招标、项目管理等方面的工作。

3）施工阶段，主要为现场各专业工程的施工、供应、监理等方面的工作。

4）工程运行阶段，主要为运行维护、维修、产品的市场经营等方面的工作。

由此带来的各阶段的承担单位和管理工作差异很大，使组织结构形式变化较大，很难构建统一的项目组织责任体系和组织规则。此外，项目组织责任体系的断裂和责任盲区的存在十分普遍，项目总目标落实非常困难，因此在项目组织中短期行为的现象比较严重。

另外，在项目阶段界面上容易发生信息的衰竭。由于组织的变化，不同的阶段由不同的组织成员负责，其工作任务由不同的企业承担，容易造成在项目阶段界面上信息的衰竭。在项目前期策划阶段，人们可以获得大量信息，但一般只有可行性研究报告能够传递到工程的设计和计划中，而相关的许多调查研究信息，以及一些软信息并不能被勘察设计单位、项目管理单位和施工单位共享。在施工阶段，施工企业只能通过招标文件、合同、图样等获得信息，而项目前期策划及在工程规划、勘察、设计中的大量信息并不能为施工企业所用。工程交付运行后，施工单位提交竣工图和运行维护手册等，而项目前期策划、设计和计划、施工和供应等大量的信息并不能为运行维护单位所使用。随着工程项目的结束和项目组织的解散，许多信息就会消亡。这种信息的衰竭对工程项目总目标的实现危害极大，不仅会引起费用增加、效率降低，而且会导致大量的项目实质上是不成功的，或者人们实质上还可以做得更好。

4.3.5 工程项目计划过程

工程项目计划是指对实施过程（活动）进行各种计划、安排的总称，是对项目实施过程的设计。通过计划可以分析研究总目标能否实现，总目标确定的费用、工期、功能要求是否能得到保证、是否平衡。计划既是对目标实现方法、措施和过程的安排，又是目标的分解过程。计划结果是许多更细、更具体的目标的组合，它们将作为各级组织的责任，是对项目组织进行监督、核算、业绩考评和奖励的依据。可以说，没有周密的计划，或计划得不到贯彻，项目就无法取得成功。

目标是计划的灵魂，必须按照批准的项目总目标和任务范围做详细的计划。计划必须符合上层组织对项目的要求。业主和上层管理者应使总目标、计划过程、计划的要求和前提条件透明，以方便和简化计划工作，同时计划工作应程序化和规范化。编制计划时必须经常与业主商讨，邀请相关者参与，向任务承担者做调查，征求意见，一起安排工作过程，确定工作持续时间，确定计划的细节问题，要符合实际，不能纸上谈兵。另外，项目计划的目标不仅要求项目任务能够被安全、优质、高效率地完成，而且要求有较高的整体经济效益，即费用省、收益（效用）高，同时要求项目在财务上平衡（资金平衡），有效地使用资源，即有一定的经济性要求。

图 4-16 所示为项目计划工作流程示意图。计划包括选择任务和目标，以及完成任务和目标的行动，可分为目的（或使命）、目标、策略、政策、程序、规则、方案和预算等层次。

1）工程项目计划前准备工作，包括：①确立项目目标，对目标进行研究分析；②进行环境条件调查分析，制订计划的限制条件；③工程技术系统的设计和分析；④确定项目范围，做项目工作结构分解和项目范围说明；⑤制定项目的实施技术方案和总实施策略。

2）各项职能计划工作，包括：①工期计划；②成本和资金计划；③资源计划；④项目组织策划；⑤质量、职业健康、安全、环境管理计划；⑥其他保障计划，如现场平面布置、后勤（临时设施、水电供应，道路和通信等）管理计划、工程运行准备计划；⑦风险分析和应对计划。

3）计划的审批和下达，包括：①项目计划成果和编制的基础资料应形成可追溯的文件，以便沟通，并予以保存；②计划的批准，在批准前，计划仅是一种计划研究、分析或建议，批准后才能真正落实，应组织专家对计划进行评审；③ 要争取项目各方，包括业主、上层管理者、用户、项目经理、承包商、供应商，对计划结果达成共识；④计划编制后，作为目标的分解，计划应成为各参加单位的工作责任，应落实到各部门或单位，得到他们的同意，并形成承诺；计划的批准应体现在项目各方为实现计划所承担义务的承诺；⑤计划下达后，要使人们了解他们的目标和任务，以及应当遵循的指导原则，应有必要的权利、手段和信息。

4）工程项目计划中的协调，包括：

① 按照总目标、总任务和总体计划，起草招标文件、签订合同；②计划是沟通的渠道，是项目相关者联系和报告的工具；③注意合同之间的协调；④注意不同层次的计划协调；

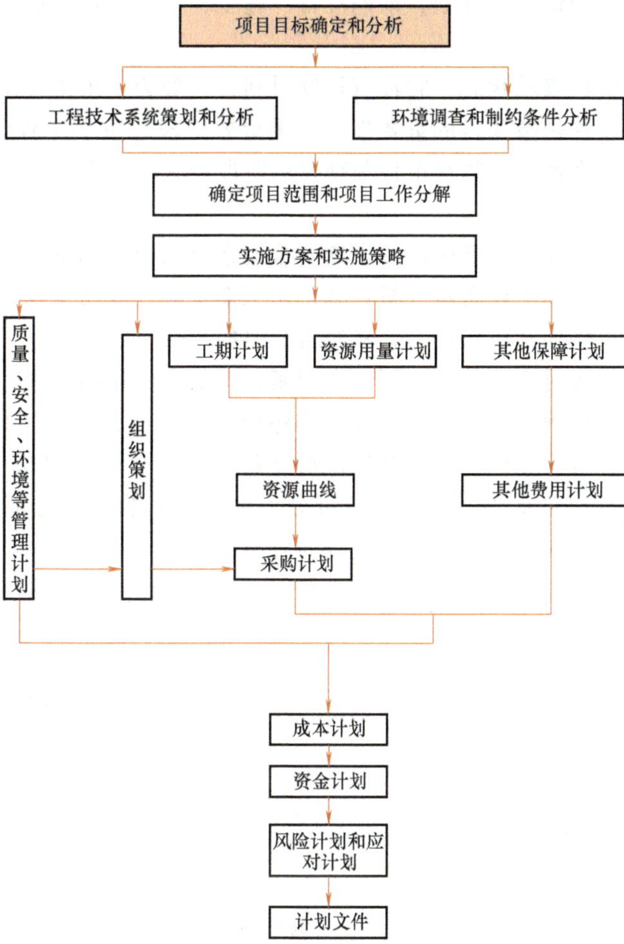

图 4-16　项目计划工作流程示意图

⑤注意长期计划和短期计划的协调。

4.3.6　工期计划

工期计划是工程项目计划体系中最重要的组成部分，是其他计划的基础，许多项目管理软件包都以工期计划为主体。工期计划的目的是按照项目的总工期目标确定各个层次项目单元的持续时间、开始和结束时间，以及它们在时间上的机动余地（时差）。工期计划是随着项目的技术设计的细化、项目工作结构分解的深入而逐渐细化的，它经历了由计划总工期、里程碑计划、粗横道图、细横道图、网络，再输出各层次横道图（或时标网络）的过程，如图 4-17 所示。

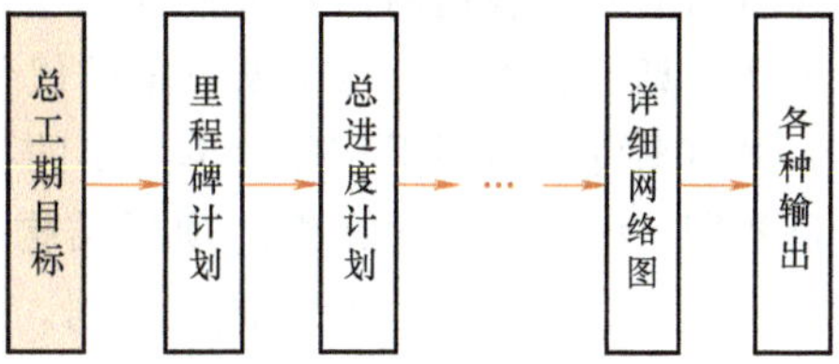

图 4-17　工期计划示意图

在项目目标设计时，工期目标一般仅是一个总值。因为工程细节尚不清楚，所以无法做详细安排。总工期作为项目的目标之一，对整个工期计划具有规定性。在可行性研究或项目任务书中一般要按总工期目标做总体计划和实施方案。项目可以被分解为设计和计划、前期准备、施工、交付并投入运行等主要阶段，或几个主要的建设阶段。

在工期计划中，事件表示状态，它没有持续时间，一般为一个工程活动或阶段的开始或结束。项目的里程碑事件是指项目的重要事件，是重要阶段或重要工程活动的开始或结束，是项目全过程中关键的事件。里程碑事件与项目的阶段结果相联系，作为项目的控制点、检查点和决策点。

项目的总工期目标和几个主要阶段的工期安排通常可以通过如下途径确定：①采用过去同类或相似工程项目的实际工期资料分析；②采用工期定额；③总工期目标通常由上层领导者从战略的角度确定，例如从市场需求、从经营战略的角度确定。

确定工程活动的持续时间要考虑以下几个因素：①能定量化的工程活动，即有确定的工作范围和工程量，又可以确定劳动效率；②工作包的持续时间，有些工作包包括许多工序，先要将工作包进一步分解为工序。通常基础混凝土施工可以分解为垫层、支模板、扎钢筋、浇捣混凝土、拆模板、回填土等；设备安装可分为预埋、安装设备进场、初安装、主体安装、试车、装饰等。分解时应考虑：工作过程的阶段性、工作过程不同的专业特点和不同的工作内容、工作不同的承担者（例如不同的工程小组）、建筑物不同的层次和不同的施工段等因素。

接下来介绍横道图和线形图这两种常见的工期计划方法。横道图，又称为甘特（Gantt）图，是一种最直观的工期计划方法，在工程中应用广泛，并受到了普遍的欢迎。横道图以横坐标表示时间，工程活动在图的左侧纵向排列，以活动所对应的横道位置表示活动的开始与结束时间，横道的长短表示持续时间的长短，如图 4-18 所示。横道图具有以下优点：①能够清楚地表达活动的开始时间、结束时间和持续时间，一目了然，易于理解，并能够为各层次的人员（上至战略决策者，下至基层的操作工人）所掌握和运用；②使用方便，制作简单；③可以将工期与劳动力、材料、资金计划相结合。不过横道图也有许多缺点：①很难表达工程活动之间的逻辑关系；②不能表示活动的重要性，例如哪些活动是关键的，哪些活动有推迟或拖延的余地；③横道图上所能表达的信息量较少；④不能用计算机处理，即对一个复杂的工程项目不能进行工期计算，更不能进行工期方案的优化。

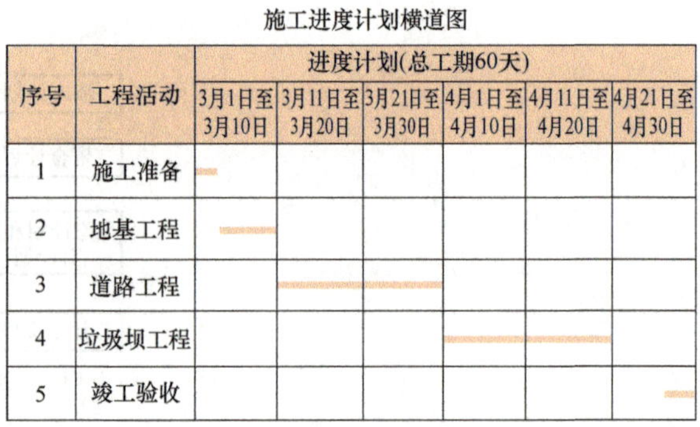

图 4-18 横道图

横道图可直接用于一些简单的小的项目。由于活动较少，可以直接用它排工期计划。在项目初期，由于尚未做详细的项目结构分解，工程活动之间复杂的逻辑关系尚未被分析出来，一般人们都用横道图做总体计划。上层管理者一般仅需了解总体计划，其都用横道图表示。

线形图有时间-距离图和速度图两种。有些工程项目，如长距离管道、隧道、道路项目等，都是在一定长度上按几道工序连续施工，不断地向前推进，则各工程活动可以在图上用一根线表示，线的斜率代表着工作效率。

4.3.7　成本及资源计划

1. 成本计划

工程项目中，进行成本计划的目的是对拟建的工程项目进行费用预算，并以此作为项目经济分析、投资决策、签订合同、落实责任及安排资金的依据。成本计划和控制是从多方位、多角度进行的，形成一个多维的严密的体系。在工程项目的各个职能管理中，成本管理的信息量是最大的，这也是工程项目管理的难点。在项目管理的系统中，成本的分解体系和核算过程必须标准化，并与会计、质量定义、项目工作结构分解、进度管理有良好的接口。

成本计划有许多版本，分别在项目目标设计、可行性研究、设计和计划、施工过程、最终结算中产生，形成一个不断修改、补充、调整、控制和反馈的过程。从总体上，成本计划经历自上而下分解、再自下而上反馈的过程。可以从不同的角度进行工程项目成本的分解：①项目工作分解结构（WBS）图，通常成本计划仅分解、核算到工作包；②工程建设投资分解结构，将项目总投资进行分解，则能得到项目的投资分解结构；③按工程量清单分解结构，这通常是将工程按工艺特点、工作内容、工程所处位置细分成分部分项工程；④按建筑工程成本要素分解结构，我国建筑工程费用可以分为人工费、材料费、机械费、企业管理费、利润、规费和税金等，每一项又有一个具体的统一的成本范围（细目）和内容；⑤按项目参加者（即成本责任人）分解结构，成本责任通常是随合同、任务书（责任书）下达给具体的负责单位或个人的，例如工程小组、承（分）包商、供应商、职能部门或专业部门；⑥其他分解形式，按项目阶段分为可行性研究、设计和计划、施工、结束等各个阶段的费用计划，形成不同阶段的成本结构。

计划成本是指具体成本项目（成本对象）的预期成本值，确定工程项目计划成本的具体工作属于工程估价或概预算的内容，由估算师或预算员承担，不同阶段及不同成本对象的计划成本估算方法不同。

前期策划阶段的估算主要有以下方式：

1）类比估算。参照以往同类工程信息，按照工程规模、范围、生产能力或服务能力等参数指标进行估算。

2）按照国家或部门颁布的概算指标计算。概算指标通常是在以往工程建设投资统计的基础上获取的，它有较好的指导作用，在国民经济各部门中都有本部门工程的概算指标。

3）专家咨询法。这里的专家是指从事实际工程估价、成本管理的工作者。可以采用头脑风暴法，也可以采用小组讨论的办法，应尽可能给予专家详细的资料，例如项目结构图、相应的工程说明、环境条件等（一般项目结构图出来较早，工程详细说明出来较迟），并在估价中提供专业咨询和说明。若专家的意见非常离散，可以将各项目单元再分解，做更低层次的估价。一般地，随着假设状态的统一和项目单元说明的细化，专家意见会逐渐趋于一致。

4）生产能力估算法。

设计和计划阶段的概预算，在我国有初步设计、扩大初步设计和施工图设计，国外有方案设计、技术设计、详细设计等，伴随着每一步设计又分为概算、修正总概算和施工图预算。

承包商工程成本计划的编制要注意以下几点：①承包商的投标价格应以完成承包工程范

围内工作的计划成本为基础；②由于竞争激烈，既要求承包商的报价尽可能低于竞争对手，又要保证盈利；③承包商要精确计算成本是很困难的，时间紧迫（即做标期短），承包商没有充裕的时间进行详细的招标文件分析和环境调查，制定实施方案，受所能获得的资料的限制，在投标期又不能投入太多时间、精力和费用做成本计划，这就要求计划成本的计算既要精确，又要快捷。

工程施工中的成本计划工作主要包括以下内容：①在各控制期末（如月末、年末），对下期的项目成本做出更为详细的计划和安排；②追加成本（费用）计算；③剩余成本计划，即按前锋期的环境，计算完成余下工程（工作）还要投入的成本量；它实质上是项目前锋期以后的计划成本值；④其他，如出现新的情况，采用新的技术方案，则需要做新的成本计划工作。

2. 资源计划

资源管理的任务是按照项目的实施计划编制资源的使用和供应计划，按照正确的时间、数量和供应地点保证人力、设备、材料、机具、技术、资金等资源的合理投入，并降低资源成本消耗。资源管理对工期和成本具有重大的影响，资源计划是成本计划的前提条件和计算基础，是项目整个实施计划的保证。

工程项目资源可以分为：①人力资源，包括各专业、各种级别的劳动力，熟练的操作工人、修理工及不同层次和职能的管理人员；②原材料和工程设备，它们构成了建筑工程的实体，常见的有砂石、水泥、砖、钢筋、木材、生产设备等；③周转材料，如模板、支撑和施工用工器具及备件、配件；④施工设备（如塔吊、混凝土拌和设备、运输设备）、临时设施（如施工用仓库、宿舍、办公室、工棚、厕所、现场施工用水电管网、道路等）和必需的后勤供应；⑤其他，如计算机软件、信息资源、信息系统、管理和技术服务、专利技术和资金等。

资源计划中应注意一些问题，在大型工程项目和承包企业中，对于资源应该统一计划、采购和库存管理，避免各部门或各项目及资源供应过程多头管理。另外，还需注意资源的优先级问题，资源的种类繁多，在实际工作中用定义优先级的办法确定资源的重要程度。在资源计划、优化、供应和仓储等过程中，应首先保证优先级高的资源。

资源计划的过程一般为：①按照项目目标、项目环境和供应条件，确定资源的采购和供应的策略，例如，哪些资源由自己组织采购和供应，哪些资源由承（分）包商组织采购和供应，所需的周转材料、设备和临时设施等是租赁还是购买及如何采购的问题；②在项目总目标、工程技术设计、项目结构分解和施工方案、总进度计划、质量要求和技术规范等的基础上确定各个工程活动的资源的种类、质量、用量要求，然后逐步汇总得到整个项目的资源总用量表；③在工期计划的基础上，确定资源使用计划，确定各种资源的使用时间和地点；④资源供应情况调查和询价，对特殊的进口资源，应考虑资源的可用性、安全性、环境影响、国际关系和政策法规等；⑤确定各类资源的供应方案和各个供应环节，并确定它们的时间安排；⑥相关采购的招标工作过程和组织方面的安排，在项目的计划中，应为全部采购过程留出充分的时间；⑦确定项目的后勤保障体系，如现场仓库、办公室、宿舍、工棚和汽车数量及平面布置，确定现场水电管网及布置。

在资源计划过程中，各种资源的获得、供应、使用有许多种可供选择的方案，这些方案都可以进行优化组合，在保证实现目标的前提下应选择最合理的方案，或实现收益（利润）

的最大化，或成本（或损失）的最小化。资源的平衡一般仅对优先级高的几个重要的资源使用：

1）对一个确定的工期计划，最方便、影响最小的方法是通过非关键线路上活动开始和结束时间在时差范围内的合理调整达到资源的平衡。

2）若非关键线路的活动经移动后仍未达到目标，或希望资源使用更为均衡，则可以考虑减少非关键线路活动的资源投入强度，相应延长它的持续时间，当然这个延长必须在它的时差范围内，否则会影响总工期；也可以考虑根据不同的资源日历充分利用延长日工作时间，通过在周末工作或选定多班次工作的办法缩短关键活动的持续时间；还可以提高劳动生产率，也能在不改变工程活动持续时间的情况下减少资源的使用量。

3）如果非关键活动的调整仍不能满足要求，尚可以修改工程活动之间的逻辑关系，重新安排施工顺序，将资源投入强度高的活动错开施工，或者改变方案采取高劳动效率的措施，以减少资源的投入，如将现场搅拌混凝土改为商品混凝土以节约人工成本，或者压缩关键线路的资源投入，当然这必将影响总工期。对此要进行技术经济分析和目标的优化。

工程承包企业和大型工程项目（或项目群）常常需要编制多项目的资源计划，这就存在多项目的资源分配和平衡问题。如果资源没有限制，即有足够数量的资源，则可将各项目的、各种资源的需要量按时间取和，统一安排资源计划。可以通过定义一个开始节点，将几个项目网络计划合并成一个大网络计划，或用高层次的横道图分配资源，综合安排资源的采购、供应、运输和储存。如果有资源限制，则优化资源就存在双重的限制。一般的处理方式是，先在各个项目中进行资源优化，再统一纳入总网络计划中进行平衡，如果在某个时期企业的某种资源确实无法保证供应，则可以按项目的优先级，首先保证优先级高的项目，而将优先级低的项目推迟实施。

资源优化会促使项目资源的使用趋于平衡。但它的副作用也是非常明显的：①加大了计划的刚性，使非关键活动的时差减小或消失，或出现多条关键线路，或会改变原来的关键路线；②资源投入的调整可能会引起劳动组合的变化，导致不能充分有效地利用设备，不符合技术规范等，甚至由于人员减少而造成工程小组工作不协调，进而影响工作效率和工程质量。

4.3.8 工程项目实施控制

在现代管理理论和实践中，控制包括提出问题、研究问题、计划、控制、监督、反馈等工作内容，实质上它已包含了一个完整的管理全过程，是广义的控制。工程项目控制是指在计划阶段之后对项目在实施阶段的控制工作，即实施控制，它与计划一起形成了一个有机的项目管理过程。项目实施控制的总任务是保证按预定的计划实施项目，保证项目总目标和计划的圆满实现。

在现代工程项目中，实施控制作为项目管理的一个独特的阶段，对项目的成败起到了举足轻重的作用。项目管理主要采用目标管理方法，由前期策划阶段确定的总目标经过设计和计划分解为详细目标，必须通过实施控制才能实现。现代工程项目规模大、投资大、技术要求高、系统复杂，其实施的难度很大，如果不进行有效的控制，必然会导致项目的失败。而且由于专业化分工，参加项目实施的单位多，项目各参加者有自己的利益，有其他项目或其他方面的工作任务，会造成行为的不一致、不协调或利益的冲突，使项目实施过程中断或受到干扰，所以必须有严格的控制。其实，项目计划是基于许多假设条件对项目实施过程预先的安排，它会有许多错误。工程项目失控的现象在国内外都十分普遍。如何进行项目的有效控制仍然是我国工程项目管理的核心问题。

工程项目控制还存在矛盾性。工程项目控制始于前期策划阶段，项目构思、目标设计、建议书的审查和批准都是控制工作，但由于在项目初期，其功能、技术标准要求等目标和实施方法尚未明确，或没有足够的说明，使控制的依据不足，所以人们常常疏于在项目前期的控制工作。这似乎是很自然的，但这常常又是非常危险的，应该强调项目前期的控制。在项目实施阶段，因为技术设计、计划、合同等已经全面定义，控制的目标和过程十分明确，所以人们十分强调这个阶段的控制工作，将它作为项目管理的一个独特的过程，它是项目管理工作最为活跃的阶段。

工程项目控制具有一系列特征：①多目标控制，由于项目是多目标系统，而且经常会产生目标争执，在控制过程中必须保证目标系统的平衡，包括子目标与总目标，阶段性目标与总目标，质量（及功能)、工期、成本（投资）三大目标的平衡；②现场控制，项目管理者在项目的实施阶段不仅仅是提出咨询意见、做计划、指出怎样做，而且直接领导项目组织，在现场负责项目实施的控制工作，是管理任务的承担者；③动态控制，项目实施控制是一个高度动态的过程，因此，要求项目实施控制是动态的、多变的，要能按照工程具体情况不断进行调整；④综合采用事前控制、事中控制和事后控制方法；⑤主动控制和被动控制相结合。

项目实施控制具有以下基本要素：

1）项目控制的对象。

2）项目控制的内容。

3）项目控制的依据，包括定义工程项目目标的各种文件，如项目建议书、可行性研究报告、项目任务书、设计文件、合同文件等，以及对工程适用的法律、法规文件。工程的一切活动以及项目的各种计划文件和各种变更文件等都必须符合法律要求。

4）项目控制期和控制点的设定。控制期的确定是十分重要的，要按照控制期提供项目报告、做出阶段核算、召开协调会议。控制点通常都是关键点，能最佳地反映目标。控制点一般设置在：①重要的里程碑事件上；②对工程质量、职业健康、安全、环境等有重大影响的工程活动或措施上；③对成本有重大影响的工程活动或措施上；④合同额和工程范围大、持续时间长的主要合同上；⑤主要的工程设备和主体工程上。

图 4-19 所示为项目控制系统过程示意图，现将各过程详述如下。

工程项目实施前准备工作包括：

1）各种许可证的办理。如建设用地规划许可证、建设工程规划许可证、建筑工程施工许可证等。

2）现场准备。现场准备很复杂，必须做周密的计划：①现场实施所必需的各种手续和许可的办理，如建设许可证及临时场地占用许可证等；②现场原有建筑物的拆除和场地平整，包括现场及周边受影响的电力线路、水管、煤气管道的动迁，各种名木古树的移栽，文物的保护；③现场及通往现场的道路疏通，施工用给排水管道和通信线路的铺设；④现场临时设施的布置及搭设。

3）实施条件准备：①劳动力的调遣、培训工作，配备、培训项目管理人员；②材料和工程设备的订货、采购、运输和进场；③施工设备与设施的调遣及进场安装，资金安排等；④全部必要的技术文件（包括规范、详细图样等）的提供和相应的会审工作等。前期工作必须有足够的时间，做详细的施工准备，不能盲目压缩该阶段工期。

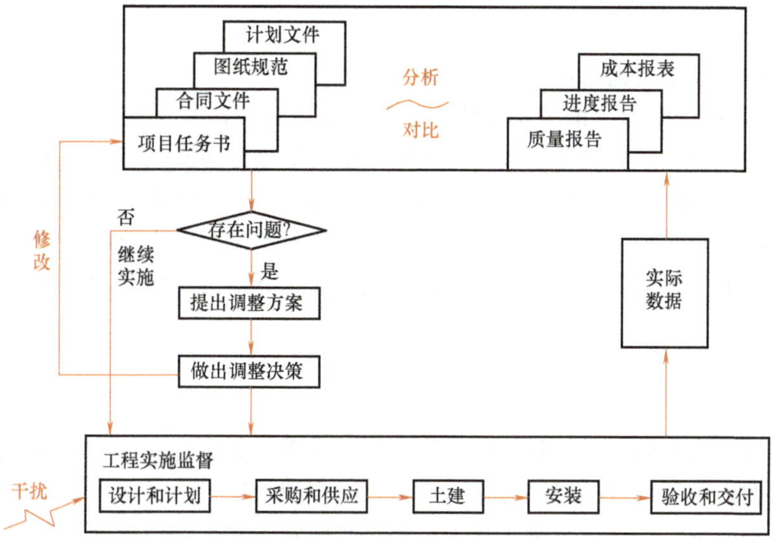

图 4-19　项目控制系统过程示意图

项目实施监督的主要内容包括：①批准项目工作，做工作安排；②提供工作条件，沟通各方面的关系，划分各方面责任界面，解释合同，处理矛盾；③监督项目实施，开展各种工作检查，例如，各种材料和设备进场及使用前检查，施工过程旁站监理，隐蔽工程、部分工程及整个工程检查、试验、验收；④预测工程过程中的各种干扰和潜在的危险，并及时采取预防性措施；⑤记录工程实施情况及环境状况，收集各种原始资料和项目实施情况的数据；⑥编制日报、周报、月报，并向项目相关者及时提供工程项目信息。

项目实施过程跟踪的主要内容包括：①通过对实施过程的监督获得反映工程实施情况的各种报告，获得有关项目范围、进度、费用、资源、质量与风险方面的信息，掌握现场情况，并将它与项目的目标、计划相比较，可以确定实际值与计划值的差距，认识何处、何时、哪方面出现偏差；②进行跟踪比较，必须采用与计划相同的对象和相同的内容，同时要有与项目目标要求一致的、能反映实际情况的报告体系，并保证报告的正确性、真实性和实用性；③计划和实际的计量单位不同，同时计划比较粗略，而且可能预计的风险没有发生，却发生了新的风险等，都可能引起分析的错误。

实施过程诊断是对项目健康状况的评价，为采取纠正偏差或预防偏差的措施提供依据：①对工程实施状况的分析评价，按照计划、项目早期确定的组织责任和衡量业绩的指标（如实物工程量、质量、责任成本、收益等），评价项目总体的和各部分的实施状况；②分析偏差产生的原因，如目标的变化，新的边界条件和环境条件，上层组织的干扰，计划错误，资源的缺乏，生产效率降低，新的解决方案，不可预见的风险发生等；③原因责任的分析，其依据是原定的目标分解所落实的责任，分析确定是否是由于项目组织成员未能完成规定的责任而造成偏差。偏差常常由多方面责任引起，或是多种原因的综合，则必须按责任人、按原因进行分解。

实施过程趋势分析包括：①偏差对项目的结果有什么影响，即按目前状况继续实施工程，不采取新的措施会有什么结果；②如果采取调控措施，以及采取不同的措施，工程项目将会有什么结果；③对后期可能发生的干扰和潜在的危险做出预测，以准备采取预防性措施。

对项目实施的调整措施通常有以下两大类：

1）对项目目标的修改，即根据新的情况确定新目标或修改原定的目标。例如，修改设计和计划，重新商讨工期、追加投资等，而最严重的措施是中断项目，放弃原来的目标。

2）按新情况（新环境、新要求、工程项目的实施状态）做出新的计划，利用技术、经济、组织、管理或合同等手段，调整实施过程，协调各单位、各专业的设计和施工工作。项目协调会议重要的任务就是工作调整，修改计划，安排下期的工作，预测未来的状况。

4.4 质量管理体系与工具

要想熟悉质量管理体系，必须先要了解工程项目质量的概念。在工程项目中，质量的概念主要包括两方面：①项目的最终可交付成果——工程的质量。②项目工作质量，其为阶段性成果，即过程质量。工程质量是工程项目整个实施和管理工作成果的综合体现，项目工作质量是工程质量的保证。所以，要实现项目总目标，必须达到过程（工作）质量和结果（工程）质量的统一。

但是工程项目质量管理与制造业产品生产质量管理有很大的区别。首先，制造业产品生产是一个不断循环优化的过程，在不断的产品使用、市场反馈、设计和制造改进过程中，产品日臻成熟，其生产过程也是标准化的、重复的过程。而且，工程项目质量形成过程是项目相关者共同参与的过程，工程建设任务有许多单位共同参与，存在各种专业的承包（如设计、土建施工、供应、安装等）和多级的分包（如专业工程和劳务分包、租赁），是高度的社会化生产和专业化分工的过程，但同时其生产方式又非常落后，有大量的手工和现场式作业，需要非常完备的经济承包责任制。这是工程建设过程自身的矛盾性。一旦工程质量出现问题，常常不仅会影响工程的使用效果和经济性，给用户带来不便，或者不能正常使用，而且会影响工程的安全性和稳定性。再者，质量问题大多是技术性的，如设计、施工方案、采购等工作，甚至许多书中介绍的质量管理的数理统计方法、检测方法和统计分析方法等在很大程度上属于技术和技术管理问题。

工程质量管理一般需要遵循以下基本原则：①项目的质量管理是全面的综合性工作，涉及所有的项目工作、项目组织成员、管理职能（工期管理、成本管理、组织管理、人力资源管理、采购管理等）和过程；②工程项目管理不是追求最高的质量和最完美的工程，而是追求符合预定目标、符合合同要求的工程；③质量控制的目标不是发现质量问题，而是应提前避免质量问题的发生，防患于未然，以降低质量成本；④通过完善质量管理体系和信用体系建设，通过严格的质量管理制度实现质量目标，加强主动控制，尽可能减少现场监督工作和重复的质量管理工作；⑤虽然项目是一次性的，但按照 PDCA 循环原理，项目质量管理应是一个持续改进的过程。

4.4.1　工程项目质量管理体系构建

根据 ISO 9000 的要求，企业的质量管理体系文件包括质量手册、程序文件、作业指导书和记录等，其中质量手册规定了企业的管理承诺、质量方针、质量目标、计划、实施过程控制、监督和检验及持续改进等，企业的质量管理体系文件结构如图 4-20 所示。

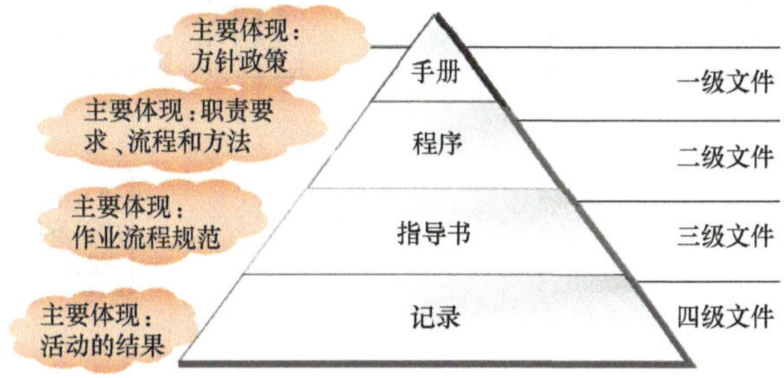

图 4-20　企业的质量管理体系文件结构

但是，项目的质量体系与企业的质量体系既有联系又有区别：①项目质量管理体系主要针对项目的整个实施过程和项目管理过程，通过严密而全面的计划和控制保证项目过程和工程的质量都能满足项目的目标；②由于项目的参加者众多，工程项目的质量管理体系涉及业主的工程建设质量管理体系和承包商（包括设计单位、供应单位、监理单位）的企业质量管理体系；③对许多项目参加者来说，项目工作又是企业业务的一部分，它的质量管理体系也是企业质量管理体系的一个组成部分，必须严格按照企业的质量管理体系文件的要求建立并实施项目质量管理体系；④项目质量管理体系又是项目管理系统的组成部分。

项目质量管理时，项目组织需要为项目制订一个共同的质量方针。质量方针是对项目的质量目标所做出的总体指导原则，它应符合所属企业、用户和业主（或投资者）的要求，并由项目参加者达成共识。除此之外，质量管理体系建设须有一定的依据，主要包括：①项目目标文件，如项目任务书、合同文件等，以确定各实施阶段的工作目标；②工程技术文件，包括设计文件，工艺文件，研究试验文件，工程涉及的标准、规范和规则；③项目范围描述，它主要说明业主（或投资者）的需求、工程范围和项目范围；④其他，如环境资料、项目实施策略、总体的实施安排、采购计划、分包计划等。

质量计划是具体实施质量方针、完成项目目标所制定的实施方案、质量措施、资源和活动的安排、相关管理工作的安排文件。质量计划的内容包括：①完成工程系统的实施方案文件；②质量管理组织设置；③项目质量管理工作流程和方法设计；④质量信息管理。

对于一个工程项目质量管理来说，其过程主要包括：①设置质量目标；②构建质量管理体系和编制质量计划；③监督项目的实施过程，检查实施结果，记录实施状况，将项目实施的结果与事先制定的质量标准进行比较，找出其存在的差距。经过检查、对比分析，决定是否接受项目的工作成果，对质量不符合要求的工作责令重新进行（返工）；④分析质量问题的原因，采取补救和改进质量的措施。工程项目质量管理的总体过程如图 4-21 所示。

工程质量受多种因素的干扰，其中，从宏观要素分析，主要影响因素有勘察设计、施工管理、建筑材料、项目人员、工程技术、工程费用、工程进度、施工机具、施工环境、社会环境和制度等。从项目过程的角度分析，根据国外实际工程项目统计，工程质量问题产生的主要原因及其所占比例为：设计问题占 40.1%；施工责任占 29.3%；材料问题占 14.5%；使用责任占 9.0%；其他占 7.1%。但是，工程质量最关键的影响因素是人，甚至许多技术、管理和环境等引起的质量问题，最终常常还是归结到人的因素上，如承包商、供应商、运行

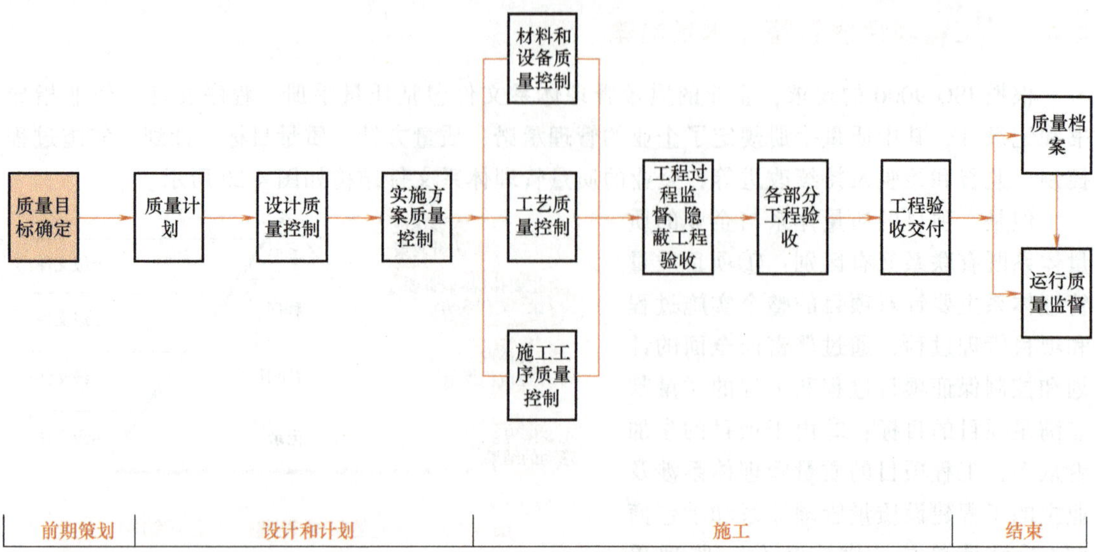

图 4-21　工程项目质量管理的总体过程

单位介入设计，以及各方介入计划的制定过程等。

4.4.2　设计质量的控制

工程设计决定工程的“形象”，是工程建设的灵魂。工程的设计质量不仅直接决定了工程最终所能达到的质量水准，而且决定了工程实施的秩序程度和费用水平。设计中的任何错误都会在计划、制造、施工、运行中扩展、放大，引起更大的失误。涉及工程设计的质量包括如下两个方面：①工程的质量标准，如工程质量定位，所采用的技术标准、规范，设计使用年限，工程规模和特性，达到的生产能力；②设计工作质量，即工程系统规划的科学性、设计成果的正确性、各专业设计的协调性、文件的完备性和计算的正确性。

确定工程质量要求是设计质量控制的前提，一般包括以下步骤：①确定工程总功能目标和总体技术标准；②编制设计任务书；③工程系统规划；④工程设计；⑤其他工作。例如，在相应的设计文件中还要指出达到质量目标的途径和方法，工程竣工验收时质量验收评定的范围、标准与依据，以及质量事故的处理程序和措施等。

设计工作质量的控制需要做好以下几点：

1）对设计基础资料的审查。

2）对各阶段设计成果应进行检查、审批、签章，包括：①设计工作及设计文件的完备性，应包括说明工程形象的各种文件，如各专业图样、规范、模型、概预算文件，设备清单和工程的各种技术经济指标说明等；②从宏观到微观上分析设计构思、设计工作、设计文件的正确性、全面性、安全性，识别系统错误和薄弱环节；③检查设计是否符合规范的要求，特别是强制性的规范，如防火、安全、环保、抗震的标准；④设计工作的检查不仅要有业主、项目经理、设计监理参与，而且应让施工单位、制造厂家、运行单位参加。

3）对一些规模大、技术复杂的工程，必须委托设计监理或聘请专家咨询，对设计进度和质量、设计成果进行审查。

4）由于设计单位对项目的经济性不承担责任，因此常常会从自身效益的角度出发尽快出方案、出图，不希望也不愿意做多方案的对比分析，这对项目的经济效益是不利的。

5）构建涵盖工程涉及的各个专业的集成化设计团队，保证各个专业之间有效沟通和协调配合。

6）尽量采用标准化的设计，采用标准的工艺和构件，降低项目的复杂性。

设计单位对设计的质量负责，设计单位的选择对设计质量具有根本性的影响，要特别予以重视。由于设计工作属于高智力型的、技术与艺术相结合的工作，其成果评价比较困难，且工程设计质量很难控制，设计方案及整个设计工作的合理性、经济性、新颖性等常常不能从设计文件（如图样、规范、模型）的表象反映出来。因此，设计单位必须具有与项目相符合的资质等级证书，而且本项目的设计必须在其业务范围内，还应具有本项目设计所需要的成熟技能和成功经验。

近年来，我国大力提倡科学发展观，发展循环经济，建设和谐社会和资源节约型社会。落实在工程建设过程中，就是要在工程的建设和运行中能够节约资源、优化费用、与环境协调和可持续发展，使工程在全寿命期内都经得起社会和历史的推敲。在这些方面，设计起着最重要的作用，需要对工程进行全寿命期设计。工程全寿命期设计就是以工程的设计、施工、运行直至拆除的全过程作为一个整体，使工程系统设计更符合“全寿命期”的要求。工程全寿命期设计的基本要求有：①使工程满足预定的功能目标，符合法律和环境的要求，在设计年限内实现它的使用价值；②保证工程功能的可靠性，可靠性高是指工程在运行时性能是稳定的，不会下降或消失，即不会出现“故障”，③工程的安全性，安全性是指工程在施工和运行过程中要保障人身安全不受威胁，不发生事故；④保证工程系统的协调性，使之能方便、高效率运行；⑤环境友好型设计；⑥人性化设计；⑦可施工性设计；⑧可维护性设计；⑨可扩展性设计；⑩防灾减灾设计。

那么如何落实工程全寿命期的设计？要做到以下几点：①规划、设计、施工（制造）和运行维护管理高度一体化；②在前期策划中要对工程进行全寿命期评价；③在设计合同时提出全寿命期设计的要求，以此作为设计单位的基本责任；④在工程运行过程中进行健康监控，持续进行工程健康诊断，将工程运行、扩建和健康诊断信息反馈到后续工程的规划、设计和施工工作中；⑤围绕工程全寿命期设计的各项要求，进行各个工程专业的技术创新和工程系统的集成创新，使工程全寿命期设计的要求转化为具体的各专业工程的技术规范。

4.4.3 施工质量的控制

工程施工中的质量控制属于生产过程的质量控制。施工阶段质量的影响因素多，过程和环节复杂，质量波动大，隐蔽性强，质量检查的局限性大。对于我国来说，施工生产方式大多较为落后，管理水平偏低，管理难度大。

工程施工质量控制有以下要点：

1）施工质量控制的关键因素是实施者，即施工承（分）包商。①承包商的技术水平、装备水平，所采用的措施和方法的适用性、科学性、安全性；②管理能力，特别关注施工项目经理、总工程师的经历、经验；③承包企业的质量管理体系，如是否经过国际质量管理标准认证；④以往工程的质量标准，企业等级、资信及企业形象、声誉等，将其作为评标、授予合同的一个重要指标。若承（分）包商、供应商的选择失误，则业主及项目经理对质量的控制将十分困难。

2）确定质量控制程序和权利。①质量控制程序和权利由合同条件、规范和项目管理规程规定；②应赋予项目管理者绝对的质量检查权，如：对承包商质量管理体系审查的权利，行使对质量文件的批准、确认、变更的权利，工程质量的常规检查、专项检查、非常规检查、现场检查及现场以外的结构件、设备、生产场地检查的权利，对不符合质量标准的工程处置的权利，返修后进行重新检验，按照检验结果再决定是否接受或拒绝的权利；③奖罚控制手段的应用。

3）技术文件的会审。①设计单位应对施工单位进行全面技术交底，让承包商了解设计的意图，鼓励承包商就设计文件提出合理化建议；②施工单位应在事前认真研究设计文件，全面理解设计意图，若发现设计文件存在问题，如矛盾、错误、二义性、说明不清楚或无法实施的地方，须在会审中提出，向设计单位质询或要求修改；③如果施工单位很多，通过会审可以解决他们之间的沟通问题，有利于发现各专业工程图样的不一致、错误和遗漏问题，能使各个承包商的实施方案协调一致；④在施工过程中，业主、设计单位和施工单位之间应建立畅通的沟通渠道，应有计划地沟通，及时解答施工单位对设计方案的疑问，解决设计变更、环境变化等问题。

4）编制科学的有可行性的施工组织设计。①应按照工程的特点、环境条件（如气候、地形、地质等）、现场施工条件（如水、电、路等）等状况编制，不能随意直接使用其他项目的方案；②对施工组织设计文件应进行审查，确保施工技术文件在技术上可行，以保证施工安全，满足工程质量和施工进度的要求；③施工方案、技术措施、工艺应是先进的，同时又是成熟的；④合理安排施工顺序，使相似的工作重复；⑤采用模拟方法，预先了解施工过程，现在通过 BIM 技术可以比较好地使施工过程可视化。

材料质量控制是工程质量控制的重点，工程施工时，必须要防止偷工减料，杜绝假冒伪劣材料进入工程项目中，这是材料质量控制最基本的要求。采购选择时，采购前要求提供样品，特别是对承包商（或分包商）自己采购的材料更应注意。样品经认可后必须封存，在供应到现场时，再做对比检查。尽可能选择有长期合作伙伴关系的供应商，这将有利于保证质量、保证供应、防范风险，同时要求供应商提供该产品相关的证书，对重要的、大批量供应或专项物资供应，可以派专门人员在生产厂区进行巡视，检查产品质量及生产管理系统，与供应商或生产厂家一起研究质量改进措施，验收产品，了解供应的可靠度，即供应商的生产（供应）能力、现已承接的业务数量和供应时间。产品入库和使用前必须进行检查。

施工过程中，必须进行质量检查和监督，实施单位（如承包商、供应商、工程小组）内部具有质量管理职能，通过生产过程的内部监督和调整及质量检查达到质量管理的效果。精益化施工过程，严格按照规范做好每一项工作，完善每一个环节。对隐蔽工程必须确保其在进入下道工序施工前，质量情况获得验证，符合工程质量要求。应严格控制设计变更，并评价其对费用和进度的影响，过多的变更必然会损害工程质量。应根据项目需要或业主的要求，组织相关人员按规定程序处理设计变更。

最后是工程验收和移交阶段，验收阶段主要包括：①设计阶段的质量验收；②工程施工阶段的质量验收；③工程竣工阶段的质量验收。在全部工程完成以后，业主组织力量或委托某些专业工程师对整个工程的实体和全部的施工记录资料进行交接检查，找出存在的问题，并为下一步的质量评定工作做好准备。在竣工阶段，竣工图样和文件的移交是一项十分重要的工作。竣工图样不仅可以作为工程实施状况和最终工程技术系统状况的证明文件，而且是一份重要的历史文件，对工程以后的使用、修理、改建及加固都有重要作用。最终由项目经理签发证书，则工程正式移交，承包商的工程施工任务才算结束，工程也就进入了保修阶段，工程的照管责任由承包商转移给业主，承包商才能进行竣工结算。

在项目结束阶段，同样需要进行质量管理，包括运行条件准备、试运行、缺陷责任与报修三大部分。其中，运行条件准备包括：①提供运行文件，包括工程运行（使用、操作）手册、维护要求、技术要求、使用条件说明；②培训操作人员及维护人员；③物资准备，包括生产用原材料、能源、设备运行的备用件等一切必要的生产条件，在承包（或供应）合同中应注明这些物资供应的责任人。试运行需要注意以下几点：①工程试运行是对整个项目的设计、计划、实施和管理工作的综合性的检验，应尽可能地按设计生产能力满负荷运行，以检验工程的实际运行功能；②在保修期中应定期派人进行系统检查，做好各种监测，因为项目运行初期几乎所有的质量问题都能暴露，所以能及时地按合同解决出现的问题；③试运行必须完全按照操作规程和规定的条件正常操作，否则质量问题的责任由运行单位负责；④对于运行中的质量管理，更重要的是通过各种措施保证工程设备良好的运行状态和高生产效率及低费用；⑤做好运行状态的全部记录，为落实保修责任做好准备。缺陷责任与报修的主要内容为：对运行初期的质量保证在很大程度上仍属于工程承包者的责任，一般工程承包合同都有保修期的规定。为了让承包商承担缺陷责任，常常有一笔保留金作为维修的保证。由于投产初期工程仍处于“孩提”时代，因此运行时很容易出现各种问题，这是与制造业产品不一样的。对具体的问题，必须进行原因分析，找出解决办法。在保修阶段一定要进行工程质量跟踪，及时找出运行中的问题，精确描述问题，以分析原因和责任。

鱼骨图是20世纪50年代初由日本著名质量管理专家石川馨教授提出的，也称为石川馨图、因果图。鱼骨图分析法是非常有效的质量管理方法，如图4-22所示。鱼骨图的英文名称为Fishbone Diagram或Cause and Effect Diagram。

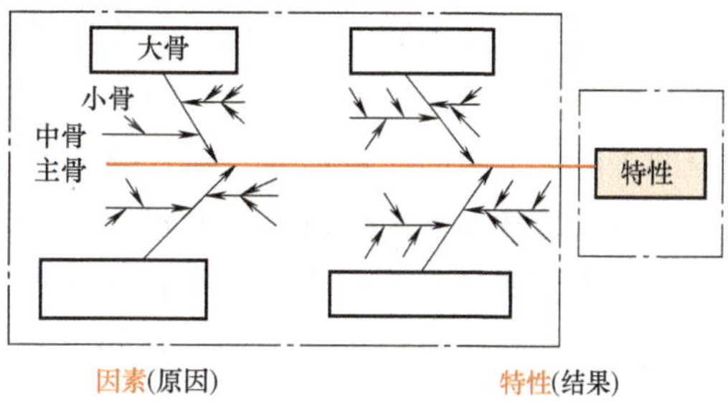

图4-22 鱼骨图分析法

鱼骨图是用来分析问题和原因之间的因果关系的，它是项目团队在揭示问题的根本原因的过程中需要完成的重要工作，有助于团队成员对问题达成共识，找出问题的潜在原因，明确问题的根本原因。

4.5 项目管理流程与PDCA循环

4.5.1 项目管理流程

项目先后衔接的各个阶段的全体称为项目管理流程。一个完整的项目管理流程如图4-23所示。

在项目管理过程中，启动阶段是开始一个新项目的过程。例如，启动信息技术（IT）的项目，必须了解企业组织内部在目前和未来的主要业务发展方向，这些主要业务将使用什么技术及相应的使用环境是什么；启动信息技术（IT）的项目的理由很多，但能够使项目

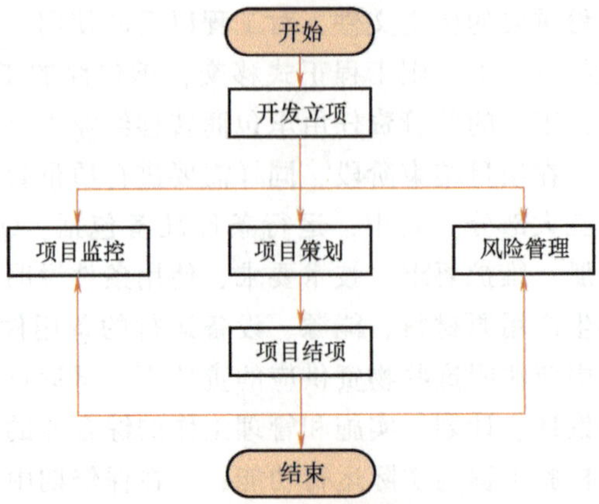

图 4-23 项目管理流程图

成功的最合理的理由一定是为企业现有业务提供更好的运行平台，而不是展示先进的 IT 技术。每个项目在一个阶段完成后，进入下一阶段之前必须要顺利地通过前面一个阶段的阶段关口控制。要将本阶段的关口控制文件或关口控制审批做好。随着项目不断地向前推进，项目的投入将越来越多。因此，每个阶段都要进行阶段性的审核或检查。上一阶段控制关口提供的文件将是下一阶段的启动文件。一般意义上的项目启动是在招投标结束、合同签订之后。

在项目管理过程中，计划的编制是最复杂的阶段，项目计划工作涉及十个项目管理知识领域。在计划编制的过程中，可以看到后面各阶段的输出文件。计划的编制人员要有一定的工程经验，在计划制订出来后，对于项目的实施阶段将严格按照计划进行控制。今后的所有变更都将是因与计划不同而产生的，也就是说项目的变更控制将是参考计划阶段的文件而产生的。一些企业为了追求所谓的低成本、高收益，压缩项目计划编制时间，将会导致后期实施过程的频繁变更。

项目实施阶段是占用大量资源的阶段，此阶段必须按照上一阶段制订的计划采取必要的活动，来完成计划阶段确定的任务。在实施阶段中，项目经理应将项目按技术类别或按各部分完成的功能分成不同的子项目，由项目团队中的不同成员来完成各个子项目的工作。在项目开始之前，项目经理向参加项目的成员发送任务书。任务书中规定了要完成的工作内容、工程的进度、工程的质量标准、项目的范围等与项目有关的内容，任务书还包含项目使用方主要负责人的联系方式及地址等内容。

项目的收尾过程涉及整个项目的阶段性结束，即项目的干系人对项目产品的正式接收。应使项目井然有序地结束，这期间还包含所有可交付成果的完成，如项目各阶段产生的文档、项目管理过程中的文档、与项目有关的各种记录等，同时还要通过项目审计。在项目的收尾阶段中的主要活动是，整理所有产生出的文档并提交给项目建设单位。收尾阶段的结束标志是项目总结报告。项目的收尾阶段是一个项目很重要的阶段，如果一个项目前期及实施阶段都做得比较好，但是没有重视项目的收尾阶段，那么这个项目就会给人虎头蛇尾的感觉，即使项目的目标已达到，但项目好像并没有完结。所以一个项目的收尾是非常重要的，项目的收尾做得好，会给项目的所有干系人一个安全感。项目的收尾还有一个重要的任务，就是要对本项目有一个全面的总结，这个总结不仅是对本次项目的一个全面的总结，同时也为今后的项目提供了一个可以参考的案例。

项目在收尾阶段结束后，将进入到后续的维护期。项目的后续维护期的工作，将是保证信息技术能够为企业中的重要业务提供服务的基础，也是使项目产生效益的阶段。在项目的维护期内，整个项目的产品都在运转，特别是时间较长后，系统中的软件或硬件有可能出现损坏，这时需要维护期的工程师对系统进行正常的日常维护。维护期的工作是长久的，将一直持续到整个项目结束。

4.5.2　PDCA 循环的概念及过程

PDCA 循环是美国质量管理专家休哈特博士首先提出的，由戴明采纳、宣传并将其普及，所以又称为戴明环。全面质量管理的思想基础和方法依据就是 PDCA 循环。PDCA 循环的含义是将质量管理分为四个阶段，即计划（Plan）、执行（Do）、检查（Check）、处理（Act）。在质量管理活动中，要求把各项工作做出计划、计划实施、检查实施效果，然后将成功的纳入标准，不成功的留待下一循环去解决。这一工作方法是质量管理的基本方法，也是企业管理各项工作的一般规律。

PDCA 循环如图 4-24 所示，具体而言：

1）P（Plan，计划），包括方针和目标的确定，以及活动规划的制订。

2）D（Do，执行），根据已知的信息，设计具体的方法、方案和计划布局；再根据设计和布局，进行具体运作，实现计划中的内容。

3）C（Check，检查），总结执行计划的结果，分清哪些对了、哪些错了，明确效果，找出问题。

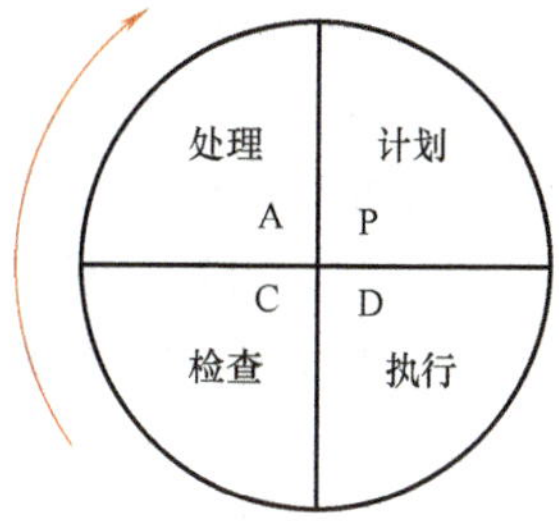

图 4-24　PDCA 循环

4）A（Act，处理），对总结检查的结果进行处理，对成功的经验加以肯定，并予以标准化；对于失败的教训也要总结，引起重视。对于没有解决的问题，应提交给下一个 PDCA 循环去解决。

以上四个过程不是运行一次就结束，而是周而复始地进行，一个循环结束了，解决一些问题，未解决的问题进入下一个循环，呈阶梯式上升的趋势。

PDCA 循环是全面质量管理所应遵循的科学程序。全面质量管理活动的全部过程，就是质量计划的制订和组织实现的过程，这个过程就是按照 PDCA 循环，不停顿地周而复始地运转的。接下来详述 PDCA 的循环过程。

1. P 阶段

P 阶段是根据顾客的要求和组织的方针，为提供结果建立必要的目标和过程。

（1）选择课题、分析现状、找出问题　本阶段强调的是对现状的把握和发现问题的意识、能力，发现问题是解决问题的第一步，是分析问题的条件。新产品设计开发所选择的课题范围是以满足市场需求为前提，以企业获利为目标的。同时也需要根据企业的资源、技术等能力来确定开发方向。

课题是本阶段研究活动的切入点，课题的选择很重要，如果不进行市场调研，论证课题的可行性，就可能带来决策上的失误，有可能在投入大量人力、物力后造成设计开发的失败。例如：一个企业如果对市场发展的动态信息不敏感，可能花大力气开发的新产品在另一个企业已经是普通产品，就会造成人力、物力、财力的浪费。选择一个合理的项目课题可以减少研发的失败率，降低新产品投资的风险。选择课题时可以使用调查表、排列图、水平对比等方法，使头脑风暴能够呈现较直观的信息，从而做出合理的决策。

（2）确定目标，分析产生问题的原因　找准问题后分析产生问题的原因至关重要，运用头脑风暴法等多种集思广益的科学方法，把导致问题产生的所有原因统统找出来。明确了研究活动的主题后，需要设定一个活动目标，也就是规定活动所要做到的内容和达到的标准。目标可以是定性和定量化的，能够用数量来表示的指标要尽可能量化，不能用数量来表示的指标也要明确。目标是用来衡量实验效果的指标，所以目标的设定应该有依据，要通过充分的现状调查和比较来获得。例如：要开发一种新药，必须掌握和了解政府部门所制定的新药审批政策和标准。制定目标时可以使用关联图、因果图来系统化地揭示各种可能之间的联系，同时使用甘特图来制订计划时间表，从而可以确定研究进度并进行有效的控制。

(3) 提出各种方案并确定最佳方案，区分主因和次因是最有效解决问题的关键 创新并非单纯指发明创造的创新产品，还可以包括产品革新、产品改进和产品仿制等。其过程就是设立假说，然后去验证假说，目的是从影响产品特性的一些因素中寻找出好的原料搭配、好的工艺参数搭配和工艺路线。然而现实中不可能把所有想到的实验方案都实施，所以提出各种方案后进行优选并确定出最佳的方案是比较有效率的方法。正交试验设计法、矩阵图都是进行多方案设计中效率高、效果好的工具方法。

(4) 制订对策、制订计划 有了好的方案，其中的细节也不能忽视，计划的内容如何完成好，需要将方案步骤具体化，逐一制订对策，明确回答出方案中的“5W1H”，即：为什么制订该措施（Why）、达到什么目标（What）、在何处执行（Where）和由谁负责完成（Who）、什么时间完成（When）和如何完成（How）。使用过程决策程序图或流程图，分解方案的具体实施步骤。

2. D 阶段

D 阶段的主要工作即按照预定的计划、标准，根据已知的内外部信息，设计出具体的行动方法、方案，进行布局。再根据设计方案和布局，进行具体操作，努力实现预期目标。产品的质量、能耗等是设计出来的，通过对组织内外部信息的利用和处理，做出设计和决策，是当代组织最重要的核心能力。对策制订完成后就进入了试验、验证阶段，也就是做的阶段。在这一阶段除了按计划和方案实施外，还必须要对过程进行测量，确保工作能够按计划进度实施。同时建立起数据档案，收集过程的原始记录和数据等项目文档。

3. C 阶段

C 阶段即确认实施方案是否达到了目标。方案是否有效、目标是否完成，需要进行效果检查后才能得出结论。将采取的对策进行确认后，对采集到的数据进行总结分析，把完成情况与目标值进行比较，看是否达到了预定的目标。如果没有出现预期的结果，应该确认是否严格按照计划实施对策，如果是，就意味着对策失败，那就要重新进行最佳方案的确定。

4. A 阶段

(1) 标准化，固定成绩 标准化是维持企业治理现状不下滑，积累、沉淀经验的最好方法，也是企业治理水平不断提升的基础。可以这样说，标准化是企业治理系统的动力，没有标准化，企业就不会进步，甚至下滑。对已被证明的有成效的措施，要进行标准化，制订成工作标准，以便以后执行和推广。

(2) 问题总结，处理遗留问题 所有问题不可能在一个 PDCA 循环中全部解决，遗留的问题会自动转进下一个 PDCA 循环，如此，周而复始，螺旋前进。处理阶段是 PDCA 循环的关键，因为处理阶段就是解决存在问题、总结经验和吸取教训的阶段。该阶段的重点又在于修订标准，包括技术标准和管理制度。没有标准化和制度化，就不可能使 PDCA 循环转动向前。

4.5.3 PDCA 循环的特点

PDCA 循环可以使我们的思想方法和工作步骤更加条理化、系统化、图像化和科学化。它具有如下特点：

1）大环套小环，小环保大环，推动大循环。PDCA 循环作为质量管理的基本方法，不仅适用于整个工程项目，也适用于整个企业和企业内的科室、工段、班组及个人。各级部门根据企业的方针目标，都有自己的 PDCA 循环，层层循环，大环套小环，小环里面又套更小的环。大环是小环的母体和依据，小环是大环的分解和保证。各级部门的小环都围绕着企业的总目标朝着同一方向转动。循环把企业上下或工程项目的各项工作有机地联系起来，彼此协同，互相促进。

2）不断前进，不断提高。PDCA 循环就像爬楼梯一样，一个循环运转结束，生产的质量就会提高一步，然后再制订下一个循环，再运转、再提高，不断前进，不断提高。

3）门路式上升。PDCA 循环不是在同一水平上循环，每循环一次，就解决一部分问题，取得一部分成果，工作就前进一步，水平就提升一些。每通过一次 PDCA 循环，都要进行总结，提出新目标，再进行第二次 PDCA 循环，使品质治理的“车轮”滚滚向前。

但是，随着更多的项目在管理中应用 PDCA 循环，在运用的过程中，人们发现了很多 PDCA 循环的缺点。因为 PDCA 循环中不含有人的创造性的内容，它只是指导人如何完善现有工作，所以这会导致惯性思维的产生，习惯了 PDCA 循环的人很容易按流程工作，因为没有什么压力让他来实现创造性。因此 PDCA 循环在实际的项目中会存在一些局限。

总的来说，在质量管理中，PDCA 循环得到了广泛的应用，并取得了很好的效果，因此有人称 PDCA 循环是质量管理的基本方法。之所以将其称为 PDCA 循环，是因为这四个过程不是运行一次就完结，而是要周而复始地进行。一个循环结束了，解决了一部分的问题，可能还有其他问题尚未解决，或者又出现了新的问题，再进行下一次循环。“计划-执行-检查-处理”的管理模式，体现着科学认识论的一种具体管理手段和一套科学的工作程序。PDCA 循环管理模式的应用对于人们提高日常工作的效率有很大的益处，它不仅可以在质量管理工作中应用，同样也适用于其他各项管理工作。

4.6 项目的信息化管理

人类利用数据来记录世界，但是数据本身只是一个符号，只有当它经过处理、解释，对外界产生影响时才成为信息。信息是以数据形式表达的客观事实，它是对数据的解释，反映事物的客观状态和规律。信息是项目决策、计划、控制、沟通、评价的基础，它必须符合管理的需要，要有助于项目管理系统的运行。

工程项目有四种信息流，即工作流、物流、资金流和信息流。项目作为一个开放系统，它与外界环境有大量的信息交换：

1）与外界的信息交换。一方面，由外界输入大量信息，如物价信息、市场状况信息、周边情况信息及上层组织（如企业、政府部门）给项目的指令、对项目的干预等，项目相关者的意见和要求等；另一方面，项目向外界输出大量信息，如项目状况的报告等。

2）项目内部的信息交换。有两种信息渠道，一是正式的信息渠道，通过正式的组织程序，按组织规定的途径和方式进行沟通；二是非正式的信息渠道，通过正式组织程序以外的各种渠道了解情况。

工程项目信息管理是指在建设工程项目的各个阶段，为了正确开发和有效利用工程信息，对工程项目信息的收集、整理、储存、加工、传递与应用等一系列工作的总称。其主要任务包括：①建立项目信息管理系统，设计项目实施和项目管理中的信息流和信息描述体系；②在项目实施过程中保证信息系统正常运行，并控制信息流，通过各种渠道收集信息，如现场调查问询、观察、试验，以及阅读报纸、杂志和书籍等；③项目信息的加工与处理；④项目信息的传递，向相关方提供信息，保证信息传递渠道畅通；⑤信息的储存和文档管理工作。

4.6.1 项目管理信息系统

在项目管理中，管理信息系统是将各种管理职能和管理组织相互沟通并协调一致的系统。项目管理信息系统是由项目的信息、信息流通和信息处理等各方面综合构成的，它包括项目过程中信息管理的组织（人员）、相关的管理规章、管理工作流程、软件、信息管理方法（如储存方法、沟通方法、处理方法）及各种信息和信息的载体等。建立管理信息系统，并使它顺利地运行，是项目经理的责任，也是其完成项目管理任务的前提。

项目管理信息系统的总体结构描述了项目管理信息系统的构成。图 4-25 所示为某工程项目管理信息系统的构成。

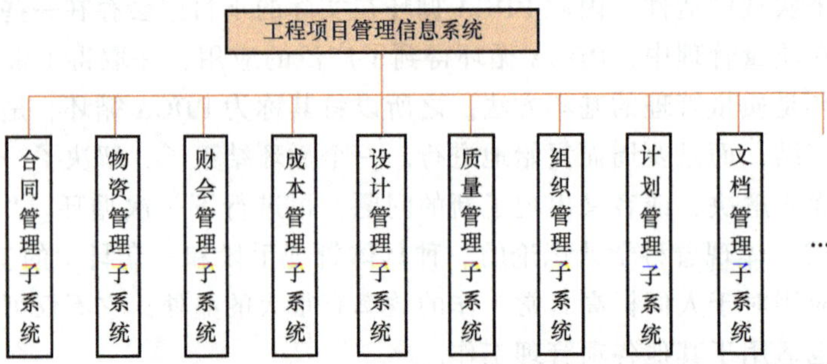

图 4-25　某工程项目管理信息系统的构成

项目管理信息系统包括如下主要功能：①在项目进程中，不断收集项目实施状况和环境的信息，特别是项目实施状况的原始资料和各种数据；②对数据进行整理，得到各种报告；③对数据进行分析研究并得到供决策使用的信息；④做出对项目实施过程调整的决策，发出指令，或调整计划，或协调各方面的关系，以控制项目的实施过程。有效的项目管理更多地依靠信息系统的结构和运作。

4.6.2 工程项目报告系统

工程项目的报告系统要解决两个问题，一是罗列项目过程中应有的各种报告，并使之系统化；二是确定各种报告的形式、结构、内容、数据、信息采集和处理方式，尽量标准化。在编制工程计划时，就应当考虑需要的各种报告及其性质、范围和频次，并在合同或项目手册中确定。同时，原始资料应一次性收集，以保证相同的信息有相同的来源。并且，报告应从最低层开始，最基础的来源是工程活动，包括工程活动的完成程度、工期、质量、消耗、费用等情况记录，以及试验验收检查记录。上层的报告应按照项目工作分解结构和组织结构层层归纳、浓缩，形成金字塔形的报告系统。

通常来说，工程项目报告可以分为以下几类：①日常报告；②针对项目工作结构的报告；③专门内容（或特殊事件）报告；④特殊情况报告。工程报告具有很重要的作用，具体而言可以归纳为以下几点：①作为决策的依据，报告可以使人们对项目计划、实施状况及目标完成程度有深入的了解，由此可以预测未来，使决策迅速而准确；②用来评价项目，评价过去的工作及阶段成果；③总结经验，分析项目中的问题，特别是在每个项目阶段或项目结束时都应有一个内容详细的分析报告，以持续改进；④通过报告激励各参加者，让大家了解项目成果；⑤提出问题，解决问题，安排后期的计划；⑥预测将来的情况，提供预警信息；⑦作为证据和工程资料；⑧公布信息，如向项目相关者、社会公布项目实施状况的信息报告。

现实中，工程项目报告有一定的要求：①与目标一致，报告的内容和描述必须与项目目标一致，主要说明目标的完成程度并围绕目标存在的问题；②符合特定的要求，不同的参加者需要不同内容、频率、描述、详细程度的报告，以此确定报告的形式、结构、内容、处理方式和用途；③规范化、系统化，应完整地定义报告系统结构和内容，对报告的格式、数据结构进行标准化，采用统一形式的报告；④真实有效，应确保工程项目报告的真实性、有效性和完整性；⑤清晰明确，应确保内容完整、清晰，不模棱两可，各类人员均能正确接收并完整理解，尽量避免造成理解和传输过程中的错误；⑥报告的侧重点要求。

4.6.3 工程项目文档管理

对工程项目的文档进行管理是指对作为信息载体的资料进行有序的收集、加工、分解、编目、存档，并为项目各参加者提供专用的和常用的信息的过程。文档系统是管理信息系统的基础，是管理信息系统高效运行的前提条件。

文档系统的建立主要包括两个方面的工作。一方面的工作是资料特征标识。在项目实施前，就应专门研究并建立该项目的文档编码体系。项目管理中的资料编码内容主要包括：①有效范围，说明资料的有效范围和使用范围，如属某子项目、功能或要素；②资料种类，外部形态不同的资料，如图样、书信、备忘录等，以及特点不同的资料，如技术的、商务的、行政的等；③内容和对象，资料的内容和对象是编码的重点，对一般项目，可用项目工作分解结构作为资料的内容和对象；④日期或序号，相同有效范围、相同种类、相同对象的资料可通过日期或序号来表达，如对书信可用日期或序号来标识。另一方面的工作就是建立索引系统。为了方便使用资料，必须建立资料的索引系统，类似于图书馆的书刊索引。项目相关资料的索引一般可采用表格形式。在项目实施前，牵引系统就应被专门设计。如果需要查询或调用某种资料，即可根据索引寻找。

4.6.4 项目管理中的软信息

软信息是指很难通过正规的信息渠道获得和沟通的信息。例如：参加者的心理动机、期望和管理者的工作作风、爱好、习惯、对项目工作的兴趣、责任心；项目组织成员之间的融洽程度，热情或冷漠，甚至软抵抗；项目的软环境状况；项目的组织程度及组织效率等。

软信息在项目的决策、计划和控制中起着很大的作用，它能更快、更直接地反映深层次的、根本性的问题，而通常的硬信息只能说明现象。同时，软信息也有表达能力，主要是对项目组织、项目参加者行为状况的反映，能够预见项目的危机，可以说它对项目未来的影响比硬信息更大。在项目管理的决策支持系统和专家系统中，必须考虑软信息的作用和影响，通过项目的整体信息体系来研究、评价项目问题，做出决策，否则这些系统是不科学的，也是不适用的。软信息还可以更好地帮助项目管理者研究和把握项目组织，完成对项目组织的激励。

项目管理中的软信息具有很鲜明的特点：①软信息尚不能在报告中被反映出来或完全正确地反映，缺少表达方式和正常的沟通渠道，所以只有管理人员亲临现场，参与实际操作和小组会议时才能发现并收集到软信息；②由于无法准确地描述和传递，软信息的状况只能由各自领会，仁者见仁，智者见智，导致决策的不确定性；③由于软信息很难表达，不能传递，很难进入信息系统沟通，则软信息的使用是局部的；④软信息目前主要通过非正式沟通来影响人们的行为，例如人们对项目经理专制作风的意见和不满，会互相诉说，以软抵抗对待项目经理的指令、安排；⑤软信息必须通过人们的模糊判断，通过人们的思考来做信息处理，常规的信息处理方式是不适用的。

通常来说，人们通过以下方式来获取软信息：①观察，通过观察现场及人们的举止、行为、态度，分析他们的动机，分析组织状况；②正规的询问，征求意见；③闲谈、非正式沟通；④要求下层提交的报告中必须包括软信息内容并定义说明范围。这样上层管理者能获得软信息，同时让各级管理人员有软信息的概念并重视它。

4.6.5 现代信息技术在项目管理中的应用

现代信息技术的广泛应用是项目管理现代化的主要标志之一。在工程项目中，所应用的现代信息技术最主要的是计算机技术、通信技术和传感技术，具体来说是计算机硬件、工程项目相关的应用软件及管理信息系统、互联网和通信工具等。

现代信息技术的发展对项目管理产生了重要的影响。采用现代信息技术可以大量地储存信息，快速地处理和传输大量信息，实现项目信息的实时采集和快速传输，使项目管理系统能够高速有效地运行，使人们能更高效地进行资源优化配置，提高了项目实施和管理效率。由于现代信息技术有更大的信息容量，拓展了人们信息来源的宽度和广度。这在很大程度上提高了信息的可靠性和项目的透明度，不仅可以减少信息的加工和处理工作，而且能避免信息在传输过程中的失真现象，为项目实施提供高质量的信息服务。现代信息技术加快了项目管理系统的反馈速度和反应速度，人们能够及时地发现问题，及时地做出正确决策，从而降低了项目管理的成本，提高了项目管理的水平和效率。借助现代信息技术，人们能够进行复杂的计算和信息处理工作，如网络分析、资源和成本的优化、线性规划等，促使一些现代化的管理手段和方法在项目中获得卓有成效的应用。此外，现代信息技术能使项目管理实现高效率、高精确度和低成本，从而减少管理人员数目。现代信息技术实现了项目参加者之间、项目与社会各方面及项目各个管理部门的联网，这对项目组织结构、组织程序、沟通方式、组织行为和管理方式都是一种根本性变革。计算机虚拟现实使项目的实施过程和管理过程可视化，使项目计划的准确性增加，同时为风险管理提供了很好的方法、手段和工具，使人们能够对风险进行有效而迅速的预测、分析、防范和控制。现代信息技术为项目管理系统集成提供了强大的技术平台，使人们能够更科学、方便地开展项目管理。

值得注意的是，现代信息技术虽然加快了工程项目中信息的传输速度，使人们的沟通更为快捷，可以更方便地获得信息，但对项目组织的要求越来越高，需要人们有较高的素质，项目成员应自律、诚实守信，并具有团队精神，否则会带来如下问题：①削弱正式信息沟通方式的效用，容易造成各个部门各行其是，造成总体协调的困难和行为的离散；②容易带来信息污染，上层领导被无用的、琐碎的信息包围，同时又没有决策所需要的信息；③会干扰人们对上层指令、方针、政策、意图的理解，造成执行上的不协调；④人们更多地依赖计算机和互联网获取信息，忽视面对面的沟通，使项目管理的过程和工作环境缺乏人性化，这会使项目的组织关系冷漠，影响项目组织行为。

项目管理中的应用软件主要包括：①以网络技术为核心的项目管理软件包；②专用的工具软件；③工作岗位软件；④计算机辅助项目管理教学软件；⑤计算机联网软件。

网络技术软件包是工程项目管理中开发和应用最早的软件，是对项目进行计划和控制过程中最重要的软件。它目前在技术上已相当成熟，应用也十分广泛。许多软件包被称为项目管理软件包，尽管功能有些增加，但实质上都属于这一类，如 Oracle Primavera P6、Microsoft Project 2013、Artemis、PLUS EINS、Open Plan、Assure 及我国的梦龙软件等。其主要功能包括以下几个方面：①项目的定义；②工期计划和控制；③成本计划和控制；④资源计划和控制；⑤输出功能；⑥其他功能，例如文字的编辑功能，与其他系统的良好信息接口等。

专用的工具软件包括：①合同管理软件；②风险分析软件；③项目评价软件；④文档管理软件；⑤项目后勤管理软件；⑥成本结算、预算和成本控制软件；⑦工程师应用软件；⑧其他专用软件，例如，库存管理软件、现场管理软件、质量管理软件、索赔管理软件等。

工作岗位软件包括：①文本处理软件；②表处理软件，主要用作各种统计、运算工作，在成本管理中经常用到这种软件；③制图软件，这是通用的制图软件，在项目管理中，97%的专家认同该软件；④数据库软件；⑤集约化的工作岗位软件。

计算机辅助项目管理教学软件包括：①项目管理软件包使用的教学软件，一般每个软件包都有相应的教学软件，以对购买者进行教学培训；②模拟决策系统；③训练专家系统，它应用于许多领域，例如，可以模拟各种环境状况，提供各种方案，让学生进行对策研究，综合评判。

计算机联网软件包括：①通信软件；②局域网和广域网；许多项目管理软件包都有网络版，可以联网使用；③电子邮件（E-mail）；许多项目管理软件包都有直接收发电子邮件的功能。

目前，信息技术在项目管理中涌现出一些新的发展。

1）集成化项目管理系统软件的开发和应用。例如，将建筑工程项目的技术设计（设计CAD）、概预算、网络计划、资源计划、成本计划、会计核算、现场管理、采购管理、施工项目的事务性管理软件等综合起来，提供完备的事务处理过程和信息处理过程。集成化的项目管理系统使业主和承包商、设计单位、项目管理单位在统一的系统平台上实现信息的无障碍沟通，使工程全寿命期（从前期策划、设计和计划，到施工准备，再到施工、竣工和运行）的信息沟通无障碍，实现了项目的各个职能管理之间无障碍的信息处理和流通过程。集成化管理能够提高项目管理的系统效率，大大提升项目管理的水平。但同时对项目管理系统的要求也越来越高，因为它需要高度规范化的项目管理。有代表性的是项目信息门户

（Project Information Portal，PIP）的应用。它为项目参与各方在互联网平台上提供了一个获取个性化项目信息的单一入口，从而为项目参与各方提供一个高效率的信息交流和共同工作的平台。项目信息门户示意图如图 4-26 所示。

2）建筑信息模型（Building Information Modeling，BIM）。BIM 是以三维数字技术为基础，用数字化模型描述和表现建筑工程系统，将空间（几何）数据、物理（功能）特性、施工要求、物料消耗、价格资料等相关信息组织起来，作为整个工程的数据资料库或信息集合。通过数字化技术，将工程系统的三维（3D）空间信息扩展到多维（nD），如进度维、费用维、光维、热维、安全管理维、节能维、运行维和设施管理维等。BIM 技术能够从根本上改变建筑工程信息的构建方式和过程，保证在工程全寿命期中数据的一致性，有利于设计-施工-运行维护的一体化，以及工程全寿命期的信息集成化。BIM 包含整个工程系统的基本形象、物理、功能、技术、经济、管理、合同等各方面信息，能够满足工程规划、各专业工程设计、施工方案设计、工程建设管理、工程运行维护和设施管理等方面的信息需要。BIM 示意图如图 4-27 所示。

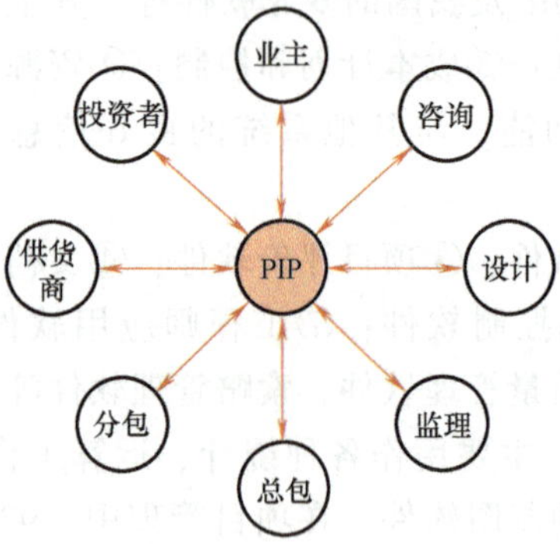

图 4-26　项目信息门户示意图

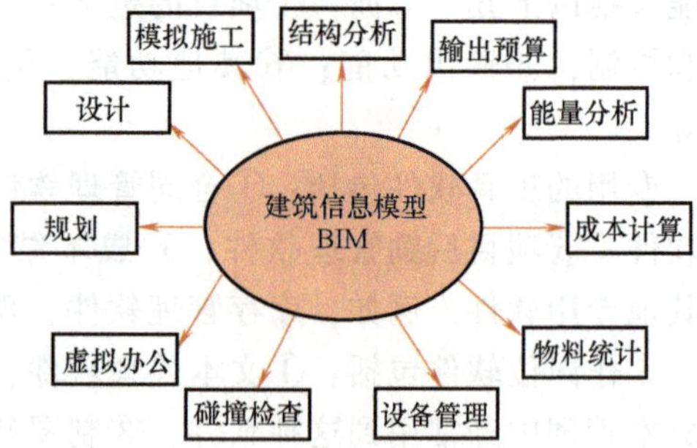

图 4-27　BIM 示意图

3）一些其他方面的新发展。例如，对工程有许多新的要求，如增加新的工程类型、新的功能、新的专业工程系统，增加工程系统的复杂性。再例如，扩展信息处理能力和存储能力，扩大信息的范围和集成性，能够解决项目相关者信息孤岛和信息不对称问题。还有，实现建设过程高度的数字化，将设计、施工技术、施工过程、组织、材料、设备、现场、环境状况进行数字化表达，信息实时收集、传递、处理、执行，以实现智能化监督、跟踪、诊断和问题处理，可以以更加精细化和动态化的方式管理施工过程，特别是能够促进知识管理、危机管理、库存管理、风险管理的管理水平提升。

我们的征途——中国探月工程

我们的征途——中国探月工程

我们的征途——中国探月工程

第 5 章

报联商的意义与技巧

5.1 报联商的起源

“报联商”是一种商业文化，属于管理工具，这种概念性的提法于 20 世纪 80 年代中期诞生于日本。1986 年，日本山种证券公司的社长（总经理）山崎富治先生出版了一本名为《报联商能把公司做强》的书，把请示、汇报这件事归纳总结为“报联商”三个字，并做出了论述。它迅速被敏感的媒体注意，于是，财经类报刊上就此展开了广泛的探讨和研究。

由于具有合理性、实战性的沟通效果，借助媒体的力量，“报联商”在 20 世纪 90 年代初期迅速风靡日本社会，特别在商务领域里。企业纷纷采用“报联商”，将其大量实践，并在沿用、普及的过程中不断地将其发展、完善。民间培训公司开专题讲座，专业人士开专题研讨会，更有人出书论述。在大阪这样重视经济的地区，甚至有人发起成立了“报联商协会”，大力普及深化这项技巧。如今该协会拥有众多的企业、事业单位和个人会员，定期举办活动，出版书刊。

至今，这种商业文化诞生已近 40 年，其理论和实践经过长年的推行进化已趋成熟。它已定格成了当今日本社会通用的一种沟通工具，形成了支撑现代信息化社会活动的一根重要支柱。

“报联商”这种沟通方式是由日本人提出并在日本社会率先实践、成形和定格的，但是，由于它能够通用于任何一个有上下级关系的团队，因此，无论是中国企业还是欧美企业，无论是政府机构还是国营或者民间企业，无论是盈利公司还是慈善机构，哪怕是在寺院庙宇里，只要有上下级关系存在，需要人际沟通的地方，“报联商”的一些观念、行为和技能就能够通用。

5.2 报联商的意义

“报联商”不仅可以改善团队内部关系，以及与客户间的关系，还直接关系到个人和团队的目标达成、竞争力、业绩提高等诸多事项。

而近年来，由于客户需求的多样化和快速化，许多团队对“报联商”又增加了一些新的认识，并且更加重视了。归根结底，是客户的需求发生了巨大的变化。为了达成目标并维持团队的持续发展，对于客户的需求，都必须准确快速地做出反应。

随着信息渠道的迅猛发展，相比以往，现在的客户需求变得更加多样化，例如很多行业的交货期从以前的1个月或1周变成了现在的1天，诸如此类对速度和时间的要求也越发严格。

该如何应对这样的需求呢？方法就是，在团队内部彻底落实“报联商”。因为在团队内部的交流沟通尚不顺畅的情况下，是无法满足客户更高的需求的。所以，“报联商”既是顺利地传达信息的手段，也是团队在决定方针时的重要判断因素。

总之，团队内部迅速准确的信息交换，才是目标达成、团队发展、个人成长的关键。“报联商”是工作中最基础的部分，也是最为重要的课题。

5.3 报联商的定义

“报联商”三者各自的定义如下：

1）报告。报告是指将事件的结果和经过告知上级，让他们知晓情况，以便获得指示。

2）联络。联络就是日常的交往，把与该事有关的事实和信息不加任何修饰地如实通告给有关人员。把自己的心情、意见和现状等信息通知对方，希望对方跟自己有同样的信息和感觉，以期建立互信。

3）商谈。商谈是指遇到问题，自己难以判断或者在自己的能力和资源范围内无法解决时，征求上级领导和同事的参考意见与建议，达成共识。商谈发挥的是团队的作用。这里的商谈并不是商务洽谈，而是商量、讨教的概念。商谈在不同情况下存在变体，如果和上级商谈，就称为“请示”；如果和同事、有经验的员工商谈，就称为“请教”；如果和好朋友商谈，就称为“出出主意”。

那么接下来，就从这三个维度来看看怎么做好报告、联络、商谈。获得指示、共享互信、达成共识是希望通过做好报告、联络、商谈能达到的结果。换句话说，要想达到目标，必须做好“报联商”。

5.4 如何做好报联商

5.4.1 学习“报告”的技巧——获得指令

1. 什么时候需要报告

“报联商”不仅对个人，而且对整个团队的目标达成都能起到十分重要的作用。为了让上级领导和同事做出更准确的判断，在“报联商”中尤其需要被重视的就是报告。报告是工作进行中随时的行为，是工作上的一种义务。为了能对客户的需求做出准确的判断，对于上级来说，来自全体部下的准确报告是必不可少的。

报告首先要做的就是“准确地汇报上级领导想要的信息”。需要注意的是，报告并不是汇报自己想要汇报的内容，而是直接地汇报对方想要的信息。更具体地说就是，应该对于上级领导的指示与命令，给出汇报目前状况的中间报告，以及汇报最终结果的结果报告，即目前的状况是什么，在此基础上下一步需要做什么。上级领导就是要依据这些报告，及时来决定下一步的对策。部下必须做出对上级领导决策有用的、准确的报告。正因为如此，“坏消息要趁早报告”就变成了铁的法则。还应注意的是，判断报告是否及时有一个标准，即在上级问到之前应做好汇报，如果在上级问到时才想到汇报就已经晚了。

报告时要做到以下六点：

1）开始时报计划——让上级知情。

2）进展中报状态——让上级放心。

3）得到信息报需求——找上级寻帮助。

4）出了问题报情况——让上级有准备。

5）需变更时报应对——获得上级认可。

6）结束任务报结果——衔接后续工作。

2. 和领导约时间的技巧

首先，需要判断事件类型，根据事件的重要和紧急程度可以将其分为以下四类：

1）重要紧急。眼下会造成严重后果的事情，例如带来经费、关系上的影响。

2）重要不紧急。临时性的小问题或变动，例如之后的计划。

3）紧急不重要。今后会造成严重后果的事情，例如某位老师要求调课。

4）不紧急不重要。以上三项之外的事情。

其次，对于不同类型的事件，要选择适合的方法。

1）重要紧急的事情。领导关注度高，在问到前报告（及时详细）。

2）重要不紧急的事情。提前约时间（说清事情，遵守时间）。

3）紧急不重要的事情。见缝插针，只报告结果。

4）不紧急不重要的事情。连着其他事情一起报告，不占太多时间。

3. 报告前要准备什么

报告前要准备以下内容：

1）领导的意图。

2）自己的目的。

3）采用什么报告方式。

4）需要什么文件材料。

其中，领导的意图决定了他会问哪些问题，例如，你转达领导有人找他，那么你要知道是谁、来干什么的、是否有联系方式。同时，上级的意图有时并不一定全部表达出来，这需要建立跟上级的信赖关系，才能更好地领会。因此这是需要反复强调的重点，了解、互信也是做好沟通的大前提。

报告前需要注意：带着对策报告，让自己做问答题，上级做选择题；阐明自己的观点和理由。此外，应对越级指示时需要注意：接到越级指示时，立刻向直属上级报告；谁下指令，向谁报告，也不要忘记报告直属上级。

4. 如何组织报告语言

1）5W2H 原则，如图 5-1 所示。

WHY WHAT WHEN WHO WHERE	为什么 什么 什么时候 谁 哪里	认识到工作的目的和重要性 把握工作的具体内容、要求 确认工作的期限 确认工作的对象、担当者等 确认地点，把握关键点
HOW HOW MUCH/HOW MANY	怎么样 多少钱或多少个	把握方法、标准流程等 把握经费、预算、成本或把握数量、人数

图 5-1　5W2H 原则

例如：①领导，能打扰您一下吗？我想用 5 分钟跟您汇报一下 A 设计院召开说明会的事情。②我们这周三下午 1 点离开单位办公室，大概晚上 7 点能回到办公室。说明开会期间可能电话接听不太方便，紧急的事情，我已经委托小张临时应对，其他的我回来继续处理。③您还有什么指示？

2）PREP 原则：Point——结论；Reason——原因；Example——举例；Point——总结。

例如：①能打扰您一下吗？关于下周末举办学院联谊活动的方案跟您报告一下。②现在已经进入北京最寒冷的季节。我们想利用这个周末组织一个课题组参观冬季采暖项目的活动。③以上是我们的计划，您看行吗？

5. 如何接收指令

接收指令的方法包括：

1）应答。领导叫时尽快应答。

2）记录。带上纸笔做记录，不要打断。

3）提问。将抽象的指令具体化，注意时间节点，防止时间陷阱。

4）确认。按自己的理解复述，确保信息正确。

5.4.2　学习“联络”的技巧——共享和互信

1. 什么时候需要联络

如果说报告是义务，那么联络就是额外的用心。“说了这件事情会使对方更放心”“说了这件事情会使对方的工作更加顺利”“说了这件事情对方的工作就更加容易开展”等都是这样的额外用心。这样去联络，工作水平自然就会提升。因为，能够做到经常联络的人是会设身处地为对方考虑的人，也因为经常联络，他自然也会收到更多的信息，增加了别人对他的“好感和信任”。那什么时候需要联络？联络的类型、时机、目的、对收信方的效果及目的实行的现状见表 5-1。

表 5-1　联络的类型、时机、目的、对收信方的效果及目的实行的现状

联络的类型	时机	目的	对收信方的效果	目的实行的现状
定时	固定的时间	信息共享	增加判断的材料	有的团队能做到，个人很少能做到
随时	事情发生时	让对方知情	做到胸中有数	视个体而异，实行时参差不齐
有变化时	发生了变化时	通知对方应变	提前采取对策	因涉及自己利益，基本能执行
一切正常时	进展到那个时间点时	让对方放心	安心，放心	完全被忽略，需普及此意识
你觉得有必要时	对收信方有用时	储存好感度	感谢，增加好感	有此意识的人很少

2. 做好联络的注意点

做好联络应注意以下几点：

1）迅速、及时地联络。

2）不遗漏人员、不遗漏内容地联络。

强调联络是双向的过程，作为联络的一方，要确认对方是否收到信息、是否理解信息。举个例子，如果举办一个活动，但只是把分工表写下来发给对方，对方一定会照做吗？答案是不会，需要告知对方，并且被联络的时候也要告知对方，例如，发信息告知对方，或者发了一封邮件给对方，对方回复收到，你理解他收到什么了吗？

下面介绍一个案例。陈老师着急需要一个项目的实施方案，他要求张同学提供给他。张同学十分敬业，连夜赶着做出来，并于当晚将方案发送至陈老师的邮箱。但是，过了两天，陈老师十分生气地联系张同学。陈老师问："方案什么时候能做好？"张同学说："当天就给您发过去了呀。"陈老师说："啊？我不知道啊。还在等呢。"张同学说："我以为您看到了"。陈老师说："你怎么不告诉我一下？我这两天一直开会哪有时间看啊。"

3）联络要到位，确认是关键。常用的联络方式包括：①面对面，如面谈、会议；②电子通信，如邮件、电话、微信；③其他，如联络书、H5 微场景。

邮件沟通的格式包括：①标题——需有描述性，一看即知；②收件人——抄送上级以便告知，但不要将同一主题的讨论内容反复发送；③内容——一封邮件最多占据两个屏幕的大小，每段需换行；④落款——对于不熟悉的联络对象，务必留下自己的单位和姓名。

5.4.3　学习"商谈"的技巧——达成共识

1. 哪些人"合适"

1）请示时找上级商谈。

2）参谋时找师傅、老员工商谈。

2. 商谈时的注意点

1）找人之前自己先尽力。

2）做好准备再去。

3）说明自己的困惑，给出自己的意见。

4）商谈是双方交流的过程，要认真倾听对方的意见，规避"我以为"的想法。

5）要及时致谢，并行动起来检验对方建议，之后及时向对方反馈成果。

5.5　提高报联商水平

首先，应理解报联商是一种沟通方式，而沟通的核心是设身处地地换位思考。

其次，高效沟通的前提是互信，而互信关系又建立在互相了解的基础之上。因此，日常应积极增进相互了解以期达到互信。

最后，需要具体的两个小工具：

1. 使用"自己的工作表"

制作一张"自己的工作表"，不仅能提高"报联商"的效果，还能尽到自己的责任，加深对工作内容的理解。

需要在表格里填写的有如下内容。

1）第一阶段——思考接下来做什么。①记录工作的内容。②记录明确的工作目的。③记录被要求的成果。

2）第二阶段——做到准确地“报联商”。①思考是否达成了上级领导对自己的期待。②思考最开始应该传达的内容。③思考结论是什么。

3）第三阶段。①思考经过、过程如何。②思考导致最终结果的理由。③总结自己的想法。

开始新工作的时候，首先需要在第一阶段做记录。之后在工作过程中，以及工作结束后，需要在第二阶段总结做了怎样的“报联商”。最后，在第三阶段找出理由，并进行工作汇总。

通过这么一张表格能够清楚地掌握自己的工作状态，实现准确地“报联商”。

为了更好地完成自己的工作，准确地“报联商”，需要时时刻刻掌握自己的工作内容。

2. 为养成“报联商”的习惯制作一张核对表

“报联商”并不难，但谁都会觉得麻烦。因为麻烦，所以常常会想“过一会儿再说吧”“下次见面的时候也行啊”等，不断拖延。如何避免这种情况的发生呢？重要的是，要有意识地将“报联商”变成一种习惯。

正如习惯这个词本身的意义，通过“学习”才能习惯。即使最初可能有些勉强，但也要认真仔细地“报联商”。一旦成了习惯，即便不再刻意也会自然地按“习惯”完成。

为了成为有工作能力的员工，为了达成目标和大家分享喜悦，就必须要习惯基础中的基础——“报联商”。

为了熟练运用“报联商”，最初的阶段“记录”是必不可少的。通过文字的记录可以再次确认自己的工作，并且可以在事后重新反省出错的地方。

核对表的记录包括以下内容：

1）需要“报联商”的情况。有新的指示、工作时、完成时或遇到困难时。

2）“报联商”的对象与内容。向谁及怎样“报联商”。

3）“报联商”的日期。中间报告、过程报告、结果报告等。

4）“报联商”是否如期完成了。根据1)~3)的过程，核对是否完成。

像上述这样努力记录细小的事情，并随时总结反省、认真地实行，终有一天这些努力会变成习惯，工作的质量及效率自然也会提高。

第 6 章

学术写作、工程报告与表达

6.1 论文与报告的编写规则

学术论文与报告是某一学术课题在实验性、理论性或观测性上具有的新的科学研究成果或创新见解和知识的科学记录，或是某种已知原理应用于实际中取得新进展的科学总结，以供学术会议上宣读、交流、讨论或学术刊物上发表，或用作其他用途的书面文件。学术论文应提供新的科技信息，其内容应有所发现、有所发明、有所创造、有所前进，而不是重复、模仿、抄袭前人的工作。

学术论文与报告的编写规则主要包括以下三个方面：①信息获取规范，要合理使用，尊重著作权；②论文写作规范，论文与报告要遵循标题-摘要-关键词-正文-图表-致谢-参考文献的格式；③引用与注释规范，引用要规范，避免不当引用，并且要正确使用引用的格式。详细编写规则请参考 GB 7713—1987《科学技术报告、学位论文和学术论文的编写格式》和 GB/T 7713.1—2006《学位论文编写规则》。

6.2 论文选题

6.2.1 论文选题的重要性

正确而又合适的选题，对撰写论文具有重要意义。通过选题，可以大体看出作者的研究方向和学术水平。爱因斯坦曾经说过，在科学面前，提出一个问题往往比解决一个问题更重要。提出问题是解决问题的第一步，选准了论题，就等于完成了论文写作的一半，题目选得好，可以起到事半功倍的作用。

选题能够决定毕业论文的价值和效用，规划文章的方向、角度和规模，弥补知识储备的不足；合适的选题可以保证写作的顺利进行，提高作者研究能力，锻炼判断和推理、联想和发挥等方面的思维能力和研究能力。

6.2.2 论文选题的原则

选题要紧贴“热点”或“前沿”问题，切忌“炒剩饭”。选题要遵循大小适度、新旧适宜、难易适中的原则。

1. 专业范围内选题的原则

学术研究需要一定的知识基础。在专业范围内选题，就能为研究的顺利进行提供必要的知识基础，选择与所学专业不相干的课题，就等于在自己一无所知的领域开垦，那样做必然事倍功半，得不偿失。

撰写学位论文一定要在专业范围内选题。因为学位论文是用于评定论文作者对本门学科的基础理论、专业知识和基本技能掌握程度的文件。假若在非专业范围内选题，就无法评定其专业水平。此外，在非专业范围内选题，导师难以给出具体指导。根据目前国内的情况，跨系指导和评定学位论文是很困难的，没必要给自己添麻烦。

在交叉领域里选题，最好在自身科研技能比较成熟、知识积累广博、独立研究能力很强之后进行。

2. 以小做大的选题原则

学术论文写作，选题宜小题大做，不能大题小做。著名学者胡适主张从小题目做起，他说：“题目越小越好，小题大做，可以得到训练，千万不可做大题目。”王力先生也是这个主张，他在《谈谈写论文》中，首先认为“论文的范围不宜太大，范围大了，你一定讲得不深入，不透彻”，接着他又强调“应该写小题目，不要搞大题目。小题目反而能写出大文章，大题目倒容易写得肤浅，没有价值”。这些宝贵的经验之谈，值得初学者视为选题的原则。

较多的初学者，容易犯“大题小做”的毛病。究其原因，是“大题小做”容易凑数，而“小题大做”难做。例如：一个“论×××的小说特色”的题目，比“论×××的小说语言特色”的题目大，“论×××的小说特色”这样一个大范围的题目，可以从题材特色、形象塑造特色、结构特色和语言特色这四个方面分别做两千余字的小文，合起来就是上万字的论文了。而后一个题目，只是在前一个题目的四分之一的范围内做研究，这就得深入研究下去，花较大的力气才能写成万字论文。这就是“大题小做”容易肤浅，“小题大做”反而能写出好论文的缘故。初学者应培养刻苦钻研的学术作风，从“小题大做”培养起，一步一个脚印，扎扎实实地钻研下去，日后才能做出大的成就。

3. 难易适中的选题原则

初学论文写作，选题时有必要用心权衡论题的难易程度。

有的初学者对自己的估计太低，挑选容易的论题，结果无须花多大精力就轻松地完成了，这不仅未能充分发挥出自己的水平和潜力，还失去了应有的锻炼机会。还有的人是怕困难，专门挑容易的论题，敷衍成文了事。无论出自何因，凡是选容易的论题写作，都是没有什么收益和意义的。

而有的初学者，或由于盲目，或由于好高骛远等，选了力所不能及的论题，以至于花了很大精力，仍然一筹莫展。久而久之，丧失信心，半途而废。首战是成功还是失败，这对于初学者至关重要。首战告捷，能激发对科研的兴趣并树立信心，再接再厉；首战失利，则会使初学者产生失败的阴影，有可能对科研产生畏难厌烦情绪。如果是写学位论文，不能在指定的时间内完成，这就多了另一种损失，后悔更是来不及了。

所以，选题最好是在力所能及的范围内给自己提出较高的要求，既是自己努力后可以达到的，又必须是经过一番努力拼搏之后才能达到的为适中。有人曾用“篮球筐的高度”来类比论题的难易度。如果篮球筐的高度设计得太低，人人都能轻而易举地投中，这就失去了篮球运动的意义；但如果把篮球筐的高度设计得过高，无论怎样的高手，怎样努力，也不可能投中，这样也不行。论文的难易程度，正如目前篮球筐设定的高度，让一般人不易个个投中，又让人经过努力，有可能成功，这个比喻贴切地论证了难易适中的道理。

其实，所谓难易，都得因人而论。同一个论题，对某人来说不难，而对另一人来说却可能很难。把握论题的难易程度，关键是依据个人的主、客观条件。论题选择的主观条件，包括个人的知识结构、研究能力、写作水平。论题选择的客观条件，包括文献、资料、设备、仪器、时间、经费、导师等。选题时，应尽量扬长避短，在主、客观的最佳焦点上选出符合自己实际能力的难易适中的论题。

4. 兼顾兴趣的选题原则

这里所说的兴趣，是指对某一论题有一定的认识，并对之产生了研究的欲望。

一个人对某一论题有研究兴趣，就有了艰苦探索的原动力，就会满腔热情地从事研究。巴甫洛夫说：“科学是需要人的高度紧张性和很大的热情的。”科学研究是一项高度智力活动，每个人都有智力发挥的弹性限度，一个人如果对某项研究有强烈的兴趣，可发挥80%～90%的能力。所以兴趣引起热情，热情导致了成果。

研究兴趣可产生于选题前、选题中或选题后。一个人如果在选题前就已经对某个论题产生兴趣，证明对论题有一定的认识，并已对之产生研究的欲望，就应该在此基础上深入研究下去。如果选题过程中，经过涉猎有关学科的研究信息，开始对某个方向有点兴趣，也可以作为选题考虑的因素。如果对选定的论题还无兴趣，这也无关紧要，可以在深入研究之后逐步产生兴趣。假如越研究越没兴趣，就值得注意了，此时，应该冷静地从主、客观条件中查找无法产生兴趣的原因，也可以考虑是否改换论题。

值得一提的是，兼顾兴趣原则不等于只顾兴趣。如果不顾其他的选题原则，而只顾兴趣原则，或太强调兴趣原则，是不切实际和不必要或不恰当的。

5. 力求创新的选题原则

创新需要基础和积累，一步不可能登天。所以，对于学术论文和学位论文，一般不会在创新上提出太高的要求。但作为初学者，不应把其作为降低自己要求的借口。初学者应在力所能及的前提下，力求在不同程度的“新”字上做不懈的努力。有新的发明、新的发现、新的结论固然好，即使没有，也力求尽可能不选别人早已有过许多成功研究的论题。即使选了别人已写过的论题，也要做到不抄袭他文，不作现成资料简单拼凑之文，尽可能用自己的思考或自己新发现的材料去组织一篇新的文章。只有这样，才能得到应有的锻炼和提高。

在遵循上述选题原则的基础上，科技论文应该论述一些重要的实验性的、理论性的或观测性的新知识，或者一些已知原理在实际应用中的进展情况。因此，在论文中应明确并重点阐述所探讨的问题、意义和结论，不要试图在一篇文章中塞入过多的细节或不必要的内容。

此外，千万不要因为学位申请、职称晋升、项目结题等研究评价方面的压力而发表毫无独创性的论文（即便是综述性论文，其独创性也应体现在作者对所综述材料的有眼光的选择，以及对相关主题研究现状的评述与展望），也不要重复发表或试图把属于同一研究成果的素材“肢解”为多篇“香肠”论文（Salami Slicing），有经验的审稿人和读者一眼就能识破这些投机行为。

6.3 论文结构与写作

学术论文的基本结构包括题名（篇名）、作者署名、摘要、关键词、引言、正文、结论、致谢、参考文献和附录，其中，致谢和附录不是论文的必要组成部分。

6.3.1 题名

根据《尔雅·释言》对题名的解释，“题”就是“额”，“目”就是“眼睛”，题目之于一篇论文，就像额头、眼睛之于人。题目的作用主要有以下三点：①提示，用简洁的语言概括论文核心内容和主要观点；②吸引，吸引读者阅读全文；③检索，给二次文献机构、数据库系统提供检索和录用。

题名要以最恰当、最简明的词语反映论文中最重要的特定内容的逻辑组合。题名所用的每一词语必须考虑到有助于选定关键词和编制题录、索引等二次文献，可以提供检索的特定实用信息。题名应该避免使用不常见的缩略词、首字母缩写字、字符、代号和公式等。题名一般不超过 20 个字，外文题名一般不超过 10 个实词。题名要醒目、吸引人，但要避免华而不实的广告式语言，要仔细斟酌，做到“一字不能加、一字不能减”。

题名应包括以下内容：解决什么问题，用什么方法解决什么问题，用什么方法解决什么问题并且得到什么结论，创新点。同时还应注意期刊对题名的具体要求。

以下是列出的题名的常见问题：①题不对文；②题名过于笼统；③研究对象过于具体，研究结论不具有普适性；④研究深度不够；⑤创新不足；⑥此外，题名还应避免出现“基于……”“……试验”“……研究”“……分析”等句式，但“……试验研究”除外。

6.3.2 作者署名

署名是拥有著作权的声明，是表示文责自负的承诺，同时也便于读者与作者联系。

作者参与署名的条件包括以下三点：

1）本人应是直接参与课题研究的全部或主要部分的工作，并做出主要贡献者。

2）本人应为作品的创作者，即论文的撰写者。

3）本人对作品具有答辩能力，并为作品的直接责任者。

署名的常见问题有：第一作者不符合期刊要求；作者单位名称标注不规范（简称）；同一单位标注不同名称，特别是英文名称的翻译等，例如：山地城镇建设与新技术教育部重点实验室（Key Laboratory of New Technology for Construction of Cities in Mountain Area）。

6.3.3 摘要

摘要是论文内容不加注释和评论的简单陈述。摘要应具有独立性和自含性，即不阅读论文全文，就能获得必要的信息。摘要中有数据、有结论，是一篇完整的短文，可以独立使用，可以引用，可以用于工艺推广。摘要的内容应包含与论文同等量的主要信息，供读者确定有无必要阅读全文，也供文摘等二次文献采用。

摘要一般应说明研究工作的目的、实验方法、结果和最终结论等，而重点是结果和结论。中文摘要一般不宜超过200—300个字，外文摘要不宜超过250个实词。除了实在无变通办法可用以外，摘要中不用图、表、化学结构式，以及非公知公用的符号和术语。

摘要的结构为：①What you want to do（直接写出研究目的，可缺省）；②How you did it（详细陈述过程和方法）；③What results did you get and what conclusions can you draw（全面罗列结果和结论）；④What is original in your paper（展示文中创新之处）。

对摘要的要求包括以下几点：①短；②精：仔细推敲，做到多一字无必要、少一字则不足；③完整；不注释、不评论、不讲过程、不对比、不用图表、不用非公知公用的词语和符号、不举例、不与论文的引言和结论雷同；④此外，摘要需要精炼：省去常用的开场白，略去主语，有时谓语也可以省略，开门见山，不用题名语，不用客套话（"错误难免""批评指正"等），尽量多用无主语句，不写人所共知和专业常识类的通用语句。

摘要的常见问题包括以下几点：①采用第一人称：本文、我们、作者、本人、笔者；②背景知识（专业常识、已有成果）介绍太多；③对研究的重要性论述较多；④缺少研究的过程和结论；⑤自我评价；⑥前景展望；⑦与引言或结论相似。

6.3.4 关键词

关键词是为了文献标引工作从论文中选取出来用于表示全文主题内容信息款目的单词或术语，一般3~8个，关键词的选用关系到论文被检索、引用的概率和成果的利用率。

关键词的来源主要有：《汉语主题词表》，文章的题名、摘要、层次标题或文章的其他内容，以及EI控词表等。

关键词存在的常见问题有：①数量过多或过少；②选用不当；③中文关键词选用英文或其他西文符号；④不符合期刊的具体要求。

如《公路交通科技》规定关键词应选择5~8个：第一个关键词为相应栏目的名称；第二个关键词为该文研究成果名称；第三个关键词为得到该文研究成果所采用的方法名称；第四个关键词为该文主要研究对象；第五个及以后的关键词为有利于检索的其他名词。

6.3.5 引言

引言，也称为前言、序言、概述等，用来简要说明研究工作的目的、范围、相关领域的前人工作和知识空白、理论基础和分析、研究设想、研究方法和实验设计、预期结果和意义等。

引言应言简意赅，不要与摘要雷同，也不要成为摘要的注释，一般教科书中有的知识，在引言中不必赘述。引言中不要详述同行熟知的定义，包括教科书上已有陈述的基本理论、实验方法和基本方程的推导等。如果在正文中采用比较专业化的术语、缩写词，或引入新概念，最好先在引言中定义说明或加以解释。

引言的内容应包含以下几点：①研究的目的及意义（或必要性）；②已有的相关研究成果及存在的问题（文献综述）；③本文的研究思路及拟获得的成果。

引言的基本要素为：研究必要性的论述，总结和分析相关研究成果，找出该领域中存在的问题，提出本论文拟解决的问题，阐明研究思路，简述研究方法。

引言的写作要求为：①开门见山，不绕圈子；②言简意赅，突出重点（避免专业常识的复述）；③尊重科学，实事求是（最好不要自我评论）；④引言的内容不应与摘要雷同，也不应是摘要的注释；⑤简短的引言最好不要分段论述，不要插图列表和数学公式的推导证明；⑥要与结论呼应，引言中指出的问题结论中要能解决。

引言的常见问题有：①引言过长或过短；②现状综述不足；③参考文献引用不当；④专业常识介绍太多；⑤使用图表公式；⑥结构不合理；⑦缺乏本文的研究思路；⑧自我评述、过分贬低别人。

6.3.6 正文

正文是核心部分，占主要篇幅，可以包括：调查的对象，实验和观测方法，仪器设备，材料原料，实验和观测结果，计算方法和编程原理，数据资料，经过加工整理的图表，以及形成的论点和导出的结论等。

引言提出问题，正文分析问题和解决问题。正文内容必须实事求是，客观真切，准确完备，合乎逻辑，层次分明，简练可读。论文不讲求辞藻华丽，但要求思路清晰、合乎逻辑，用语简洁准确、明快流畅。

切忌用教科书式的方法撰写论文，对已有知识避免重复论证和描述，而应尽量采用标注参考文献的方法；对用到的某些数学辅助手段，应防止过分注意细节的数学推演，必要时可采用附录的形式供读者选读。涉及的量和单位、插图、表格、数学式、化学式、数字用法、语言文字和标点符号、参考文献等，都应符合有关国家标准的要求。

正文的常见问题包括：①过多地对已有知识复述；②按照实验报告和调查报告的写法撰写正文；③语句不通、错别字连篇；④图表设计不合理；⑤篇章结构不合理；⑥重点（创新点）不够突出。

6.3.7 结论

结论是最终的、总体的结论，不是正文中各段小结的简单重复。结论应该准确、完整、明确、精炼。结论或结语中不能出现参考文献序号、插图及数学公式。结论要呼应引言中提出所要解决的问题。如果文中不能导出应有的结论，也可以没有结论而进行必要的讨论。对于阶段性研究成果或试验工作总结，不一定有明确的结论，此时也可以用结束语作为论文的结尾。

结论可以考虑以下内容：①对研讨的内容做最后归纳，总结得出研究的新发现、新认识或新的观点；②对研究对象的本质和规律性的认识进行科学抽象和高度概括；③判断本项研究的理论意义和应用价值；④明确指出今后进一步的研究方向及课题。

结论的常见问题包括：①对论文所做工作进行总结；②继续推理演绎；③结论过多；④自我评述过多；⑤结论不具有普适性；⑥将专业常识或他人的成果作为自己的结论。

6.3.8 致谢

致谢不是论文的必要组成部分，单独成段放在结论之后。致谢的对象主要包括：国家科学基金，资助研究工作的奖学金基金，合同单位，资助或支持的企业、组织或个人；协助完成研究工作和提供便利条件的组织或个人；在研究工作中提出建议和提供帮助的人；给予转载和引用权的资料、文献、研究思想和设想的所有者；其他应感谢的组织或个人；一般对例行工作的劳务人员可以不专门致谢。

6.3.9　参考文献

1. 著录参考文献的目的与作用

①反映作者的科学态度和论文具有真实、广泛的科学依据，也反映出论文的起点和深度；②方便把论文的成果与前人的成果区别开来；③尊重和保护他人的著作权；④起索引作用；⑤有利于节省论文篇幅；⑥有助于科技情报人员进行情报研究和文献计量学研究。

2. 著录参考文献的原则

① 只著录最必要、最新的文献；②除不允许公开的内部文件和资料外，公开发表的文献及允许公开的内部资料均可以作为参考文献著录；③采用标准化的著录格式：根据 GB/T 7714—2005《文后参考文献著录规则》著录相关信息。

3. 参考文献的常见类型

1）著作图书［M］。普通图书、古籍、多卷书、丛书等。

2）汇编［G］。

3）连续出版物。期刊［J］、报纸［N］等。

4）学位论文［D］。

5）专利［P］。

6）电子公告［EB］。

4. 参考文献的常见问题

①参考文献数量偏少；②大量引用教材、标准、陈旧文献；③明明引用了但不做标注；④所引文献面太窄，较少引用国外最新文献；⑤参考文献列表中的文献未在文中出现；⑥文中参考文献序号未按规定格式；⑦著录项不全：作者姓名不全，缺少文献类型，期刊文献缺少年、卷、期、页码等；⑧著录项次序、著录符号混乱；⑨著录信息与原文不符；⑩外文期刊的缩写形式不规范，或中文文献的英文信息缺失；⑪不符合期刊的具体规范要求；⑫低级错误：中文期刊文献的中英文信息不一致。

5. 参考文献管理软件

（1）NoteExpress　国内专业的文献检索与管理系统，完全支持中文，可以通过各种途径高效、自动地搜索、下载、管理文献资料和论文。可嵌入 Microsoft Word 环境使用，在 Word 中输出各种格式化的参考文献信息，不需要脱离 Word 环境。

（2）Endnote　汤姆森公司推出的最受欢迎的一款产品，通过将不同来源的文献信息资料下载到本地，建立本地数据库，可以方便地实现对文献信息的管理和使用。在撰写论文、报告或书籍时，可以非常方便地管理参考文献的格式。

6.3.10　附录

附录是论文的附件，不是论文必要的组成部分，用于在不增加正文部分的篇幅和不影响论文主体内容叙述连贯性的前提下，向读者提供论文中部分内容的详尽推导、演算证明或解释和说明及不宜列入正文的有关数据、图、表、照片或其他辅助性材料。除非必需，应尽量避免附录。

某些重要的原始数据、数学推导、计算程序、框图、结构图、注释、统计表、计算机打印输出件等可以作为论文的附录。

6.3.11 插图

为形象直观地表达科学思想和技术知识，插图必不可少。

1. 插图的类型

(1) 线条图（墨线图） 用墨线绘制的图形，包括简易函数图、各种示意图、流程图、管理系统图、程序框图、电子线路图、直方图、饼图、记录图和地图等。

(2) 照片图 多用作需要分清深浅浓淡、层次多变的插图。

2. 对插图的要求

1) 插图要精选，应具有自明性，切忌与表或文字表述重复。

2) 插图要精心设计和绘制，要大小适中，线条均匀，主辅线分明。

3) 插图中的术语、符号、单位等应与表格及文字表述所用的一致。

4) 插图应有连续编号的图序和图题，居中排于图下。

5) 函数图要有标目，用量符号与该量单位符号之比表示。

6) 标线数目合适，标线刻度朝向图内，标值圆整。

7) 照片、灰度图清晰，彩色图要转换成黑白图表示。

8) 地图、显微图以比例尺表示尺度的放大和缩小。

9) 对于线条密集的函数图，用不同的线型表示不同的线条，而尽量不用不同的符号或颜色表示。

10) 插图要嵌入文字中，以便于编辑。

3. 插图的常见问题

插图的常见问题有：①插图与文字、插图与表、多幅插图表述相同内容；②图中无关信息过多（如 ANSYS 软件截屏图）；③使用彩色图形；④布局不合理；⑤插图浮在文字上方，或环绕文字；⑥线条粗细、线型选用不合理；⑦标线使用不合理，坐标轴的量与单位标注不规范；⑧文字大小与图不协调。

6.3.12 表格

表格是记录数据或事物分类的一种有效表达方式，具有简洁、清晰、准确的特点，且逻辑性和对比性比较强，因而得到广泛采用。如果选用合适、设计合理，表格不仅会使文章表述清楚、明白，还能美化版面、节省版面。

对表格的要求有以下几点：

1) 表格要精选，应具有自明性，表格的内容切忌与插图及文字表述重复。

2) 表格应精心设计，突出重点，必要时使用表注。

3) 一般采用三线表，必要时可加辅助线。

4) 表格应有连续编号和简明的表题，居中排于表格的上方。

5) 数值表格表头中使用“量符号/量单位符号”。

6) 表内同一栏的数字必须上下对齐。

7) 表内不宜用“同上”“同左”和类似词，一律填入具体数字或文字。

8) 表内“空白”代表未测或无此项，“—”或“…”（因“—”可能与代表阴性反应相混）代表未发现，“0”代表实测结果确为零。

6.3.13　其他

在撰写论文时还应注意的问题包括学术不端行为，公式的编排，阅读投稿须知，错别字、语句不通等细节问题，以及与编辑沟通等。

6.4　英文论文撰写与投稿

6.4.1　写作前的准备

在撰写学术论文之前，必须要思考和了解的问题是：为什么要写这篇论文？要阐述哪些观点和论据？用什么方式来表达？共同署名的作者是谁？有兴趣的读者是谁？要投稿到哪一份期刊？拟投稿的期刊有哪些文体方面的具体要求？凡事预则立，有针对性地准备，不仅有助于节省稿件撰写和修改的时间，同时也会提高稿件被录用的可能性。

1. 写什么和如何写

（1）论题的选择与论证　写作前应仔细考虑所阐述结论的可靠程度，并将其与已有的认识相比较。如有可能，最好与本领域有经验的科研人员进行讨论，认真听取他们对自己计划报道内容的评价及对相关论据和推理的质疑。然后再决定是否确要准备发表论文，以免论文公开发表后遭到他人更为苛刻的批评。

在写作中一定要避免无意或有意的剽窃行为（即引述他人思想、数据或论述而不注明出处）。有些期刊编辑部或出版商可能会要求作者在直接引用大段文字（500个词以上）或图表时，要预先征求原文出版商的书面允许，并在投稿时附寄允许引用的函件。有些论著的版权所有者可能会要求引用者对所引用的材料做一些文字说明，如：Reprinted by permission of New England Journal of Medicine，并在括号中加注所引用文献的作者名、论著名、期刊名、出版年、卷、期、页码等。

（2）写作前的准备工作与写作程序　科技论文的作者必须要回答以下四个基本问题：你为何要开始（Why did you start）？你做了什么（What did you do）？你发现了什么（What did you find）？它的意义是什么（What does it mean）？这四个问题在论文中有固定的格式来阐述和回答，即论文的IMRAD结构：引言（Introduction）、材料与方法（Materials and methods）、结果（Results）和（And）讨论（Discussion）；再加上题名（Title）、摘要（Abstract）、关键词（Keywords）、致谢（Acknowledgements）和参考文献（References），就构成了一篇完整的论文。

在着手撰写论文的初稿之前，需要准备的工作有：

1）拟定论文的试用题名和摘要。论文的试用题名和摘要对于规定选题和明确文章的范围具有指导性意义。论文定稿后的题名和摘要的目的在于引导读者了解文章的内容和资料检索，试用题名和摘要的作用则是帮助作者有条不紊地整理写作思路。

2）整理、分析研究结果。在论文的选题确定以后就可以收集并整理分析作为论据的研究结果（或数据）了。在结果（或数据）整理与分析中，应认真、仔细地思考将要采用哪些插图和表格（图表的选择和设计应遵循必要、清楚的原则）。如果在图表的制作与分析中发现数据（论据）有欠缺，就要决定是否还需要进行更多的实验或观察，是否需要修改甚至放弃原来的设想或结论。

3）检索并查阅参考文献。对参考文献的选择与标引在论文的撰写中最容易被轻视，同时也是出现问题最多的环节。目前我国科技论文中普遍存在对参考文献的引用严重不足的状况。统计表明，我国科技期刊的平均论文参考文献数量大多不及同类国际性期刊的一半。此外，有相当多作者的引证行为也有明显的失妥之处，具体表现为故意（或非故意）回避引用重要参考文献、自引过多（只侧重引用作者本人早期的工作）、随意转引（从他人论文中间接地引用文献）等，并因此在学术界造成很多不良影响。

国外许多期刊编辑部或专业性学会对参考文献的选择与引用均有严格而明确的要求，例如，美国化学会（ACS）在其修订的“作者的道德责任”中明确指出：“作者有履行检索并引用（与本人工作）密切相关的原始论著的责任”（An author is obligated to performa literature search to find, and then cite, the original publications that describe closely related work, P420）。因此，作者没有任何理由辩解因为没看到某篇最相关的文献，所以没有引用，那种认为只要不是故意漏引就没有责任的、掩耳盗铃式的做法，在学术界是不被接受的。实际上，一旦有引证行为严重失妥的现象出现，不仅论文的作者会受到同行的谴责，刊载论文的期刊一般也需要发布致歉失察的声明。

因此，在整理、分析研究结果（或数据）的同时，一定要充分重视检索并查阅重要的相关文献，具体包括：具有研究背景意义的文献、供实验（研究）方法参考或引用的文献、有支持或冲突性证据的文献、供论据或论点比较使用的文献等。

为方便文献的查阅和引用，建议作者在日常的文献阅读时养成随时采集重要文献书目详细信息的习惯。对于极重要的参考文献，应复制保留，以备将来不时之需。

为方便论文撰写和修改中对参考文献的增删，建议在定稿之前对参考文献的标引一律采用“著者—出版年体系”，定稿后再视拟投稿期刊的需要决定是否将其改为“顺序编码体系”。

4）组织论文。查阅一下拟投稿期刊习惯采用的论文结构，并结合已掌握的资料草拟一份简要的写作提纲。不要轻易抛弃拟投稿期刊所惯用的论文结构，当然，如果该结构确实不适合自己材料的组织，可加以改变。

如前所述，绝大多数原创性论文都具有 IMRAD 的基本构架，其中各部分的内容简述如下。

1）I——引言：介绍研究背景，提出研究问题，阐述研究目的。

2）M——材料与方法：描述如何做（研究或实验的材料与方法）。如果所采用的方法已经公开报道过，引用相关的文献即可。

3）R——结果：叙述研究或实验的发现（结果），可采取文字与图表相结合的方式表达结果，以帮助读者更好地理解；如果有机会，可在部门的讨论会或与小同行的非正式研讨中提出并讨论新得到的结果，以决定是否需要在论文撰写前再做更多的工作。

4）A——和。

5）D——讨论：分析结果的意义，包括对结果的解释和推断、结果是否支持或反对某种观点、已有文献中正反两面的证据如何等，最后做出结论。

通常情况下，“材料与方法”和“结果”部分的文字在着手撰写初稿前就已具有雏形，

“引言”和“讨论”部分的脉络在对结果的整理与思考中也已初步形成。

当所有的素材都大致准备齐全后，找一个适当的时间不受干扰地撰写论文的完整初稿。初稿应紧紧围绕提纲，尽量一次完成，这样更容易使得论文读起来有一气呵成之感。

在撰写草稿时不用考虑文体和语法（句子的长短视表达的需要而定，原则上优先使用短句和简单句），但一定要考虑到读者的感受，在思考问题和使用术语时要把读者面设想得广泛一些，尽量让自己的“大同行”都能读懂。

写就初稿后可将其搁置几天，然后再回过头来思考和修改初稿的内容和结构。修改初稿时应注意以下几个方面：

1）文法方面。英文表达的文法是否正确？人称、时态和语态的使用是否自然、贴切？是否有可以删减的冗词赘句？

2）一致性方面。量和单位、术语缩写、单词拼写、文献引用等是否全文一致且合乎要求？正文和图表中的数据是否一致？

3）论文的结构与各部分表达方面。题名是否准确、简洁、清楚地反映了论文的主旨？摘要是否包含了论文各部分（IMRAD）的内容？论文的各部分之间及正文与图表的内容是否有重复？有无可删除的参考文献？有无遗漏的重要文献？

在努力对论文进行了结构和文体上的修改后，再把修改后的打印稿分别送交给参与研究与写作的合作者、本领域中赞同该研究工作且又能提出建议的同行评阅，并请他们多提批评性意见。然后再结合这些反馈意见反复检查和修改原稿，直至满意为止。投稿前如果能请英语母语的同行或合作者做最后的阅审，对于提高论文的表达质量、增加稿件的录用机会是非常有帮助的。

2. 选择投稿期刊

（1）选择合适期刊的重要性　由于期刊日益专业化，并且期刊常根据实际需要变更其刊载的论文范围，因此作者必须要十分了解自己研究领域的重要期刊，力求所选择期刊的出版内容与稿件的主题确实密切相关。

如果稿件投向了不合适的期刊，则有可能出现下列三种情况：

1）稿件被简单地退回，理由是稿件的内容“不适合本刊”。这种判断通常是经过编辑初评或同行评议得出的，并且有可能经历数周或数月的时间，这无疑会耽搁稿件的发表。

2）尽管期刊所刊载的论文范围涉及稿件的主题，但由于编辑和审稿人对作者研究领域的了解比较模糊，有可能导致稿件受到较差或不公正的同行评议；相反，如果换成另外一个与稿件主题密切相关的期刊，该稿件可能会被接受，并且作者也不会被自己并不同意的修改意见所烦扰。

3）即便稿件被接收和发表，作者的喜悦心情不久也会被失望所代替，因为自己的研究成果被埋没在一份同行们很少问津的期刊中，从而达不到与“小同行”交流的目的。

（2）如何选择拟投稿期刊　选择拟投稿期刊时需要综合考虑的因素主要有：

1）稿件的主题是否适合期刊所规定的范围？为确认哪些期刊能够发表自己的论文，作者首先应根据自己的阅历进行初步判断，必要时可征询一下“小同行”的意见；其次，要认真阅读拟投稿期刊的“作者须知”或“征稿简则”，尤其要注意其中有关刊载论文范围的说明；此外，还应仔细研读最近几期拟投稿期刊的目录和相关论文，以确认其是否与自己稿件的内容相适应。

由于不同学科期刊的影响因子存在很大差异，因此，选择拟投稿的期刊时应注意避免过于看重期刊影响因子的大小。有时尽管某期刊的影响因子很高，作者所投稿件的内容也十分优秀，但期刊与稿件的主题不适合，导致稿件依然难以得到录用和发表。

2）期刊的读者群和显示度如何？若作者欲使自己的研究成果与“小同行”进行最有效的交流，使论文找到“目标”读者，就需要考虑将论文发表在最合适的期刊中。最简单的途径是将论文投寄作者本人经常阅读和引用的期刊，因为这些期刊通常也可能最适合发表作者本人的论文。

关于读者能否较容易地获取这份期刊，简单而有效的判断方法有：看期刊的发行量多少（被哪些高校或研究机构的图书馆订购）、期刊的网上信息是否丰富（例如：期刊的网络版内容是否及时更新、可否免费让读者阅读全文等）、期刊是否被主要检索系统（或作者本人经常使用的检索系统）收录等。

3）期刊的学术质量和影响力如何？录用率是否适当？作者可根据自己的科学交流经历来判断期刊的学术质量和影响力，如：该期刊的声誉如何？作者本人所在研究领域的重要论文有哪些是在该期刊上发表的？

期刊的总被引频次和影响因子也可大致反映出期刊的学术影响力，即期刊的总被引频次和影响因子越高，则表明期刊被读者阅读和使用的可能性越大，进而可推断出该期刊潜在的学术影响力也越大。

期刊对来稿的录用率和倾向性也十分重要，高学术水平期刊的稿源通常十分丰富，因而录用率也很低，如 BMJ 的作者须知中声明其录用率只有 12%。此外，有些欧美期刊对于欠发达国家或非英语国家的来稿可能有一定程度低估的倾向性或歧视，对这些国家或地区来稿的录用率尤其偏低。统计表明，1991 年 Science 对美国来稿的录用率约为 21%，而对于第三世界国家来稿的录用率仅为 1.4%；1994 年 New England Journal of Medicine 对 100 余个发展中国家来稿的录用率仅为 2%。因此在不能确定拟投稿期刊在稿件录用中是否具有倾向性时，最好查询并简略统计一下该期刊中论文作者的国家来源。

4）期刊的编辑技术和印刷质量如何？稿件自被接收至发表的时滞在选择期刊时也需要适当考虑，通常可通过查询最新出版的拟投稿期刊中论文的收稿日期（Submitted Date）和接收日期（Accepted Date）及期刊的出版日期来推算。如果论文的首发时间与同行存在竞争关系，就更需要认真考虑出版时滞问题。

期刊中图件和照片的印刷质量也十分重要，尤其是稿件中有精细的线条图或彩色图片时，就更需要考虑拟投稿的期刊能否保证其印刷质量。

5）期刊是否收取发表费？期刊是否收取版面费或彩版制作费？有些期刊甚至还需要作者支付一定的审稿费或抽印本制作费。如果想在征收相关费用的期刊上发表论文且不想支付这些费用，可以给编辑部写信或发 E-mail 询问能否减免。

3. 阅读“作者须知”

几乎所有的期刊都有作者须知或投稿指南（Instructions to Authors，Notes to Contributors），有些期刊每一期都会刊登简明的“作者须知”，有些则只登在每卷的第一期上，并且不同期刊作者须知的细节可能不尽相同，但都是为了给作者提供准备稿件的指南，从而使得稿件更容易、快捷和正确地发表。

如果要对期刊投稿须知进行一般性了解，作者可阅读一些具有广泛意义的投稿要求，例如，被生物医学类期刊广泛采用的“生物医学期刊投稿的统一要求”的内容包括：投稿前应考虑的因素（重复发表问题、对患者权利和隐私的保护等）；稿件的准备（基本的投稿要求、标题页、作者、摘要和关键词、引言、方法、结果、讨论、致谢、参考文献、图、表等）；量和单位；缩写和符号；利益冲突；保密；同行评议等。

即使拟投稿的期刊是作者经常阅读的，并且作者也熟知该期刊所包括的研究领域和论文类型，作者还是必须在投稿前阅读该期刊的作者须知。由于编辑方针和具体措施是逐步形成的，因此必须查阅最新版本的作者须知。尽管有些期刊作者须知的某些部分可能过于详细（如 Journal of Bacteriology 的作者须知长达 19 页），不能逐一细读，但还是应该浏览一遍。

通过“作者须知”，可以了解的信息主要有：

1）刊物的宗旨和范围。

2）不同栏目论文的长度、主要章节的顺序安排等。

3）投稿要求。如投稿的份数、形式（可否以电子版形式投稿）、图表如何投寄等。

4）是否履行同行评议，以及如果期刊采用的是双盲形式的同行评议，应如何避免在稿件中出现可识别作者身份的信息等。

5）多长时间后能决定可否录用。

6）采取何种体例格式，如页边距、纸张大小、文献和图表的体例等。

7）如果稿件中涉及对人或动物所做的实验，则需弄清楚拟投稿期刊在伦理方面有哪些具体要求，有关人和其他动物研究的基本伦理原则是一致的，但是不同国家在某些研究过程的细节方面不尽相同。因此，尽管作者的实验可能与本国的习惯做法相符，但是如果把描述这些实验的文章投向具有不同规定的国家的期刊，就有可能被拒绝。

8）是否必须采用国际计量单位制（SI）。对于某些特殊单位（如货币单位）或某些非 SI 的单位（如英制单位），如果对某些读者有帮助，也可在圆括号里附注用相关单位所表示的数值。例如：Since 1999, the National Science Foundation of China (NSFC) has been allocating each year ￥3 million (about£ 220, 000) to support scientific journals.

9）其他。例如：对于语言的要求（如采用英国英语拼写还是美国英语拼写）、所推荐的词典或文体指南、有关缩写和术语方面的规定等。

上述内容中大部分是作者在准备稿件时必须要了解的，否则稿件有可能被简单地退回，理由是“不符合本刊的投稿要求”。

随着互联网的普及，目前绝大多数期刊的作者须知均可从网上阅读或下载。作者可从相应期刊的印刷版中获取具体的网址，也可通过网络搜索方式获取某特定期刊的网址。此外，有些大学图书馆的网站信息中也罗列了丰富的期刊信息供读者查询。

4. 决定作者名单

随着科学技术的发展，越来越多的研究课题需要由多领域、特长各异的专业人员来共同完成，例如，著名期刊 Physics Letters B 在 1993 年发表的一篇有关测定 Z^0 粒子性质的论文中，合著作者有来自 51 个科研机构的 542 人。因此，作者名单的尽早确定对于资料收集与整理、写作分工等十分重要。此外，合理的作者署名与排序不仅可以反映出作者的利益，同时也表明了哪些人应该对所发表研究成果的科学性和真实性负责。

(1) 作者资格的界定　国家标准 GB 7713—1987《科学技术报告、学位论文和学术论文的编写格式》规定，在学术论文中署名的个人作者“只限于那些对于选定研究课题和制订研究方案、直接参加全部或主要部分研究工作并作出主要贡献、以及参加撰写论文并能对内容负责的人，按其贡献大小排列名次”。

国际医学期刊编辑委员会（International Committee of Medical Journal Editors，ICMJE）规定作者身份的标准为：①参与研究的构思、设计或获得数据，以及对数据的分析和解释；②撰写论文或参与重要内容的修改；③同意最后修改稿的公开发表。在“生物医学期刊投稿的统一要求”中，ICMJE 强调“每个作者要充分参与研究工作，并对某部分内容公开负责”，“从科研开始到论文的发表作者对内容的完整性负责”。

对于那些不够署名条件，但对研究成果确有贡献者，可采用在“致谢”或“脚注”中表达感谢的方法。不能列为作者，但可作为致谢的对象通常包括：协助研究的实验人员或直接参与临床观察的护理人员；提出过指导性意见的人员；对研究工作提供方便（仪器、检查等）的机构或人员；资金资助项目或类别（但不宜列出得到资助的经费数量）；在论文撰写过程中提出建议、给予审阅和提供其他帮助的人员（但不宜发表对审稿人和编辑的过分热情的感谢）。

如果违反科学道德随意“搭车”署名或遗漏应该署名的作者，或擅自将知名人士署为作者之一以提高论文声誉和影响等，都可能造成对署名权的侵犯。近年来，因揭露论文造假或欺诈行为而发现的“搭车”署名的案例不胜枚举，国际知名期刊 Nature 曾在其评述性文章中对这类现象进行抨击，并指出“很少有人反对研究人员应该对其所署名的论文负责。毫无疑问，那些在与自己无关的论文中挂名的位高权重者正在滥用这种信念。时常有些知名的科学家在后来被发现有严重错误或欺诈行为的论文中不负责任地署名，其中有些人罪有应得地为此付出了沉重的代价”。

(2) 作者署名的排序　多位作者对共同完成的论著联合署名时，署名顺序应按各人的贡献大小排列。如果有多人贡献相同，可根据期刊的相关规定采用变通的表达方式。例如，Nature 在其“作者须知”中指出，如果确有必要说明两个以上的作者在地位上是相同的，可采取“共同第一作者”（Joint First Authors）的署名方式，也可在这些作者的姓名旁边使用符号来标识，并说明“这些作者对研究工作的贡献是相同的（These authors contributed equally to the work）”。

通讯作者（Corresponding Author）通常是实际统筹处理投稿和承担答复审稿意见等工作的主导者，也常是稿件所涉及研究工作的负责人。通讯作者的姓名多位列作者名单的最后（使用符号来标识说明是 Corresponding Author），但其贡献不亚于论文的第一作者。对于欧洲某些按姓名字序排列作者署名的期刊来说，通讯作者的标识就显得更为重要。

为确保作者署名排序的科学性和合理性，JAMA（Journal of the American Medical Association，美国医学会杂志）从 2001 年开始要求合著论文的每位作者填写“贡献单”（Contributions）并亲笔签名，以说明自己做了哪些实质性的贡献（Substantial Contributions）。

需要强调的是，论文的执笔人或主要作者一定要避免混淆署名作者与致谢人员的界限，不可将参加部分工作的合作者、按研究计划分工负责具体小项的工作者、某一项测试的承担者，以及接受委托进行分析检验和观察的辅助人员等列为署名作者，以免使署名作者人数增多，从而淡化主要作者的贡献。

(3) 作者姓名的表达　英语国家作者署名的通用形式为：首名（First Name），中间名首字母（Middle Initial），姓（Last Name）。中间名不采取全拼的形式是为了方便计算机检索和文献引用时对作者姓和名的识别，如“Robert Smith Jones”的表达方式有可能导致难以区分其中的姓是“Jones”还是“Smith Jones”，但“Robert S. Jones”则使得姓和名的区分简洁明了。

为减少因为作者姓名相同而导致的文献识别方面的混乱，部分期刊（尤其是医学类期刊）要求作者将其学位放在其姓名的前面或后面，有些医学期刊甚至在其公开出版的论文集中将作者的职衔列于作者姓名和学位之后（或在首页的脚注中说明），如：Joseph Kipnis—Psychiatrist 或 Dr. Eli. Lowitz—Proctologist。

无论作者名的表达形式如何，在文献引用中通常都只采取名的首字母和姓（全拼）的形式，如“Dr. Robert S. Jones—Psychiatrist”，在参考文献的作者项中为“Jones R. S.”或“R. S. Jones”。

中国作者姓名表达的规范化程度则相对较差。对200余种期刊的统计表明，用汉语拼音拼写中国人姓名的方式有26种之多，其变化形式体现在姓名的前后顺序、正斜体、大小写、缩写或全拼、复名之间是否用连字符等。

现行的有关国家标准（GB/T 16159—2012《汉语拼音正词法基本规则》）对中国人姓名的汉语拼音拼写形式的规定为：“汉语人名按姓和名分写，姓和名的开头字母大写”，相应的举例有：Wáng Jiànguó（王建国）、Dōngfāng Shuò（东方朔）、Zhūge Kǒngmíng（诸葛孔明）等。

由国家新闻出版署印发并于1999年2月试行的《中国学术期刊（光盘版）检索与评价数据规范》中的相关规定为：“中国作者姓名的汉语拼音采用如下写法：姓前名后，中间为空格；姓氏的全部字母均大写，复姓应连写；名字的首字母大写，双名中间加连字符；名字不缩写。如：ZHANG Ying（张颖），WANG Xi-lian（王锡联），ZHUGE Hua（诸葛华）”。

实际上，国外英文版期刊一般会尊重作者对自己姓名的表达方式（但大多倾向于大写字母只限于姓和名的首字母），有时在同一篇文章中不同作者的姓名表达方式也不尽相同。例如：发表于 Nature（2002，415：732）的一篇短文中三位作者姓名的表达分别为“Shengli Ren，Guang'an Zu，Hong-fei Wang”（任胜利，祖广安，王鸿飞），这篇短文被他人引用时，作者姓名有可能被缩写为“Ren S，Zu G，Wang H F”等多种形式。

作者本人应尽量采用相对固定的英文姓名的表达形式，以减少在文献检索和论文引用中被他人误解的可能性。

(4) 作者地址的标署　作者地址不仅有助于作者身份的识别，同时也是期刊编辑部或读者与作者联系所必需的信息。标署地址时应注意：

1）尽可能地给出详细的通讯地址，对于大多数研究机构来说，在不影响邮局投寄信件的前提下，可以不列出详细的街道名，但邮政编码必须要给出；对于高等院校来说，通信地址一定要具体到院系和研究室，以免按论文中地址抄录的邮件无法寄达作者本人。

2）如果有两位或多位作者，则每个不同的地址都应按作者出现的先后顺序列出，并以相应上角标的形式列出与相应作者的关系。

3）如果论文出版时作者调到一个新单位（不同于投稿时作者完成该研究工作的地址），新地址应以“Present address”（现地址）的形式在脚注中给出。这种做法对于读者了解作者的就职单位十分有用，同时也有利于检索系统统计研究机构的论文产出。

4）如果第一作者或通讯作者同时为其他单位的兼聘或客座研究人员，并且为体现成果的归属，需要在论文中同时标署作者实际所在单位和受聘单位的地址，则一定要指明作者的有效通讯地址。

5）如果第一作者不是通讯作者，作者应按期刊的相关规定表达，并提前告诉编辑。期刊多以星号（*）、脚注或致谢的形式标注通讯作者或联系人，如："Corresponding author"，"To whom correspondence should be addressed"，或"The person to whom inquiries regarding the paper should be addressed"等。

需要特别指出的是，千万不要认为在寄送稿件的信封上或投稿信中已经给出了作者的详细通信地址，就没有必要在论文中再重复准确的通信地址。这种做法不仅阻碍了对论文感兴趣的读者与作者进一步交流的可能，同时也很可能妨碍期刊编辑与作者进行快速而有效的沟通（编辑在反馈审稿意见时不一定总是从稿件的原始档案中查询作者的通信地址）。

6.4.2 论文的结构安排与撰写

上面已经提到，科技论文的作者必须要回答以下四个基本问题：你为何要开始（Why did you start）？你做了什么（What did you do）？你发现了什么（What did you find）？它的意义是什么（What does it mean）？这四个问题在论文中有固定的格式来阐述和回答，即论文的IMRAD结构：引言（Introduction）、材料与方法（Materials and methods）、结果（Results）和（And）讨论（Discussion）；再加上题名（Title）、摘要（Abstract）、关键词（Keywords）、致谢（Acknowledgements）和参考文献（References），就构成了一篇完整的论文。

1. 题名

科技论文的题名是论文的画龙点睛之处，是表达论文的特定内容，反映研究范围和深度的最恰当、最简明的逻辑组合，即题名应"以最少数量的单词来充分表述论文的内容"。

题名的作用主要有两方面：

1）吸引读者。题名相当于论文的"标签"（Label），一般的读者通常根据题名来考虑是否需要阅读摘要或全文，而这个决定往往是在一目十行的过程中做出的。因此，题名如果表达不当，就会失去其应有的作用，使真正需要它的读者错过阅读论文的机会。

2）帮助文献追踪或检索。文献检索系统多以题名中的主题词作为线索，因而这些词必须要准确地反映论文的核心内容，否则就有可能产生漏检。此外，图书馆和研究机构大都使用自动检索系统，其中有些是根据题名中的主题词来查找资料的。因此，不恰当的题名很可能会导致论文"丢失"，从而不能被潜在的读者获取。

（1）题名撰写的基本要求

1）准确（Accuracy）。题名要准确地反映论文的主要内容。

作为论文的"标签"，题名既不能过于空泛和一般化，也不宜过于烦琐，从而不能给人留下鲜明的印象。如果题名中没有吸引读者的信息，或写得生涩难解，就会失去读者；反之，题名如果吸引人，读者就有可能会进一步阅读摘要或全文，甚至复制并保存。

题名中准确的"线索"（Keys）对于文献检索也至关重要。目前，大多数索引和摘要服务系统都已采取"关键词"系统，因此，题名中的术语应是文章中重要内容的"亮点"（Highlight Words），并且易被理解和检索。

为确保题名的含义准确，应尽量避免使用非定量的、含义不明的词，如“rapid”“new”等，并力求用词具有专指性，如“a vanadium-iron alloy”明显优于“a magnetic alloy”。

为方便读者，期刊或书籍的页面常提供“眉题”（Running Title）。由于受到版面的限制，眉题通常由题名缩减而成（期刊的“作者须知”中常给出眉题的字符数，一般不超过60个字符）。为确保“眉题”的准确性，作者最好在投稿时提供一个合适的“眉题”。

2）简洁（Brevity）。题名应当言简意赅，以最少的文字概括尽可能多的内容。

具体而言，题名最好不超过10~12个单词，或100个英文字符（含空格和标点）。若能用一行文字表达，就尽量不要用两行（超过两行有可能会削弱或冲淡读者对论文核心内容的印象）。

当然，在撰写题名时不能因为追求形式上的简短而忽视对论文内容的反映。题名过于简短，常常起不到帮助读者理解论文的作用。例如：“Studies on Brucella”是有关分类学、遗传学、生物化学还是医学方面的研究论文？读者至少要从题名中直接得到这方面的信息。

题名偏长，则不利于读者在浏览时迅速了解信息，如：“Preliminary Observations on the Effect of Zn Element on Anticorrosion of Zinc Placing Layer”，可改为“Effect of Zn on Anticorrosion of Zinc Plating Layer”。

3）清楚（Clarity）。题名要清晰地反映文章的具体内容和特色，明确表明研究工作的独到之处，力求简洁有效、重点突出。

为了表达直接而清楚，以便引起读者的注意，应尽可能地将表达核心内容的主题词放在题名开头。如：在“The Effectiveness of Vaccination Against Influenza In Healthy, Working Adults”（N Engl J Med，1995，333：889-893）中，如果作者用关键词vaccination作为题名的开头，读者可能会误认为这是一篇方法性文章，即How to vaccinate this population？相反，用effectiveness作为题名中的第一个主题词，就直接指明了研究问题Is vaccination in this population effective？

模糊不清的题名往往会给读者和索引工作带来麻烦和不便，如：“The Effects of Oviform on Its Onset”和“A Complication of Trans Lumbar Aortography”中的its和complication就很令人费解。

题名中应谨慎使用缩略语。尤其对于可有多个解释的缩略语，应严加限制，必要时应在括号中注明全称。全称较长并且已得到科技界公认的缩写才可直接使用，并且，这种使用还应受到相应期刊读者群的制约。如：DNA（Deoxyribo Nucleic Acid，脱氧核糖核酸）、AIDS（Acquired Immune Deficiency Syndrome，获得性免疫缺陷综合征，艾滋病）等已为整个科技界公认和熟悉，可以在各类科技期刊的题名中使用；CT（Computerized Tomography，计算机断层扫描术）、NMR（Nuclear Magnetic Resonance，核磁共振）等已为整个医学界公认和熟悉，可以在医学期刊的题名中使用；BWR（Boiling Water Reactor，沸水反应堆）、PWR（Pressurized Water Reactor，压水反应堆）等已为整个核电学界公认和熟悉，可以在核电期刊的题名中使用。

在设计题名时，作者应思考一下“我如何检索这类信息”。如果论文是有关盐酸的效用的，题名中是否应包含“hydrochloric acid”，或更短且易识别的“HCl”？大多数读者可在以“hy”开头的索引部分中找出“hydrochloric acid”。又如，有些术语是以地名和人名来命名的，但不常用，因此在题名中使用也不妥（如“坐骨神经痛”应使用sciatica，而不是cotunnius' disease 来表达）。

为方便二次检索，题名中应避免使用化学式、上下角标、特殊符号（数字符号、希腊字母等）、公式、不常用的专业术语和非英语词汇（包括拉丁语）等。有些“文题指南”和“作者须知”中还特别规定题名中不得使用专利名、化工产品、药品、材料或仪器的公司名、特殊商业标记或商标等。

（2）题名的类型

1）名词词组。如 Inositol Trisphosphate and Calcium Signaling（三磷酸肌醇和钙信号表达）。

2）主副题名。如 WAF1: A Potential Mediator of p53 Tumor Suppression（WAF1: p53 肿瘤抑制作用的一个可能介导因子）。

3）系列题名。如 Density-functional Thermochemistry. Ⅲ. The Role of Exact Exchange（密度函数的热化学：3. 正解交换的作用）。

4）陈述性题名。如 The p21 Cdk-interacting Protein Cip1 Is A Potent Inhibitor of G1 Cyclin-dependent Kinases（p21 Cdk 作用蛋白（又称 Cip1）是 G1 细胞周期依赖性蛋白激酶的强抑制剂）。

5）疑问句题名。如 When Is A Bird Not A Bird?

2. 摘要

摘要（Abstract）是现代科技论文中必不可少的内容，国家标准 GB 6447—1986《文摘编写规则》对摘要的定义为“以提供文献内容梗概为目的，不加评论和补充解释，简明、确切地记叙文献重要内容的短文”。英文摘要作为科技论文的重要组成部分，有其特殊的意义和作用，它是国际知识传播、学术交流与合作的“桥梁”和媒介。尤其是目前国际上各主要检索机构的数据库对英文摘要的依赖性很强，因此，好的英文摘要对于增加论文被检索和引用的机会、吸引读者、扩大影响起着不可忽视的作用。

（1）摘要的类型　根据内容的不同，摘要可分为以下三大类，即报道性摘要、指示性摘要和报道-指示性摘要。

1）报道性摘要（Informative Abstract）。报道性摘要也常称作信息性摘要或资料性摘要，其特点是全面、简要地概括论文的目的、方法、主要数据和结论。通常，该类摘要可以部分地取代阅读全文。

2）指示性摘要（Indicative Abstract）。指示性摘要也常称为说明性摘要、描述性摘要（Descriptive Abstract）或论点摘要（Topic Abstract），一般只用两三句话概括论文的主题，而不涉及论据和结论，多用于综述、会议报告等。该类摘要可用于帮助潜在读者来决定是否需要阅读全文。

3）报道-指示性摘要（Informative-Indicative Abstract）。报道-指示性摘要以报道性摘要的形式表述文献中信息价值较高的部分，以指示性摘要的形式表述其余部分。

传统的摘要多为一段式，在内容上大致包括引言（Introduction）、材料与方法（Materials and Methods）、结果（Results）和讨论（Discussion）等主要方面，即 IMRAD 结构的写作模式。

20 世纪 80 年代中期出现了另一种摘要文体，即“结构式摘要”（Structured Abstract），该摘要实质上是报道性摘要的结构化表达，建立初期曾以“更多信息性摘要”（More Inform-

ative Abstract）命名，旨在强调论文摘要应有较多的信息量。

结构式摘要与传统摘要的差别在于其为了便于读者了解论文的内容，行文中用醒目的字体（黑体、全部大写或斜体）等直接标出目的、方法、结果和结论等标题。

（2）摘要的基本结构和内容　因为摘要本质上就是一篇高度浓缩的论文，所以其构成与论文主体的IMRAD结构是对应的。因此，摘要应包括以下内容梗概：

1）目的。研究工作的前提、目的和任务，所涉及的主题范围。

2）方法。所用的理论、条件、材料、手段、装备、程序等。

3）结果。观察、实验的结果、数据，得到的效果、性能等。

4）讨论。结果的分析、比较、评价、应用，提出的问题，今后的课题，假设、启发、建议、预测等。

5）其他。不属于研究、研制、调查的主要目的，但具有重要的信息价值。

一般地说，报道性摘要中2）、3）和4）相对详细，1）和5）相对简略；指示性摘要则相反。

结构式摘要与传统一段式摘要的区别在于其分项具体，可使读者更方便、快速地了解论文的各项内容。Ad Hoc工作组于1987年初次提出结构式摘要的构架，Haynes等于1990年对其进行进一步完善（结构式摘要的构架及简要说明见表6-1），之后逐渐得到生物医学类期刊的广泛认可和采用。统计表明，Medline检索系统所收录的生物医学期刊目前已有60%以上采用了结构式摘要。我国有些医学类期刊在20世纪90年代初开始采用结构式摘要，并对其使用效果和进一步优化进行了较为深入的探讨。

表6-1　结构式摘要的构架及简要说明

构架	说　明
目的(Objective)	研究的问题、目的或设想等
设计(Design)	研究的基本设计，样本的选择、分组、诊断标准和随访情况等
单位(Setting)	说明开展研究的单位(研究机构、大专院校，或医疗机构)
对象(Patients/Participants)	研究对象(患者等)的数目、选择过程和条件等
处置(Interventions)	处置方法的基本特征，使用何种方法及持续的时间等
主要结果测定(Main Outcome Measures)	主要结果是如何测定、完成的
结果(Results)	研究的主要发现(应给出确切的置信度和统计学显著性检验值)
结论(Conclusions)	主要结论及其潜在的临床应用

实际上，表6-1中的八个层次比较适用于临床医学类原始论文（Original Article）。对于综述类论文，Haynes等认为其结构式摘要应包括以下六个方面：目的（Objective）、资料来源（Data Sources）、资料选择（Study Selection）、数据提炼（Nets Extraction）、资料综合（Data Synthesis）和结论（Conclusions）。

为节省篇幅，有些期刊在使用中对上述结构式摘要进行适当简化，如New England Journal of Medicine采用背景（Background）、方法（Methods）、结果（Results）、结论（Conclusions）四个方面；Lancet则采用背景（Background）、方法（Methods）、发现（Findings）、解释（Interpretation）四个方面。

JAMA（Journal of the American Medical Association）是为数不多的采用结构式摘要全部

项目的期刊之一，其原始性论文的摘要需包括九项（Context, Objective, Design, Setting, Patients, Interventions, Main Outcome Measures, Results, Conclusion），但在“投稿要求”中同时也指出作者可根据需要将相关项目合并。

与传统摘要相比较，结构式摘要的长处是易于写作（作者可按项目填入内容）和方便阅读（逻辑自然、内容突出），并且表达也更为准确、具体、完整。

应该说，无论是传统一段式摘要，还是结构式摘要，实际上都是按逻辑次序发展而来，没有脱离 IMRAD 的范畴。

（3）摘要撰写技巧　由于大多数检索系统只收录论文的摘要部分或其数据库中只有摘要部分免费提供，并且有些读者只阅读摘要而不读全文或常根据摘要来判断是否需要阅读全文，因此摘要的清楚表达十分重要。为确保摘要的“独立性”（Stand on Its Own）或“自明性”（Self-Contained），摘要撰写中应遵循以下规则：

1）为确保简洁而充分地表述论文的 IMRAD，可适当强调研究中的创新和重要之处（但不要使用评价性语言）；尽量包括论文中的主要论点和重要细节（重要的论证或数据）。

2）使用简短的句子，用词应为潜在读者所熟悉。表达要准确、简洁、清楚；注意表述的逻辑性，尽量使用指示性的词语来表达论文的不同部分（层次），如使用“We found that…”表示结果，使用“We suggest that…”表示讨论结果的含义等。

3）应尽量避免引用文献，若无法回避使用引文，应在引文出现的位置将引文的书目信息标注在方括号内；若确有需要（如避免多次重复较长的术语）使用非同行熟知的缩写，应在缩写符号第一次出现时给出其全称；摘要中必须避免使用图表。

4）为方便检索系统转录，应尽量避免使用化学结构式、数学表达式、角标和希腊文等特殊符号。

5）查询拟投稿期刊的作者须知，以了解其对摘要的字数和形式的要求。如果是结构式摘要，应了解其分为几段，使用何种标识、时态，以及是否使用缩写或简写。

3. 关键词

在撰写关键词时，应遵循以下规则：①不要使用过于宽泛的词作为关键词（如有机化合物、生态科学等），以免失去检索的作用；②避免使用自定的缩略语、缩写词作为关键词，除非是科学界公认的专有缩写词（如 DNA 等）；③关键词的数量要适中。

4. 引言

引言用来说明论文写作的背景、理由、主要研究成果及其与前人工作的关系等，目的是引导读者进入论文的主题，并让读者对论文中将要阐述的内容做好心理准备。因此，引言有总揽论文全局的重要性，也是论文中最难写的部分之一。

引言内容的安排可以有较大的伸缩性，但基本内容应包括研究背景、存在问题和研究目的三个方面。对于篇幅较长、结构复杂的论文，可简略说明研究的主要结论和论文的构架。

（1）引言撰写的基本要求　作为正文的开篇，引言的质量决定着读者对论文的“第一印象”，因此，在引言中如何表达作者的研究背景和目的，并引起读者的阅读兴趣就显得十分重要，即简洁而清楚地解释：为什么要选择这个论题？这个论题为什么重要？

如果要探讨的问题不是合情合理、明白地提出，读者就会对问题的解决方案失去兴趣；同样，如果表达冗长、重点不突出，就有可能使读者失去对论文中亮点的印象。因此，引言的撰写中应注意以下基本要求：

1）尽量准确、清楚且简洁地指出所探讨问题的本质和范围，对研究背景的阐述做到繁简适度。由于阅读相应期刊的读者已具备相关的专业基础知识，因此，复述潜在读者早已明白的一般性知识不仅没有必要，而且使人厌烦，但过分缩减必要的信息或介绍也容易令读者感到突兀。

2）在背景介绍和问题的提出中，应引用“最相关”的文献以指引读者。优先选择引用的文献包括相关研究中的经典、重要和最具说服力的文献，尽量避免刻意回避引用最重要的相关文献（甚至是对作者研究具有某种“启示性”意义的文献），或者不恰当地大量引用作者本人的文献。

3）采取适当的方式强调作者在本次研究中最重要的发现或贡献。让读者顺着逻辑的演进阅读论文，切忌故意制造悬念，以期在论文的最后达到高潮（甚至将重要的发现在摘要中也忽略），实际上这种做法往往适得其反，因为读者不一定有耐心阅读冗长的文字，直至坚持到最后的重要部分。

4）解释或定义专门术语或缩写词，以帮助编辑、审稿人和读者阅读与理解。

5）适当地使用“I”“We”或“Our”，以明确地指示作者本人的工作，如：最好使用“We conducted this study to determine whether...”，而不使用“This study was conducted to determine whether...”。

6）叙述前人工作的欠缺以强调自己研究的创新时，应慎重且留有余地。可采用类似如下的表达：To the author's knowledge...；There is little information available in literature about...；Until recently，there is some lack of knowledge about...。

（2）引言的写作要点

1）介绍研究背景。介绍研究背景的目的是说明论文的主题与较为广泛的研究领域有何关系，同时要提供足够的背景资料，以便让读者了解论文内容的重要性。因此，通常是先指出较宽泛范围的一般性事实，然后将重点逐渐转入与论文所探讨的问题有密切联系的主题。

为说明研究工作与过去研究的关系，背景介绍通常需要进行文献回顾来讨论曾经发表的相关研究，以介绍相关领域的研究概况与进展。文献回顾的长度视文章类别与研究领域而定（通常至少有1~2个段落），如果研究主题为许多其他学者曾经探讨的问题，则可能有很多参考文献需要讨论；相反，如果作者只是讨论某位学者最近才提出的非常专业的问题，则可能只需讨论一两篇文献即可。

2）提出研究问题。通过对研究背景的介绍，指出有某个问题或现象仍值得进一步研究，进而就把焦点转到要探讨的研究问题（即指出问题并阐明研究动机），以便读者了解作者的研究活动和研究目的。

指出存在问题的方法通常有以下几种形式：①以前的学者尚未研究或处理得不够完善的重要课题；②过去的研究衍生出的有待探讨的新问题；③以前的学者曾提出两个以上互不相容的理论或观点，而且必须做进一步研究，才能解决这些冲突；④过去的研究很自然地可以扩展到新的题目或领域，或以前提出的方法或技术可以改善或扩展到新的应用范围。

3）阐述研究目的。介绍研究活动的目的旨在将作者研究的任务具体化，并可根据情况说明在已有工作的基础上有什么贡献或创新，但切忌评价式用语，例如“首次发现”“首次提出”“达到国际先进水平”等。

5. 材料与方法

科学研究的基本要求是研究结果能够被重复，而快速判定结果能否被重复的途径就是作者所描述的材料与方法。因此，当论文提交给同行评议时，审稿人通常会十分关注并仔细阅读“材料与方法”部分。如果评审人对作者是否采取了正确可行的研究方法或技术，或实验能否被重复高度怀疑，就会建议退稿，而不管研究结果是如何地激动人心。因此，材料与方法的表达至关重要。

（1）写作要点

1）对材料的描述应清楚、准确。通常先对材料做概述，然后再详细描述材料的结构、主要成分或重要特性，以及设备的功能等。

材料描述中应该清楚地指出研究的对象（样品或产品、动物、植物、病人）的数量、来源和准备方法。如果采用具有商标名的仪器、化学试剂或药品时，还应对仪器进行精确的技术说明，并列出试剂或药品的主要化学和物理性质，有时甚至要说明仪器和样品制造商的名称及所在地，如：Lfex（Bristol-Myers Squibb，Princeton，NJ），Librium（Ruche Products，Manati，Puerto Rico）。

对于实验材料，应采用国际同行所熟悉的通用名，尽量避免使用只有作者的本国同行才知道的专门名称。然而，如果已知有不同特性的产品，如特定的微生物媒介（Microbiological Media），就需要使用商标和制造商的名称（商标名的首字母应大写，如：Teflon），以示与通用名的区别，并将通用的描述紧接在商标名之后，如 Kleenex facial tissues。

实验用的动物、植物和微生物应准确地标识出（通常按属、种名列出），并说明其来源和特殊性质（年龄、性别、遗传学和生理学状态）、抽样的要求或标准等。

当需要描述多种微生物种属或化合物的来源和特性时，可采用列表的形式；否则，在正文、表注或图注中简单描述即可。

如果研究对象是人（志愿者或病人），则应特别注意拟投稿期刊的具体要求，应交代研究对象的选择标准，并根据情况兼顾一般性的重要统计特征（年龄、性别和身体状况），以及其他与论文主题相关的统计信息（如体重、身高、种族等）。

2）对方法的描述要详略得当、重点突出。方法即描述“研究是如何开展的”，通常按研究步骤的时间顺序描述方法，其内容包括：实验环境或条件（如温度、电压、辐射、特殊的光线等）；研究对象选择的方法；选用特定材料、设备或方法的理由；实验程序；所应用的统计分析方法等。如果没有时间顺序，就按重要性程度描述实验步骤。

在“方法”的描述中应给出足够的细节信息以便让同行能够重复实验，避免混入有关结果或发现方面的内容。必要时，应该完整地描述选择某种特定方法的理由。如果方法新颖且不曾发表过，应提供所有必需的细节；如果所采用的方法已经公开报道过，则引用相关的文献即可（如果报道该方法的期刊影响力很有限，则可稍加详细描述）。

对数据统计分析方法的详细描述通常表明作者是新近设计或获得该方法，并且作者相信读者需要这种解释；普通的统计方法不需要评论或解释；先进或不常见的统计方法需要适当引用文献。

如果要描述的内容较多，可按层次使用子标题，并尽可能创建与结论中内容相“对应”的子标题，这种写法可保持文章内部的一致呼应，并且读者也可很快了解某种特定方法和与其相关的结果。

投稿前作者可请同行阅读定稿，以了解对方法的描述是否清楚或有无明显的疏漏。

3）阅读拟投稿期刊的“作者须知”，了解相关的具体要求。阅读拟投稿期刊的“作者须知”，了解其对“材料与方法”的具体要求是十分必要的。例如，有些期刊在其“作者须知”中要求作者提供研究对象（志愿者或病人）授权同意的声明和作者所在单位的同意函，投稿时如果缺少这方面的材料，稿件将不被受理。

4）力求语法正确、表达简洁且合乎逻辑。由于“材料与方法”部分通常需要描述很多内容，因此尤其需要准确、简洁、清楚地表述。

例如：Blood samples were taken from 48 informed and consenting patients…the subjects ranged in age from 6 months to 22 years。本句的语法没有错误，但逻辑上显然有问题：6 months 的婴儿能 informed and consenting（知情并同意）吗？

又如…cells were broken by as previously described（9）。句子本身没有问题，但在内容上显得不够准确、清楚，如果有多种可供选择的方法能采用，在引用文献时应提及一下具体的方法。因此，最好将本句改为：“cells were broken by ultrasonic treatment as previously described（9）”。

（2）时态与语态的运用

1）若描述的内容为不受时间影响的事实，采用一般现在时。如：

A twin-lens reflex camera is actually a combination of two separate cameraboxes.

2）若描述的内容为特定、过去的行为或事件，则采用过去时。如：

The work was carried out on the Imperial College gas atomizer, which has been described in detail elsewhere.

3）材料与方法章节的重点在于描述实验中所进行的每个步骤及所采用的材料，由于所涉及的行为与材料是讨论的重点，而且读者已知道进行这些行为和采用这些材料的人就是作者自己，因而一般都习惯采用被动语态。如：

优：The samples were immersed in an ultrasonic bath for 3 minutes in acetone followed by 10 minutes in distilled water.

劣：We immersed the samples in an ultrasonic bath for 3 minutes in acetone followed by 10 minutes in distilled water.

4）如果涉及作者表达的观点或看法，则应采用主动语态或不定式结构。如：

优：For the second trial, the apparatus was covered by a sheet of plastic. We believed this modification would reduce the amount of scattering.

优：For the second trial, the apparatus was covered by a sheet of plastic to redone the amount of scattering.

劣：For the second trial, the apparatus was covered by a sheet of plastic. It was believed that this modification would reduce the amount of scattering.

6. 结果

“结果”是作者贡献的集中反映，是整篇论文的立足点，因此也可以说是论文最重要的部分，论文前面的部分（引言、材料与方法）是为了解释为什么和如何获得这些结果，后面的部分（讨论）则是为了解释这些结果的含义。

结果中通常包括的内容主要有：①结果的介绍，即指出结果在哪些图表中列出；②结果的描述，即描述重要的实验或观察结果；③对结果的评论，即对结果的说明、解释、与模型或他人结果的比较等。

有些期刊允许将“结果”（Result）与“讨论”（Discussion）合并，但作者在撰写初稿时最好将两者分开撰写，然后根据需要和编辑的建议来决定是否合并。

结果部分的写作要点如下：

1）对实验或观察结果的表达要高度概括和提炼。不能简单地将实验记录数据或观察事实堆积到论文中，尤其是要突出有科学意义和具有代表性的数据，而不是没完没了地重复一般性数据。正如阿伦森（Aaronson）指出，“囊括所有一切而不遗漏任何细节的举动并不能证明作者拥有无限的信息，反而说明他缺乏甄别的能力”。

根据需要选用不同类型的数据来表达结果，对于特别重要的结果应采用“原始数据”（实际观察数据）的形式来表述；对于一般性数据的表达则可采用“总结数据”（如平均值和正负标准差）或“转换数据”（如百分数）的形式。

描述结果的顺序取决于实验的目的。可以按“方法”部分中的顺序描述结果，也可采用以下方法：按由老及新的顺序叙述（如先叙述传统方法的治疗结果，再叙述新方法的治疗结果）；按研究过程的时间顺序叙述；按重要性程度叙述。

2）数据表达可采用文字与图表相结合的形式。如果只有一个或很少的测定结果，在正文中用文字描述即可；如果数据较多，可采用图表形式来完整、详细地表述，文字部分则用来指出图表中资料的重要特性或趋势，切忌在文字中简单地重复图表中的数据，而忽略叙述其趋势、意义及相关推论。

例如，如果趋势图中已反映了1996—2001年注册学生的人数，文字中就不应采用如下描述：In 1996, enrollment was 20, in 1997, it was 30, in 1998, it was 40…；而应采用如下方法：Enrollment increased dramatically between 1996 and 2001, reaching a peak of 60 students in 7000。

3）适当说明原始数据，以帮助读者理解。如果论文中还包括独立的“讨论”章节，应将对于研究结果的详细讨论留到该部分，但“结果”中应该提及必要的说明（或解释），以便读者能清楚地了解作者此次研究结果的意义或重要性。

明确地给出相关统计结果对于实验分析有时是十分重要的。通常需要提供的统计数据包括：标准差（Standard Deviation）；均值的标准误差（Standard Error of the Mean）；中位数和四分位数的间距（Median and Interquartile Range）；双侧检验（Two-Sided Tests）；置信区间（Confidence Intervals）等。

如果有必要说明对数据的统计分析方法，应在结果中加以阐述，其中尤其要注意统计的科学意义。“Infection and Immunity”的主编Erwin Neter，常以一个经典的故事来警示作者要注意数据的统计学意义，即一篇论文中描述道：“33.33% of the nice used in this experiment were cured by the best drug; 33.33% of the test population were unaffected by the drug and remained in a moribund condition; the third mouse got away.”（33.33%的老鼠被实验用药治愈，33.33%不受实验药物的影响而保持原来状态，第3只老鼠逃逸。）

实际上，在说明（或解释）实验结果时，通常很容易由“客观”描述演变为对结果的推理或“讨论”。例如：

The duration of exposure to running water had a pronounced effect on cumulative seed germination percentages (Fig. 2). Seeds exposed to the 2-day treatment had the highest cumulative germination (84%), 1.25 times that of the 12-h or 5-day groups and 4 times that of controls.

这段文字旨在强调说明"the highest cumulative germination (84%)"，是客观的结果描述。但是，如果稍微改变一下描述的方式，如：

The results of the germination percentages (Fig. 2) suggest that the optimal time for running-water treatment is 2 days. This group showed the highest cumulative germination (84%), with longer (5d) or shorter (12h) exposures producing smaller gains in germination when compared to the control group.

尽管这段文字所描述的数据基本没有改变，但因为出现"suggest that the optimal time"和"showed the highest cumulative germination"，就演变成了对结果的推理或"讨论"。

4）文字表达应准确、简洁、清楚。避免使用冗长的词汇或句子来介绍或解释图表。为简洁、清楚起见，避免把图表的序号作为段落的主题句，应在句子中指出图表所揭示的结论，并把图表的序号放入括号中。例如：

劣：Figure 1 shows the relationship between A and B.

优：A was significantly higher than B at all time paints checked (Fig. 1).

劣：It is clearly shown in Table 1 that nonillion inhibited the growth of N. gonorrhoeae.

优：Nonillion inhibited the growth of N. gonorrhoeae (Table 1).

表达"比较"时，避免使用"compared with"，应直接明确指出比较的结果。例如：

劣：X was significantly increased compared with Y (Fig. 1).

优：X was significantly higher than Y (Fig. 1).

在避免冗长表达时注意不要犯有关先行词使用方面的错误，最常见的这类错误是滥用先行词"it"。例如：

The left leg became numb at times and she walked it off… On her second day, the knee was better, and on the third day it had completely disappeared. (其中"it"的先行词是"the numbness"，还是"a result of numbness"？指代不清。)

7. 讨论

"讨论"的重点在于对研究结果的解释和推断，并说明作者的结果是否支持或反对某种观点，是否提出了新的问题或观点等。因此撰写讨论时要避免含蓄，尽量做到直接、明确，以便审稿人和读者了解论文为什么值得引起重视。

通常根据需要可将"讨论"(Discussion)与"结论"(Conclusion)合并为"Discussion and Conclusion"或"Discussions"，有些论文也将结果与讨论合并为一节(Result and Discussion)，其后为"Conclusion"，作者应参考相应期刊的习惯，并根据实际需要来决定。

（1）基本内容　讨论中通常先简要回顾研究目的和重要结果，然后再讨论具体结果的含义及科学意义或贡献。因此，讨论的开始部分范围通常比较窄，然后逐渐变得比较宽泛。

讨论的内容主要有：

1）回顾研究的主要目的或假设，并探讨所得到的结果是否符合原来的期望？如果没有，则指出为什么。

2）概述最重要的结果，并指出其能否支持先前的假设及是否与其他学者的结果一致；如果不一致，则指出为什么。

3）对结果提出说明、解释或猜测，指出根据这些结果能得出何种结论或推论。

4）指出研究的局限性及这些局限对研究结果的影响，并建议进一步的研究题目或方向；

5）指出结果的理论意义（支持或反驳相关领域中现有的理论，或对现有理论进行修正）和实际应用。

（2）写作要点 许多稿件尽管数据真实且有趣，但讨论有误、讨论过度或讨论极不充分经常使得数据的真实含义被掩盖，从而导致退稿。因此，可以说讨论是论文中最难写的部分。

在撰写讨论时应注意以下方面：

1）对结果的解释要重点突出，简洁、清楚。讨论的重点要集中于作者的主要论点，尽量给出研究结果所能反映的原理、关系和普遍意义。如有意外的重要发现，也应在讨论中做适当解释或对于新的研究问题给出建议，但不能对其过于关注而迷失最初的研究问题。

讨论的内容应基于“研究结果”中的实验结果，不能出现新的有关“结果”方面的数据或发现。

为有效地回答所研究的问题，可适当简要地回顾研究目的并概括主要结果，但不能简单地罗列结果，因为这种结果的概括是为讨论服务的。如：

The slow response of the lead-exposed neurons relative to controls suggests that...（由主要结果引导出相关的讨论）。

2）推论要符合逻辑，避免出现实验数据不足以支持的观点和结论的情况。根据结果进行推理时要适度，论证时一定要注意结论和推论的逻辑性。在探讨实验结果或观察事实的相互关系和科学意义时，并不需要得出试图去解释一切的巨大结论。如果把数据外推到一个更大的、不恰当的结论，不仅无益于提高作者的科学贡献，甚至现有数据所支持的结论也会受到怀疑。

要如实指出实验数据的欠缺或相关推论和结论中的任何例外，绝不能编造或修改数据。

3）观点或结论的表述要清楚、明确。尽可能清楚地指出作者的观点或结论，并解释其支持还是反对已有的认识。此外，要大胆地讨论工作的理论意义和可能的实际应用，清楚地告诉读者该项研究的新颖之处和重要部分。

结束讨论时，避免使用诸如“Future studies are needed”之类苍白无力的句子。实际上有许多读者首先阅读论文中“讨论”的结束部分，如果作者在此不清楚地指出自己的重要结果和相关结论的科学意义，读者就有可能对论文的其他部分失去兴趣。

4）对结果科学意义和实际应用效果的表达要实事求是，适当留有余地。避免使用“For the first time”等类似的优先权声明。

在讨论中应选择适当的词汇来区分推测与事实。例如，可选用“prove”“demonstrate”等表示作者坚信观点的真实性，选用“show”“indicate”“found”等表示作者对问题的答案有某些不确定性，选用“imply”“suggest”等表示推测，或者选用“can”“will”“should”“probably”“could”“possibly”等来表示论点的确定性程度。

8. 结论

通常情况下，有关结论的内容都包括在“结果与讨论”或“讨论”中，但有时也可将“结论”单独列为一节。

“结论”中阐述的内容通常有：

1）作者本人研究的主要认识或论点，其中包括最重要的结果、结果的重要内涵、对结果的说明或认识等。

2）总结性地阐述本研究结果可能的应用前景、研究的局限性及需要进一步深入研究的方向。

应注意的是，撰写结论时不应涉及前文不曾指出的新事实，也不能在结论中简单地重复摘要、引言、结果或讨论等章节中的句子，或者叙述其他不重要甚至与本次研究没有密切联系的内容，以故意把结论拉长。

9. 致谢

“致谢”除了表达道义上的感激外，也是尊重他人贡献的表示。“致谢”中通常包括的内容主要有：

1）感谢任何个人或机构在技术上的帮助，其中包括提供仪器、设备或相关实验材料，协助实验工作，提供有益的启发、建议、指导、审阅，以及承担某些辅助性工作等。

2）感谢外部的基金帮助，如资助、协议或奖学金，有时还需附注资助项目号、合同书编号等。

“致谢”的写作要点如下：

（1）致谢的内容应尽量具体、恰如其分　致谢的对象应是对论文工作有直接和实质性帮助、贡献的人或机构。因此，致谢中应尽量指出相应对象的具体帮助与贡献。例如：应该使用诸如“Thanks are due to Jones for assistance with the experiments and to R. Smith for valuable discussion”的表达，避免诸如“To acknowledge all of the people why have contributed to this paper in some manner…”的表达等。

此外，致谢某人可能暗喻某人赞同论文的观点或结论，如果被感谢的人并不同意论文的全部观点或结论，那么论文公开发表后被感谢的人和作者都会很尴尬。因此，如果是感谢一个思想、建议或解释，就要尽量指明这些内容，以免将被感谢的对象敏感而尴尬地置于为整篇论文承担文责的境地。

为表示应有的礼貌和尊重，投稿前应请所有被感谢的对象阅读论文的定稿（尤其要包括“致谢”部分），以获得允许或默认。

（2）用词要恰当　要注意选用恰当的词句来表达感谢之情，避免因疏忽而冒犯本应接受感谢的个人或机构。

致谢的开始就用“We thank”，不要使用“We wish to thank”、“We would like to thank”或“The authors thank”等。尤其是“wish”一词最好不要在致谢中使用，当表达愿望时，“wish”是很好的词，但如果说“I wish to thank John Jones”则是在浪费单词，并且也可能蕴含着“I wish that I could thank John Jones for his help but it was not all that great”（我希望感谢 John Jones 的帮助，但这种帮助并不那么大）的意思。实际上用“I thank John Jones”显得更为简明和真诚。

（3）致谢的形式要遵从拟投稿期刊的习惯和相关规定　参阅拟投稿期刊的“作者须知”和该刊已发表论文的致谢部分，注意其致谢的表达形式和相关要求。尤其是对于感谢有关基金资助的信息，有些期刊要求将其放到“致谢”中，有些则要求将其放到论文首页的脚注中。

10. 参考文献

参考文献是一篇完整的科技论文中不可或缺的一部分，它不仅是论文内容的某种缘起及延伸，同时也可为有兴趣的读者提供进一步查询的资料或信息的线索。

参考文献的作用主要有：①注明前人的相关工作，并说明研究的背景、依据等；②避免作者不必要地重复论述已有的方法、结果和结论；③论证作者的观点。

（1）选取参考文献的基本原则　对文献的选用可反映出作者的学识、判断能力，甚至学风，因此，应尽量选择成果重要、推导正确、表达流畅、与论文主题密切相关的文献。在参考文献的引用中应遵循以下原则：

1）所选用文献的主题必须与论文密切相关，可适量引用高水平的综述性论文（以概括一系列的相关文献）。

2）必须是作者亲自阅读过的文献，若为间接引用（即转引某篇论文的引文），则需要提及是从哪篇文献中转引的。

3）尽可能引用已公开出版而且最好是便于查找的文献，即同等条件下应优先引用著名期刊上发表的论文。

4）尽量避免引用非公开出版物，私人通信的注引方式应遵照拟投稿期刊的习惯或相关规定处理。

5）优先引用最新发表的同等重要的论文。

6）一般不引用专利和普通书籍（如大学本科生教材等）。

7）避免过多地，特别是不必要地引用作者本人的文献。

8）确保文献各著录项（作者姓名，论文题目，期刊或专著名，期刊的年、卷、期或专著的出版年、出版地、出版社、起止页码等）正确无误。

（2）参考文献的体例类型　统计表明，有 250 种以上的参考文献著录格式，其间差别大多体现在各著录项的取舍、不同著录项的编排顺序、字体变化、标点符号等方面，甚至同一出版公司或遵循同一出版体例的不同期刊（如遵循“生物医学期刊投稿的统一要求”的 600 余种期刊），其参考文献在列举形式上也存在差别。

正文中参考文献的标注类型主要有以下三种：

1）著者-出版年体系（Name-Year System，N-Y）。

2）顺序编码体系（Citation-Order System 或 Citation-Sequence System，C-O/C-S）。

3）著者-数字（顺序编码）体系（Alphabet-Number System，A-N）。

6.4.3　科技英语的文法与表达

科技文体（Scientific Style）也可称为科技英语（English for Science and Technology，EST），包括用英文撰写的有关自然科学和社会科学的著作、学术论文、实验报告、专利及产品说明书等，其主要功能是传播和推广科学技术知识。作为一种文体，科技英语不以语言的艺术美为其追求的目标，而讲究逻辑上的条理清楚和思维上的准确严密，其特点为词义明确、结构严谨、文风比较朴素和单纯。

对于非英语母语的作者（Nonnative Speaker，NNS）来说，英语的表达水平很可能直接影响到其稿件能否被录用或及时发表（尤其是对于那些处于录用与退稿之间的稿件）。戈斯登（Gosden）对 166 种物理、化学和生物学领域的英文版国际主流期刊的编辑进行过问卷调查，结果表明，由于语言表达欠佳而导致论文难以发表的情况较多，主要问题有（按重要性顺序排列）：句子内容的连贯性，论述的逻辑性，语法的正确程度，作者熟练使用语言表达论点的能力，以及论文中各部分的组织结构是否层次分明等。

为更好地帮助读者阅读与理解，在文体与表达方面应尽量满足读者对论文结构信息的预期，即：在宏观层次上，尽可能采用 IMARD 的论文构架；在微观层次上，力求句子的表达准确、简短、清楚，句子中的新信息和所强调的内容应与读者预期的结构位置相适应。

绝大多数科技期刊都有其特定的投稿要求，如：录入与打印的版式、应该投寄稿件的份数、投稿形式（是否需要以电子版形式投稿）、图表的准备与投寄等。认真、严格地执行拟投稿期刊有关投稿方面的要求，不仅可以节省作者和编辑的时间，同时也有利于稿件的顺利发表。有相当多的稿件因为作者投稿不当而被埋没在期刊的编辑部，甚至被丢失或严重拖延发表。

1. 稿件的录入与排版

认真、细致的录入与排版并不是锦上添花，而是稿件准备中必须要做的工作。大多数的期刊编辑部对所有新收到的稿件首先要进行打印版式方面的审查，最低要求通常有：稿件必须是计算机录排、双倍行距、单面打印，所投寄稿件的份数、图表的设计、体例版式等必须遵守相关期刊的特定要求。如果投稿不能满足上述全部要求，就有可能在编辑部初审后直接退回，或等待作者补齐欠缺材料后再送交同行评议。

稿件的录排与打印中应注意的方面主要有：

1）尽量不要使用脚注，除非期刊为某些目的而要求这样做。越来越多的期刊正倾向于取消正文中的脚注，这是因为脚注明显地增加了排版的麻烦（例如：脚注需要采用与正文不同的字号，不同页码间文字的调整也常常影响脚注的位置等），并且，脚注对于读者快速阅读和理解也有干扰。为方便排版和读者的阅读，有些期刊（如 Science）在每篇论文的最末设置“文献和注释”（Reference and Notes），以此来避免脚注。

2）除非编辑部有专门的要求，否则就用 A4 纸（210mm×297mm）、Times New Roman 字体、12 号（Points）字、单面、通栏、隔行打印文稿。

3）稿件的每部分都以新的一页开始。论文题目、作者姓名、地址应放在第 1 页，摘要置于第 2 页，引言部分从第 3 页开始，其后的每一部分（材料与方法、结论等）都以新的一页开始。插图的文字说明集中放在单独的一页。表和插图（包括图例和文字说明）应集中起来放在稿件的最后，但在正文中要注明相关图表应该出现的位置。

4）打印稿应留有足够的页边距（上、下、左、右的边距应不少于 25 mm），页边距可供审稿人或编辑阅改时做注记，也可供文字编辑和排版人员做标记用。

除主标题（如“材料与方法”等）外，大多数期刊都允许使用次级标题。要参照相应期刊的最新版本来决定用什么体例的标题（黑体字或斜体字），尽量使用名词性词组（避免使用完整的句子）作为主标题和次级标题。

尽量避免使用三级标题，甚至四级标题，许多期刊也不允许用更多级次的标题（有些综述性期刊由于发表较长篇综述性论文的需要，通常允许使用三、四级或更多层次的标题）。

5）应注意美式英语和英式英语拼写方面的不同。投向美国期刊的稿件可使用美式拼写，投向英国期刊的稿件则使用英式拼写。对于较易与英文混淆的希文字母，如希文 α，最好用铅笔在旁边注明“希文”（Greek）字样，以示与英文字母 a 的区别。

6）文字处理程序应视编辑部的要求而选用，在编辑部没有特定要求的情况下，最好使用 Microsoft Word 录入排版。数学类期刊由于公式符号较多，多要求作者使用 LaTeX 软件录入排版。

不能过于依赖软件的语法和拼写自动检查功能。拼写检查器只能检查单词的拼写错误，不能识别出拼写正确但语境错误的单词（如 assess 误拼写为 access），因此，作者一定要认真、细致地阅读打印稿来校改计算机录入错误。

必须使用期刊指定的绘图软件来制作图件，在没有特定要求的情况下，最好将图形文件保存为两种或更多种不同的存储格式，以便出版商读取和修改。打印的图件至少应有 600dpi 的分辨率，数字化的图件至少需要 1200dpi 的分辨率。

7）最后的检查。首先，作者本人一定要仔细阅读打印稿。令人吃惊的是有很多稿件在打印完毕后不经过校阅就直接投到期刊编辑部，这种稿件大多数都有很多错误，有时甚至连作者的姓名都会拼错。其次，在投稿前请一位或多位同事阅读稿件，检查一下稿件中是否还有拼写错误或表达不够明白的地方。如有可能，请英语国家的合作者或朋友做一些文字方面的修改，这对于提高文字表达质量、提高论文被期刊接受发表的可能性是非常有帮助的。

2. 投稿前需要检查的项目

在将拟投寄的稿件及相关信函装入信封前，再按以下顺序做一遍最后的检查。

1）邮件中是否包括了期刊所要求的足够份数的原件和复印件（包括正文、表格和插图）。如果是 email 投稿（在期刊允许的前提下），应尽可能遵从期刊的相关要求，如：应使用的软件、正文和图表是作为同一个文件名存储还是分别存储等。

2）题名页中是否注明了通讯作者详细的通信地址、email 地址、电话号码和传真号码。

3）论文题名的字数、摘要的格式等是否符合刊物的特定要求。

4）表格分别单独打印（最好一页一张表），并按其在论文中出现的先后顺序连续编号；确认各表格的表题使读者在不参阅正文的情况下能够理解表格的内容；检查正文中提及表格的地方，以保证每张表格都已提及，并符合表的内容；在页边空白处注明每一表格的位置。

5）插图是否按其在论文中出现的先后顺序连续编号；每张插图都至少在正文中提及一次，而且正文中每一提及处都符合插图的内容；在页边空白处注明每一插图的位置。

6）表题和图题应是简短、准确的短语，最好不超过 1～15 个词（必要时可附表注或图注）；图题和表题需另页打印。

7）对照参考文献的原文检查参考文献目录中的各著录项，确保所有参考文献的著录项准确且完整无缺；参考文献的序号应正确、连续并且在正文中分别有引用标注；正文中的脚注（在期刊允许使用的前提下）是否在正文中都有提及。

8）确保已满足期刊有关体例方面（编写格式和组织形式）的要求，如：是否从标题页开始给论文连续编页码；打印稿的行距（通常是隔行打印）；各行的右端是否要求对齐（通常不允许使用连字符来分隔单词换行）；研究项目的资金资助信息是以首页脚注的形式还是以致谢的形式标注等。

9）确保已满足期刊有关需要说明或声明的要求，如：是否要注明正文的字数；是否要附寄所有作者签名的声明信，以声明各作者的责任、贡献，并说明已获得所有致谢人的书面同意；是否需要附寄所有引用的个人通信和未出版资料的书面同意函、出版商或版权人书面同意复制或改编的图表的函件等。

10）一定要保留一份完整的原件，以防稿件在投寄过程中丢失。

3. 投稿信（Cover Letter）的写作

投稿信有助于稿件被送到合适的编辑（对于多编辑的期刊而言）或可能的评审人手中。没有投稿信的稿件可能会给编辑造成一些困惑，如：这篇稿件是投给哪种刊物的？是新稿还是修改稿？如果是修改稿的话，是哪位编辑负责的？如果这篇稿件有多位作者的话，哪一位是通讯作者？其联系地址是哪一个？

为节省编辑的时间，投稿信要尽量写得简短明了、重点突出，最好不要超过一页。其中包括的内容大致有：

1）如果稿件是系列论文中的一篇，或者与以前发表的文章有密切关系，投稿信中要提及这方面的内容（包括刊名、文章题名、发表时间等），必要时，还需附上发表过的论文，以免编辑或审稿人产生误解。

2）投稿信中还要注明稿件的栏目类型；有些期刊在作者须知中还鼓励或建议作者在投稿信中提供合适的审稿人或提出需回避的审稿人。如果附寄本领域国际著名学者和教授写的推荐信，对于论文的尽快发表可能会很有帮助。

3）不可遗漏期刊所要求的有关说明或声明，如果需要事先与编辑说明有关文稿的学术意义或其他细节问题（如有关图表的制作软件等），也需在投稿信中交代清楚。对于高度综合性的刊物（如 Nature、Sciencc），作者在投稿信中最好简要说明一下稿件的广泛兴趣性，以及为什么要向该刊投稿。

4）通讯作者和详细的联系地址尤其重要，通讯作者还应将其电话号码、email 地址和传真号码列在投稿信或稿件的题名页（首页）中。

推荐审稿人包括：引文的作者；期刊的编委；重要的研究群体或个人（需要考虑与期刊主办单位的关系，是否曾经是期刊的作者，以及知名度等因素）。

4. 投稿后的通讯：与编辑的联系

大多数期刊会尽量在收到稿件的 6~8 周内形成一个是否录用的决定，如果有一些另外的原因要耽搁更长的时间，编辑会给作者一些解释。如果作者在投稿 2 个月后仍没有收到有关稿件处理的信息，发 email 或打电话询问一下编辑也没有什么不妥当的。

投出的稿件不外乎有三种结局：录用、退改、退稿。稿件不做任何修改即被录用的情况通常是很少的，在大多数情况下作者收到的可能是改后录用、改后再审或退稿的决定。

如果收到的是一封退改信，那么首先要仔细阅读审稿人的修改意见，并决定是否按照审稿人的意见进行修改。

如果只需要进行较少或较小的修改，就应该马上认真修改后再投寄出去。

如果建议进行较大的修改，就应该静下心来对文章和所提建议进行全面认真的考虑。一般可能有以下几种情况：

1）审稿人发现稿件中存在严重的问题，并且审稿人的意见是正确的，就应该遵循审稿人的意见，并对稿件做出相应的修改。

2）审稿人或编辑也有可能对稿件产生严重的误解。如果作者认为审稿人的批评意见是完全错误的，可以有两种处理方案。其一是把稿件投向另一刊物，以期得到公正合理的评审；其二是再次投稿给该刊，并运用自己所掌握的材料或论据，对审稿人的意见进行逐项详尽的申辩（一定不要使用带有敌对情绪的词语），以期望稿件能送交给其他审稿人再次进行评审。

如果有两位审稿人同时误解作者的表述，作者就需要细心地找出问题或误解产生的原因并进行修改，然后再寄给该刊或其他刊物。

如果再次投稿给同一家刊物，一定不要超过规定的期限，否则作者的修改稿或再投稿有可能会被当成新投稿来对待。

如果作者收到的是一封退稿信，应该仔细阅读退稿信并决定采取何种处理措施。通常有以下三种情况：

1）完全性退稿（即编辑不会再对稿件予以考虑）。在这种情况下再次投稿给同一家刊物或进行申辩都是毫无意义的。如果稿件中的确存在严重问题，最好不要把它改投给其他刊物，以免影响作者本人的声誉。如果稿件中还有值得保留的内容，可以将其改写成一篇全新的文章，然后再尝试重新投稿。

2）稿件包含一些有用的信息，但有些资料有误。首先要仔细阅读稿件和审稿意见，以确认数据是否有严重的错误。若的确是有很大的缺陷，应该认真弥补这个缺陷（如修正错误，补充广泛而有力的证据及清晰的结论），然后再投稿给这家刊物。如果认为是审稿有误，那么，除非能对编辑进行有说服力的证明，否则最好不要将稿件再投给同一家刊物，最好考虑另投其他类似的刊物。

3）除了所做的实验有一些缺陷外，稿件基本上是可以被接受的。作者可以按照审稿人的意见进行必要的修正，然后再次投稿给这家刊物。如果按照审稿人的意见做了重要修改（或重写了某一部分），该修改稿是有可能被接收的。

6.5 工程文档的写作与交流

6.5.1 工程文档的分类与作用

工程文档可分为工程设计文档、工程过程文档和客户设备档案，而工程设计文档包含勘测报告和工程文件，工程过程文档包含工程手册、验收证书和竣工资料。工程文档的分类如图 6-1 所示。

1. 部分工程文档的概念

（1）工程文档　指在工程勘测、系统设计、设备安装、设备验收等工程业务实施中输出的文档。

工程文档的作用为：指导工程实施；监控工程进度与质量；确认工程完工；工程合作付款的依据；销售收入确认、设备销售回款的依据。

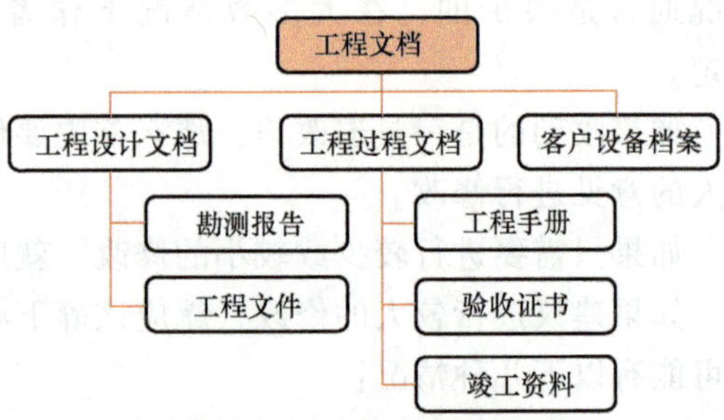

图 6-1　工程文档的分类

（2）工程文件　由设计工程师制作，用于指导工程施工的指导性文件。工程文件是一种过程性的文件，它的寿命仅限于本次工程；工程文件是局部性文件，其范围为本次工程所涉及的设备与机房。工程文件不是设备档案，但可以用于简化设备档案的制作。

工程文件的作用为：指导发货；指导设备安装的实施；有助于提高工程质量；提高设备档案的制作效率。

（3）竣工资料　指工程竣工验收时向客户交付的、记录工程施工过程信息和设备安装信息的文件，为客户以后的设备维护和扩容提供参考。竣工资料与工程文件都是一次性的、局部的。竣工资料主要由三部分组成，即工程总体说明、工程过程信息和设备信息。部分竣工资料可以直接从客户设备档案中输出。

（4）客户设备档案（CEAS）　指描述客户所使用的设备及其配置、机房及其环境，以及组网方式等信息的载体，是对客户网络现状的一种信息虚拟，故一旦客户网络进行新建、扩容、改造、搬迁操作，档案也需要同步进行相应操作。客户设备档案是针对整个网络的全局性文档，实际上是客户设备网络的一个信息映像。

2. 工程文档的作用

1）快速获取客户网络信息：电信设计使用（网络方案设计依据）；勘测设计使用（发货依据）；维护使用（服务交付、远程故障诊断、网上设备问题集中受理、批量换板）。

2）网上设备信息统计：备件管理（备件库存模型、库存数量）；维护量统计（定岗定编与奖金发放）；过保量统计（服务收费总量确定、服务销售计划管理）。

6.5.2　工程文档的流程要求

以下是工程各阶段的文档活动。

1. 工程准备阶段

1）从办事处文档文员处获取工程文件、采购订单，按设备安装流程要求，阶段性输出扩容前设备档案、电子装箱单等。

2）从 Support 网站下载最新的工程手册、客户设备档案模板（或本地脱机工具）等。

3）在工程施工之前熟悉文档的结构与内容。

2. 工程实施阶段

1）按设备安装流程要求，阶段性输出工程过程文档。

2）设备档案的制作做到日清日结。

3）工期紧张时，要做好信息的收集工作。

3. 工程后阶段

1）文档整理。整理本次工程的设备信息，并完善刷新独立网络的客户设备档案；对照文档质量检查标准与审核标准，自检文档。

2）文档提交。提交本次工程后完善刷新的客户设备档案；合作单位工程师应同时提交 PO（采购订单）复印件。

3）文档审核、归档。由办事处文档文员对工程师提交的文档进行审核；由总部核销管理部文档管理员对办事处审核提交的工程文档进行复核、归档。

图 6-2 所示为工程服务交付文档归档验收流程图。

6.5.3　工程文档的归档要求

工程文档归档的四个要求为：及时性、规范性、完整性、准确性。

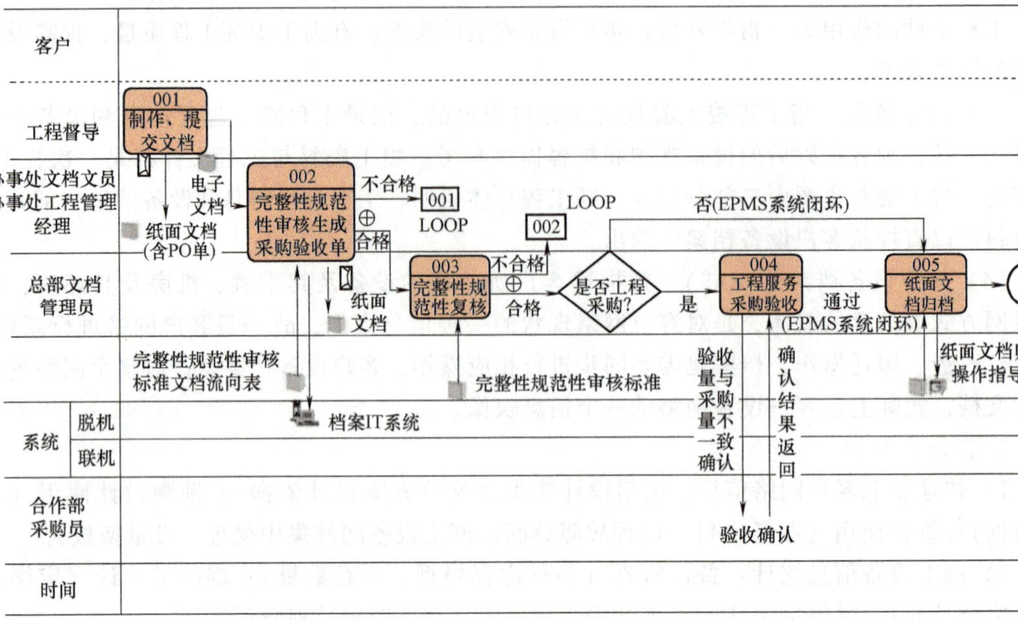

图 6-2　工程服务交付文档归档验收流程图

工程文档的审核标准包括：在工程文档管理员完成归档审核时对工程文档及时性、规范性、完整性进行评分，每月每季度通过 EPMS 系统输出各办事处归档系数得分；文档准确性数据主要通过各产品线组织进行文档质量检查获得。

各产品均有客户设备档案规范性和完整性审核标准及客户设备档案质量检查标准。各产品客户设备档案规范性和完整性审核标准、客户设备档案质量检查标准均可在 CEAS 系统首页直接获取、下载使用。

1. 工程文档及时性要求

工程完工后（即从该工程最后一个网元的开通日期计算）10 天内需将合格的工程过程文档（含客户签字的初验证书原件）、客户设备档案提交给办事处文档文员，办事处文档文员检查合格后，提交给总部文档管理员，在完工后 30 天内完成工程文档审核归档。工程文档及时性要求如图 6-3 所示。

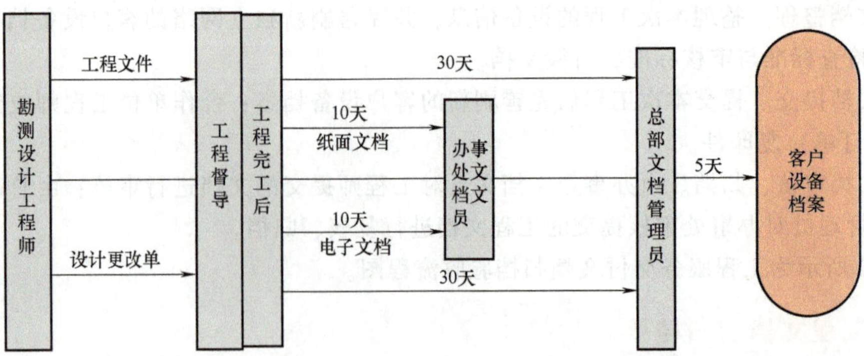

图 6-3　工程文档及时性要求

（1）工程文档及时性问题讨论

背景描述：某工程有50个局点，由A公司负责工程安装，于2004年2月1日开工，工程进度速度见表6-2。

表6-2 某工程进度速度

2月28日	3月25日	4月30日
15个局点	10个局点	15个局点

5月因局方条件不具备，经协商暂停，停工35天。6月5日恢复施工后，在7月5日整个工程完工，初验通过并网运行。

问题：①如果您是工程的工程督导，您的合格工程文档最迟应在哪一天提交至公司文档室？②为什么将文档及时性作为一个比较重要的监控点？

（2）工程文档及时性案例

例6-1 ×省×商业网二期工程实施前，工程督导想从客户档案库中下载一期工程的设备档案，以便在工程前熟悉客户网上设备信息的情况，但未能找到此网络的档案。经与办事处核实，其原因是该商业网的一期工程在完工后由于纸面盖章报告不规范而重签报告，至今未能签回，造成档案不能及时归档。

例6-2 在2005年×月我司与×省电信公司统签一个大单，按合同要求，必须在5天内完成工程勘测任务，勘测设计负责人接受任务后就立即查阅文档，发现×客户的档案不全，主要原因是迁移文档尚未完成，这样利用文档做勘测就无法操作，只好向兄弟办事处申请2人，协助进行实地勘测设计。

2. 工程文档规范性要求

工程文档规范性要求主要有三个方面：①工程文档文件命名规范；②工程文档内容填写规范；③纸面工程文档规范。

3. 工程文档完整性要求

工程文档完整性要求见表6-3。

表6-3 工程文档完整性要求

要求	说　明
文档数量的完整性	要求提交的文件数量不得缺少，要符合“工程文档流向表”的要求；设备档案中的文件类型和数量应符合模板与文档体系架构的要求
设备数量的完整性	安装报告中的设备与局点在设备档案中应当有所体现；文档所反映的局点与设备数量不得缺少，要与实际组网情况一致
表格数量的完整性	同一文件内相关的表格或相当于一个表格的信息段不得缺少

例6-3 ×自治区×市电信公司农场局洛普点在施工时发现公司所发的B型机柜RSA远端RSB母板无法插入机框，必须更换机框。原因是工程现场设备为老A型机柜的普通用户机框，其类型与勘测报告中的不符。经查发现，由于该市距办事处达900km，而合同规定的发货周期短，为了节约成本，减少勘测周期，勘测设计工程师决定利用文档进行勘测，但他在查阅用户文档时发现洛普点的用户设备档案缺少相关硬件配置信息，机

柜与机框类型无法确定，于是工程师只好电话联系用户确定本次扩容方案，但由于用户对我司的机柜、机框的类型不太清楚，从而造成了公司发货错误。

4. 工程文档准确性要求

工程文档准确性要求包括：①工程过程文档与工程实施过程实际一致；②客户设备档案与客户设备网络现场一致；③工程验收文档与验收结果一致。

工程文档准确性主要依靠每个工程师的工作责任来实现，文档质量检查是文档准确性的管理与监控手段。

6.5.4 工程文档的管理考核

考核指标，即文档质量系数的计算方法为

$$文档质量系数=准确性系数\times 归档系数$$

式中，准确性系数是依据部门考核期间文档质量检查的平均得分加权取值。如果使用的文档出现问题，则进行相应扣分处理。文档准确性数据主要通过各产品线组织进行文档质量检查获得，工程文档准确性系数见表6-4。

表 6-4　工程文档准确性系数

平均得分	≥95	90~95	85~90	<85
准确性系数	1.0	0.90	0.85	0

归档系数的计算方法为

$$归档系数=及时性系数\times 0.3+规范性系数\times 0.3+完整性系数\times 0.4$$

例 6-4　某办事处2006年1季度的工程文档归档系数值为及时性0.9，规范性0.95，完整性0.9；文档准确性检查平均分值为89。2006年1季度工程文档质量目标值为0.9。请计算该办事处2006年1季度文档质量系数是多少？是否达标？

解　根据公式计算结果

$归档系数=0.9\times 0.3+0.95\times 0.3+0.9\times 0.4=0.915$

$准确性系数=0.85$

$文档质量系数=0.915\times 0.85=0.78$

故该办事处1季度工程文档质量系数未达标。

6.6 工程项目建议书

项目建议书是项目建设筹建单位或项目法人，根据国民经济的发展、国家和地方中长期规划、产业政策、生产力布局、国内外市场、所在地的内外部条件，提出的某一具体项目的建议文件，是对拟建项目提出的框架性的总体设想。

项目建议书主要论证项目建设的必要性，建设方案和投资估算也比较粗略，投资误差为±30%左右。

项目建议书主要涵盖以下内容：①项目的必要性；②项目的市场预测；③产品方案或服

务的市场预测；④项目建设必需的条件。

6.6.1　编报程序

项目建议书由政府部门、全国性专业公司及现有企事业单位或新组成的项目法人提出。

1）跨地区、跨行业的建设项目及对国计民生有重大影响的项目、国内合资建设项目，应由有关部门和地区联合提出。

2）中外合资、合作经营项目，在中外投资者达成意向性协议书后，再根据国内有关投资政策、产业政策编制项目建议书。

3）大中型和限额以上拟建项目上报项目建议书时，应附初步可行性研究报告。初步可行性研究报告由具有相关资质的设计单位或工程咨询公司编制。

6.6.2　编报要求

根据现行规定，建设项目是指一个总体设计或初步设计范围内，由一个或几个单位工程组成，经济上统一核算、行政上统一管理的建设单位。

因此，凡在一个总体设计或初步设计范围内经济上统一核算的主体工程、配套工程及附属设施，应编制统一的项目建议书；在一个总体设计范围内，经济上独立核算的各工程项目，应分别编制项目建议书；在一个总体设计范围内的分期建设工程项目，也应分别编制项目建议书。

6.6.3　审批权限

项目建议书要按现行的管理体制、隶属关系，分级审批。原则上，按隶属关系，经主管部门提出意见，再由主管部门上报，或与综合部门联合上报，或分别上报。

（1）大型项目的审批　大中型基本建设项目、限额以上更新改造项目，委托有资质的工程咨询、设计单位初评后，经省、自治区、直辖市主管部门初审后，报国家发展计划委员会审批，其中特大型项目（总投资4亿元以上的交通、能源、原材料项目，2亿元以上的其他项目），由国家发展计划委员会审核后报国务院审批。

总投资在限额以上的外商投资项目，项目建议书分别由省市行业主管部门初审后，报国家发展计划委员会等有关部门审批；超过1亿美元的重大项目，上报国务院审批。

（2）小型基本建设项目的审批　对于小型项目中总投资1000万元以上的内资项目、总投资500万美元以上的生产性外资项目、300万美元以上的非生产性利用外资项目，项目建议书由地方或国务院有关部门审批。

对于总投资1000万元以下的内资项目、总投资500万美元以下的非生产性利用外资项目，本着简化程序的原则，若项目建设内容比较简单，也可直接编报可行性研究报告。

6.6.4　项目建议书与可行性报告之间的关系

项目建议书的批复是可行性研究报告的重要依据之一，可行性研究报告是项目建议书的后续文件之一。

在可行性研究阶段，项目至少应该有方案设计，而且市政、交通和环境等专业咨询意见也必不可少。对于房地产项目，一般还要有详规或修建性详规的批复。

很多项目在申报立项时，条件已比较成熟，土地、规划、环评、专业咨询意见等基本具备，特别是项目资金来源完全是项目法人自筹，没有财政资金并且不享受什么特殊政策，这类项目常常是项目建议书与可行性研究报告合为一体。

6.6.5 项目建议书批准后

项目建议书批准后的主要工作如下：

1）确定项目建设的机构、人员、法人代表、法定代表人。

2）选定建设地址，申请规划设计条件，做规划设计方案，落实筹措资金方案。

3）落实供水、供电、供气、供热、雨水污水排放、电信等市政公共设施配套方案。

4）落实主要原材料、燃料的供应。

5）落实环保、劳保、卫生防疫、节能、消防措施。

6）外商投资企业申请企业名称预登记。

7）进行详细的市场调查分析。

8）编制可行性研究报告。

6.6.6 工业项目建议书的格式

一、总论

1. 项目名称

2. 承办单位概况（新建项目指筹建单位情况，技术改造项目指原企业情况）

3. 拟建地点

4. 建设内容与规模

5. 建设年限

6. 概算投资

7. 效益分析

二、项目建设的必要性和条件

1. 建设的必要性分析

2. 建设条件分析：包括场址建设条件分析（地质、气候、交通、公用设施、征地拆迁工作、施工等）、其他条件分析（政策、资源、法律法规等）

3. 资源条件评价（指资源开发项目）：包括资源可利用量（矿产地质储量、可采储量等）、资源品质情况（矿产品位、物理性能等）、资源赋存条件（矿体结构、埋藏深度、岩体性质等）

三、建设规模与产品方案

1. 建设规模（达产达标后的规模）

2. 产品方案（拟开发产品方案）

四、技术方案、设备方案和工程方案

（一）技术方案

1. 生产方法（包括原料路线）

2. 工艺流程

（二）主要设备方案

1. 主要设备选型（列出清单表）

2. 主要设备来源
（三）工程方案
1. 建、构筑物的建筑特征、结构及面积方案（附平面图、规划图）
2. 建筑安装工程量及“三材”用量估算
3. 主要建、构筑物工程一览表
五、投资估算及资金筹措
（一）投资估算
1. 建设投资估算（先总述总投资，后分述建筑工程费、设备购置安装费等）
2. 流动资金估算
3. 投资估算表（总资金估算表、单项工程投资估算表）
（二）资金筹措
1. 自筹资金
2. 其他来源
六、效益分析
（一）经济效益
1. 销售收入估算（编制销售收入估算表）
2. 成本费用估算（编制总成本费用表和分项成本估算表）
3. 利润与税收分析
4. 投资回收期
5. 投资利润率
（二）社会效益
七、结论

6.6.7 项目建议书实例分析

（1）城市基础设施项目建议书格式

一、总论
1. 项目名称
2. 承办单位概况（新建项目指筹建单位情况，技术改造项目指原企业情况）
3. 拟建地点
4. 建设规模
5. 建设年限
6. 概算投资
7. 效益分析
二、市场预测
1. 供应现状（本系统现有设施规模、能力及问题）
2. 供应预测（本系统在建的和规划建设的设施规模、能力）
3. 需求预测（预测城市社会经济发展对系统设施的需求量）
三、建设规模
（一）建设规模与方案比选

（二）推荐建设规模及理由

四、项目选址

（一）场址现状（地点与地理位置、土地可能的类别及占地面积等）

（二）场址建设条件（地质、气候、交通、公用设施、政策、资源、法律法规、征地拆迁工作、施工等）

五、技术方案、设备方案和工程方案

（一）技术方案

1. 技术方案选择

2. 主要工艺流程图，主要技术经济指标表

（二）主要设备方案

（三）工程方案

1. 建、构筑物的建筑特征、结构方案（附总平面图、规划图）

2. 建筑安装工程量及“三材”用量估算

3. 主要建、构筑物工程一览表

六、投资估算及资金筹措

（一）投资估算

1. 建设投资估算（先总述总投资，后分述建筑工程费、设备购置安装费等）

2. 流动资金估算

3. 投资估算表（总资金估算表、单项工程投资估算表）

（二）资金筹措

1. 自筹资金

2. 其他来源

七、效益分析

（一）经济效益

1. 基础数据与参数选取

2. 成本费用估算（编制总成本费用表和分项成本估算表）

3. 财务分析

（二）社会效益

1. 项目对社会的影响分析

2. 项目与所在地互适性分析（不同利益群体对项目的态度及参与程度；各级组织对项目的态度及支持程度）

3. 社会风险分析

4. 社会评价结论

八、结论

（2）煤矿安全改造项目建议书格式

一、总论

（一）项目背景

1. 项目名称

2. 承办单位概况

3. 可行性研究报告编制依据
4. 项目提出的理由与过程
（二）项目概况
1. 拟建地点
2. 建设规模与目标
3. 项目投入总资金及效益情况
4. 主要技术经济指标
二、需求分析与建设规模
（一）需求分析
（二）建设规模方案（包括建设结构形式、建筑面积、使用功能）
三、场址选择
（一）场址现状
1. 地点及地理位置
2. 场址土地权属类别及占地面积
3. 改建项目现有场址利用情况
（二）场址及其他建设条件
四、建筑方案选择
（一）建筑设计指导思想与原则
（二）项目总体规划方案
1. 总平面布置和功能要求
2. 规划设计方案描述
3. 规划设计图，选定主要参数
（三）主要工艺设备系统及配套设施
五、环境影响评价
（一）场址环境现状
（二）项目建设及运营对环境的影响
（三）环境保护措施
（四）环境保护设施的投资
六、组织机构及劳动定员
（一）组织机构
（二）人力资源配置
七、项目实施进度
（一）建设工期
（二）项目实施进度安排
（三）项目实施进度表（横线图）
八、投资估算与资金筹措
九、财务评价
十、社会评价
十一、结论附图、附表

（3）房地产项目建议书格式

一、准确的市场定位
二、项目品牌的整体定位、包装规划
三、项目品牌形象的提升、推广规划
四、招商策略的制定
1. 配合开工典礼，新闻造势
2. 结合施工进度，逐步提价
3. 组织客户座谈，征集高见
4. 优势媒体组合，一网打尽
5. 举办相关展会，重点出击
6. 承办体育比赛，先声夺人
7. 招商活动巡回，延伸终端
8. 促销活动跟进，高潮迭起
五、媒体组合、实施流程

该组合应建立在整体的招商规划之下，建议由一家公司做出系统的媒体投放组合方案，具体投放实施可采取招标的形式，择优录用。

六、活动策划与实施

根据招商进展的需要，设计一系列的招商活动，在目标客户密集的地区进行面对面的招商宣传。如：征名活动、10 万元创业活动及小规模的招商展示活动等。该部分工作建议由一广告公司统筹规划，并组织实施。

七、项目合作形式及收费方式
八、项目小组成员介绍

（4）社会发展项目建议书格式

一、总论
1. 项目名称
2. 项目法人
3. 建设地点
4. 建设内容
5. 建设规模
6. 概算投资
7. 效益分析
二、项目建设的必要性
（一）项目背景
1. 建设单位概况
2. 建议书编制依据
3. 提出的理由与过程
（二）基本条件
1. 拟建地址状况

2. 拟建地址的建设条件
（三）项目建设的意义
三、建设内容、规模及工程方案
1. 建设规模及理由
2. 建设内容技术方案
3. 建筑安装工程量及“三材”用量估算
四、投资估算及资金筹措
（一）投资估算
1. 投资估算依据
2. 建设投资估算
3. 投资估算表
（二）资金筹措方案
1. 项目法人自筹资金
2. 信贷融资
五、效益分析
（一）经济效益
（二）社会效益
六、结论

（5）农业项目建议书格式

一、总论
1. 项目名称
2. 承办单位概况
3. 拟建地点
4. 建设内容与规模
5. 建设年限
6. 概算投资
7. 效益分析
二、项目建设的必要性和条件
1. 建设的必要性分析
2. 建设条件分析
三、建设规模与产品方案
1. 建设规模（种植规模、养殖规模、农副产品加工规模）
2. 产品方案（种植产品方案、养殖产品方案、农副产品方案）
四、技术方案、设备方案和工程方案
（一）技术方案
1. 种植业或养殖业生产技术与流程
2. 农副产品加工生产技术与流程

（二）主要设备方案
1. 种植业设备选型
2. 主要设备来源
（三）工程方案
1. 建、构筑物的建筑特征、结构及面积
2. 建筑安装工程量及“三材”用量估算
3. 主要建、构筑物工程一览表
五、投资估算及资金筹措
（一）投资估算（建设投资估算、流动资金估算、投资估算）
（二）资金筹措
六、效益分析
（一）经济效益
（二）社会效益
七、结论

6.7 工程项目的可行性研究

就本课程而言，可行性研究是指对拟建项目在技术上是否适用、经济上是否有利、建设上是否可行所进行的综合分析和全面科学论证的工程经济研究活动。

6.7.1 可行性研究的对象与作用

（1）可行性研究的对象　可行性研究的对象是很广泛的，一般包括新建、改建、扩建的工业项目、民用项目、科研项目，以及地区开发技术措施的应用与技术政策的制定等。

（2）可行性研究的作用　可行性研究是为了避免或减少建设项目决策的失误，给投资决策者提供决策依据，提高投资的综合效果。同时为银行贷款、合作者签约、工程设计等提供依据和基础资料。

6.7.2 可行性研究的程序与内容

1. 可行性研究的程序

图 6-4 所示为工程项目建设的全过程。

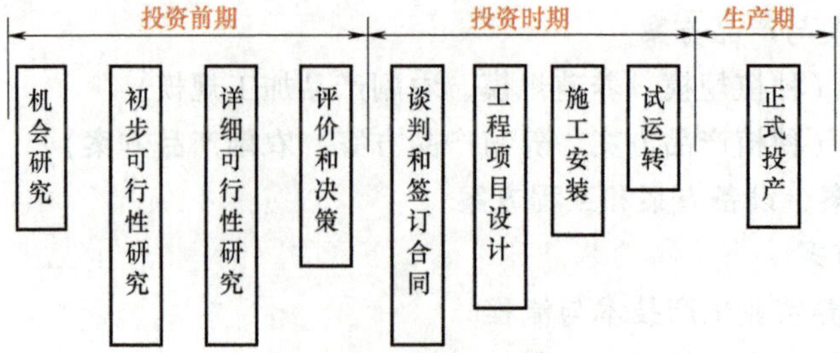

图 6-4　工程项目建设的全过程

可行性研究主要在投资前期进行，可行性研究的程序包括机会研究、初步可行性研究、详细可行性研究及评价和决策。

1）机会研究，也称为投资机会论证。这一阶段的主要任务是提出工程项目投资方向的建议。要解决两个方面的问题：一是社会是否需要；二是有没有可以开展的基本条件。

2）初步可行性研究，也称为预可行性研究，在对机会研究的结论仍有怀疑时才进行，用于判断项目是否有生命力，是否有较高的经济效益。要解决的问题为：投资机会是否有希望；是否需要做详细的可行性研究；有哪些关键性的问题需要做些辅助研究；初步筛选方案。

3）详细可行性研究，也称为技术经济可行性研究，是可行性研究的主要阶段。它为投资开发的工程项目投资决策提供技术、经济、生产等各方案的依据，做出详细的技术经济评价，提出最后的结论。

4）评价和决策。评价报告是可行性研究的最后结论及成果展现。

国外可行性研究阶段总结表见表6-5。

表6-5　国外可行性研究阶段总结表

工作阶段	目的和任务	投资与成本的估算精度	可行性研究费用占项目投资费用的比例	时间要求/月
投资机会研究	选择项目，寻求投资机会	±30%	0.1%~1.0%	1
初步可行性研究	对项目做初步估价，筛选方案，避免做无用功	±20%	0.25%~1.25%	1~3
详细可行性研究	对项目进行深入的技术经济论证，并进行方案比较，做出可行性研究报告	±10%	大项目：0.8%~1.0% 小项目：1.0%~3.0%	3~6
评价决策	对可行性研究报告进行评价和决策	±10%		1~3

2. 可行性研究的主要内容

可行性研究的主要内容包括六个方面：①市场调查，为决策和计划提供可靠的依据；②企业生产规模，用产品表示的工程项目年综合生产能力，规模报酬不变或递增或递减；③技术选择，先进性、实用性、可靠性、连锁效果、巩固国防等；④厂址选择，建厂地区和建厂地点的选择；⑤投资估算和总成本费用估算；⑥经济评价。

下面主要针对市场调查的相关内容进行介绍。

（1）市场调查的作用与内容

市场调查的作用为：掌握可靠的市场信息，有利于工程项目设想的产生，克服盲目性，加强自觉性，使产品适销对路；了解消费者当前的和潜在的需要，为生产的发展和开发新产品提供依据；了解市场的大小和性质，决定产品的销售量。

市场调查主要是对影响市场大小、销售量多少、决定市场性质的有关因素进行调查。

1）调查国内需求量。了解谁是主要消费者，消费者的欲望和购买动机，以及他们的购买习惯，消费者的收入变化，消费者生活方式的变化，弄清现有和潜在的市场容量及发展趋势。

2）调查国内的供应量。了解竞争企业的数量和规模，竞争企业所采取的市场政策、竞争策略和手段，采用新技术和开发新产品的动向，竞争产品的市场占有率等，弄清产品的国内供应量及生产能力的增加水平。

3）调查国外需求量。了解产品目前的出口量、出口对象国或地区，以及出口的增长情况。国际市场的产品价格及外商对产品的要求，国际市场上的质量管理条例、关税、银行、保险、商品检验、外汇收支等。

4）调查国外供应量。了解我国的进口政策、每年产品的进口量及变化趋势，进口产品的价格、品种、性能、质量等。

（2）市场调查的方法

市场调查的方法有观察法、调查法和实验法三种。

1）观察法。观察法是收集最新资料的一种方法，是调查者在现场观察有关的对象和事物。观察法分为以下四种：①无方向的观察，无特定目的；②有条件的观察，有目的地接触信息；③非正式搜集观察，比较有限和无组织；④正式搜集观察，有计划、程序或方法。

2）调查法。调查法主要是了解人们的认识、信任、偏好、满意等，并衡量其在人口中的数量比例。调查问题分为两种形式，即封闭式（有选择答案）和开放式（主观描述和回答）。调查方法有三种，即电话访问、邮件调查或面谈访问。

3）实验法。实验法是最正式的一种调研方法。实验法要求选择相匹配的目标小组，分别给予不同的处理，控制外来的变量并核查所观察到的差异是否具有统计上的意义。其目的是通过排除观察结果中的常有争议性的解释来捕捉因果关系，使调研的结果具有可信性。

（3）市场需求估计

一个产品的市场需求是指在一定的地理区域和一定的时期内，一定的营销环境和一定的营销方案下，特定的顾客群愿意购买产品的总数量。市场需求具有八个要素：①产品；②总数量；③购买；④顾客群体；⑤地理区域；⑥时期；⑦营销环境；⑧营销方案。

市场需求达到的极限值称为市场潜量；市场最低量称为不可扩展市场；市场预测指的是预期的市场需求，而不是最大的市场需求。

（4）市场预测

市场预测的作用为：①为企业生产规模及其发展任务、新的工程项目的设立提供依据；②为企业制订经营计划提供依据；③为企业的经营决策提供基础。

市场预测的程序为：

1）明确预测目标。目标不能太宽或太窄。

2）搜集分析资料。保证资料来源的准确性、可靠性和可比性。

3）选择预测方法。由预测目的、占有资料情况、预测精度要求及预算费用所决定。

4）建立预测模型。模型根据技术可划分为三类，即文字模型、图形模型和数学模型。一般地，定量预测要建立数学模型，定性预测要建立文字模型或图形模型。

5）评价修正结果。找出预测结果与未来实际之间可能产生的误差有多大。预测结果与客观实际很难完全吻合，不能直接应用模型预测的结果，要进行分析评价。

市场预测的方法分为定性预测方法和定量预测方法。

1）定性预测方法。一般用于数据资料不全和不完全依靠数据进行决策的情况，主要靠预测者的经验和综合分析能力，对各种可能的未来发展评价其重要程度和概率，对事件进行反复评价，并在进行过程中不断修正其假设和判断。

常见的定性预测方法有专家座谈法、销售人员意见综合法、特尔非法、主观概率法和交叉影响分析法。

a）专家座谈法。聘请有识之士及有关方面的专家，通过座谈讨论，依靠专家的知识和经验进行预测。

b）销售人员意见综合法。把销售人员的判断综合起来的一种方法。

c）特尔菲法。实际上就是采用函询的形式进行反复多次的匿名交流，具有匿名性、反馈性和统一性。

d）主观概率法。是对预测现象的未来做出各种可能的估计。

e）交叉影响分析法。先确定一组关键趋势，建立相互影响事件的逻辑关系矩阵，并做出分析，修正先前确定的关键趋势。

2）定量预测方法。该方法是在占有历史和现实数据资料的基础上，选择合适的数学模型，进行科学计算，得出初步预测结果，再根据企业内外部情况加以修正，并获得最终的预测结果，主要有时间序列法和回归分析法两类。

a）时间序列法。时间序列是把历史统计资料按时间顺序排列起来的一组数字序列。时间序列法就是从以往历史按时间顺序排列起来的一组数字中找出发展趋势，推算未来的情况，也称为趋势外推法。时间序列法比较简单、迅速，且适用范围广，用于短期预测的效果较好。

时间序列法分为移动平均法和指数平滑法。移动平均法是按数据点的顺序逐点推移、逐段平均的一种平均方法，适用于短期预测。其基本公式为

$$M_t^{(1)}=\frac{Y_{t-1}+Y_{t-2}+\cdots+Y_{t-n}}{n}(t\geqslant n) \tag{6-1}$$

式中，t 是时间序列的下标；$M_t^{(1)}$ 是第 t 期的一次移动平均数；Y_t 是第 t 期的数据；n 是每一分段的数据点。

在移动平均法中，近期的数据和远期的数据在平均数中所占的比重是一样的，没有加权是明显的不足。一般情况下，离预测期越近的数据应起较大的作用。指数平滑法的基本公式为

$$S_t^{(1)}=\alpha Y_t+(1-\alpha)S_{t-1}^{(1)}(t\neq 0) \tag{6-2}$$

式中，$S_t^{(1)}$ 是第 t 期一次指数平滑值，即（$t+1$）期的预测值；Y_t 是第 t 期的实际观察值；$S_t^{(1)}$ 是第（$t-1$）期一次指数平滑值，即第 t 期预测值；α 是平滑系数，$0\leqslant\alpha\leqslant 1$。

二次指数平滑法是对一次指数平滑数据 $S_t^{(1)}$ 再进行一次指数平滑运算，得到数据序列 $S_t^{(2)}$，方法同上。

移动平均法和指数平滑法的区别为：移动平均法没有考虑到远期数据和近期数据的不同重要程度，指数平滑法则考虑了（通过 α 来表现）；移动平均法中计算出的本期预测值不参与下期预测值的计算，指数平滑法则用到了；指数平滑法涉及初始值 $S_0^{(1)}$ 的估算问题，当时间数据比较多时，初始值可用序列第一数据值，即 Y_1。

b）回归分析法是通过对历史资料的统计与分析，寻求变量之间相互依存的相关关系规律（函数关系）的一种数理统计方法，又分为线性回归和非线性回归，线性回归又分为一元回归模型和多元回归模型。一元回归模型可表示为

$$Y=a+bX \tag{6-3}$$

回归系数 a、b 的计算公式为

$$a=\overline{Y}-b\overline{X} \tag{6-4}$$

$$b=\frac{\sum_{i=1}^{n}X_iY_i-\overline{X}\sum_{i=1}^{n}Y_i}{\sum_{i=1}^{n}X_i^2-\overline{X}\sum_{i=1}^{n}X_i} \tag{6-5}$$

式中，$\overline{X}$、$\overline{Y}$ 分别表示数据序列 X_i 和数据序列 Y_i 的算术平均值。

要对计算求得的回归方程进行检验，只有检验通过才能用来进行预测。常用的检验方法有 S 检验和相关性检验（γ）。

S 检验的基本公式为

$$S=\sqrt{\frac{\sum_{i=1}^{n}(Y_i-\hat{Y}_i)^2}{n-k}} \tag{6-6}$$

式中，$\hat{Y}_i$ 表示回归方程在点 i 处的函数值。如果 $S/\overline{Y}<15\%$就认为检验通过。

相关性检验（γ）的基本公式为

$$\gamma=\frac{n\sum_{i=1}^{n}X_iY_i-\left(\sum_{i=1}^{n}X_i\right)\left(\sum_{i=1}^{n}Y_i\right)}{\sqrt{\left[n\sum_{i=1}^{n}X_i^2-\left(\sum_{i=1}^{n}X_i\right)^2\right]\cdot\left[n\sum_{i=1}^{n}Y_i^2-\left(\sum_{i=1}^{n}Y_i\right)^2\right]}} \tag{6-7}$$

式中，$0\leqslant|\gamma|\leqslant1$，$|\gamma|$ 越大表示直线和数据点的吻合程度越高。

一元线性回归主要解决以下三个问题：从一组历史数据出发，确定变量 Y 与变量 X 之间的定量关系式（回归方程）；对这个关系式的可信程度进行统计检验；利用所求得的回归方程进行预测。

6.8 工程报告与表达

6.8.1 交流与沟通

交流与沟通的能力包括口语交流能力和书面交流能力，是工程师的基本职业能力，也是工程人员或研究人员的重要能力，可通过各类型的演讲、辩论、讨论活动提升。

6.8.2 口语表达与交流能力

口语表达与交流的目的是将自己的想法、方案、建议等以最有效的方式传递给听众或观众，可通过各类型的演讲、辩论、讨论活动提升口语表达与交流能力。借助一些辅助工具，可提升交流的效率，如 PPT。

准备优秀的 PPT 是现代工程师必须掌握的职业技能。不同的职业演示文稿具有不同的风格或要求。对于工程职业，主要有学术报告、会议发言及演讲报告等常用交流形式。

以学术或技术研讨会报告演示文稿为例，学术报告演示文稿通常包括介绍、演讲正文和结论三个部分。

（1）介绍 学术报告演示文稿的介绍部分通常包括以下内容：

1）正式的问候［“早上（下午）好，女士们先生们”］。

2）简要介绍自己（主要与报告主题相关的经历、背景等）。

3）介绍报告主题（尽量生动有趣，以提高与会者的兴趣）。

4）简要介绍一下在演讲中将要涉及的内容（要点）。

（2）演讲正文 学术报告演示文稿的主体（正文）部分要注意以下几点：

1）准备3~5个需要介绍的要点，对每个要点进行介绍，并给出论据或证据（实例、数据等）。

2）尽可能使用能提高与会者兴趣的多媒体设备，如图片、照片甚至实物均是提升技术演讲质量的重要手段。

3）PPT版面中的内容主要以小标题的方式列出，避免使用长句子，更不要使用大段文字。

（3）结论 学术报告演示文稿的结论部分应注意以下几点：

1）一个简短的总结（“在该报告中，我讨论了…”）。

2）对报告主题进行概括性陈述（课题的重要性或选择它的理由）。

3）以有力的结尾结束报告并向观众提问：

“好了，这就是我要说的”（×）

“大家有什么问题吗？”（✓）

4）认真倾听观众提问并给予解答。

口语表达与交流能力一定程度上取决于每个人的天赋、性格及知识，在学习与工作中可通过针对性训练有效提升。若具有良好的口语表达与交流能力，就可在研究开发过程中与同事、同行、客户、管理层进行充分有效的交流，传递准确的信息，提升工程项目及产品研发的实施效率。

6.8.3 书面表达与交流能力

书面表达与交流能力是指工程执业过程中各种报告、主题论述等书面材料的撰写能力，包括项目建议书、可行性分析报告、实验或试验分析报告、成果展板、专利申请书、会议论文、期刊论文、学位论文、研究报告、书籍（专著、教材等）等众多内容，应当基于科学事实或实验数据进行客观的描述。

1. 书面表达行文要点

1）主题明确。

2）符合逻辑顺序。

3）避免第一人称、第二人称及第三人称，行为语态应该采用类似英文学术写作中常用的被动语态。

4）采用常用的、意义明确且通俗易懂的汉语。

5）合理安排标题和小标题，便于读者检索和阅读其感兴趣的内容。

6）多定量数据，少定性描述，禁止无依据的主观推断。

2. 内容提要（摘要）

1）大部分书面交流文件（项目建议书、研究报告、论文、著作等）的关键组成部分。

2）提供有关研究或开发成果的快速、简洁信息。

3）字数为200~1000字。

4）行文内容包括：①研究的背景（解释为什么要做，字数通常控制在摘要总字数的10%以内）；②研究的方案、方法（解释怎么做，该部分内容应该是摘要的主体，不少于总字数的70%）；③研究的结论或成果（解释做的成果或效果，字数占总字数的20%左右）。

3. 标题

1）标识文件不同段落中的特定信息或内容，不需要通读整个文件，就能快速定位到所需的信息或内容。

2）标题安排准则：①旨在方便读者；②每部分均应设计相应标题；③标题或子标题应清晰地描述所在段落的主题内容。

4. 文献综述

1）经过调研、分析并提炼的某领域最新发展现状；对研究课题、主题或问题的背景、难度、关键技术及现有解决方案进行文献资料收集、分析并提炼；对所涉及或引用的文献，抓住其研究成果的创新点及不足之处。

2）文献资料来源。①基础性研究课题，公开发表的国内外期刊、学位论文及学术会议论文集等；②技术开发型研究课题，国内外同行业或领域内期刊、学术会议、学位论文及专利；③产品开发型课题。

5. 项目建议书及可行性分析或研究报告

项目建议书的目标是为实施某项有意义的基础研究、技术开发或产品开发工作，申请研究或开发资金。

项目建议书包括三个要点：①立项依据（发现并定义问题或需求）；②建议的解决方案及可行性（包括技术、人员、时间与经费预估）；③预期的成果或效益。

对于投资大、风险高的研究项目，还需进行关键技术的前期研究，并提供独立的、详细的可行性研究报告。

6. 实验或试验报告

实验或试验报告是对事实的陈述，罗列在实验室、试验现场或计算机仿真过程获得的试验或仿真结果。

实验或试验报告的内容包括：①实验或试验所用的仪器、设备和材料；②详细介绍实验和试验的流程、数据采集的方法、试验的环境等所有细节；③尽可能给出定量结论；④包括文字、列表、表格和数据。

7. 技术报告或研究报告

技术报告或研究报告是描述研究（如基础研究、可行性研究等）或开发（如技术、产品等）结果的文件，是有关研究、设计或项目开发的事实或结论，包含涉及相关参数的表格、数据及图案。

研究报告应用于基础研究工作进展或成果的总结，需要系统介绍整个基础研究工作过程及所取得的进展及成果（如自然科学基金进展报告、结题报告等）。技术报告一般应用于技术开发或产品开发工作的进展或成果的总结，包括技术方案的构思、设计及数据的图形描述。

8. 期刊或学术会议论文

拟发表在期刊或会议上的论文，它们应该是作者原创的、最新的研究成果或作品，由文字、公式、表格和数据组成，且需符合相关规定。

期刊或学术会议论文的内容应包括：

1）题目、作者和附属机构、摘要、关键词。

2）前言或引言（与项目建议书类似，说明论文涉及的研究内容的意义和目标）、研究正文（研究内容的展开，涉及研究过程、方法及结果，包括建模与仿真、实验验证和调查、结果分析与讨论等）、结论（新发现、对研究领域的贡献）、致谢（对支持和帮助的人或机构表示感谢）。

3）参考文献。

9. 展板

展板内容包括研究目标、过程、方法和成果，以简洁的、书面的、图文并茂的方式展示，不超过两页。展板应快速而高效地传递研究或开发信息，以便同行、观众能在尽可能短的时间内了解研究工作和进展。

10. 专利

专利是指法律保障创造发明者在一定时期内由于创造发明而独自享有的利益，属于知识产权范畴。专利有三种类型，即发明专利、实用新型专利和外观设计专利。

专利申请提交的书面技术文件包括拟申报专利的名称、所属技术领域、背景技术、发明具体内容等。对于发明和实用新型专利的申请，应当重点聚焦所申请技术的新颖性、创造性和实用性。满足上述三个要求就可以开始着手申请专利，但并非所有科研成果或发明创造都可以申报专利。

11. 学位论文

1）基础研究类学位论文包括：研究背景，文献综述，本文研究内容，论文主体，论文结论。

2）设计类（产品开发类）学位论文包括：产品开发背景，同类产品及其相关技术的调研与综述，方案设计、论证，详细设计、论证，样机制作及测试，设计总结。

3）技术开发类学位论文包括：文献综述，本文研究内容，论文主体，论文结论。

12. 学术或技术写作中的一些常用手段

1）列表是描述系列信息的有效方法，可以表述步骤、阶段、年份、程序或决策；应避免使用完整的句子，更不能采用大段文字。

2）表格常用于描述定量的事实或参数。

3）图形是帮助读者更好地理解并获取直观信息的最有效的方法；流程图可以方便地描述一个过程；曲线图可描述事实或参数之间的相互关系；图片可展示事实。

4）数学公式（数学模型）可基于一定的假设或前提来描述变量间的确定关系或变化规律。

13. 技术写作的主要建议

①了解读者、明确目的；②完善的准备；③准备大纲；④加入图示；⑤简明易懂；⑥审核检查；⑦团队合作。

6.8.4　总结

本节对工程报告与表达的总结如下：

1）口语表达及书面表达能力是工程师必须具备的最基本的职业能力。

2）口语及书面表达有一定的技巧可循。

3）针对性的训练有助于交流能力的提升。

4）技术性书面文件的撰写需要花费大量的时间和精力，并需要对其反复修订和润色。

6.9 工程预算与经济评价

6.9.1 工程预算

1. 工程预算的前景

工程预算是对工程项目在未来一定时期内的收入和支出情况所做的计划。它可以通过货币的形式来对工程项目的投入进行评价并反映工程的经济效果，是加强企业管理、实行经济核算、考核工程成本、编制施工计划的依据，也是工程招投标、报价和确定工程造价的主要依据。

2. 工程预算的相关概念

（1）基本建设工程预算的种类　按照国家规定，基本建设工程预算是随同建设程序分阶段进行的。由于各阶段的预算制基础和工作深度不同，基本建设工程预算可以分为两类，一类是概算，另一类是预算。概算有可行性研究投资估算和初步设计概算两种，预算又有施工图设计预算和施工预算之分，基本建设工程预算是上述估算、概算和预算的总称。

（2）工程项目的定义　工程项目又称单项工程，是指具有独立存在意义的一个完整工程，它是由许多单位工程组成的综合体。

工程项目综合概、预算书是确定工程项目（如生产车间、独立公用事业或独立建筑物）全部建设费用的文件。整个建设工程有多少工程项目，就应编写多少工程项目的综合概、预算书。

工程项目综合概、预算书包括的内容有：建筑、安装工程费、设备购置费及其他费用。

上述各项费用根据各单位工程概、预算书及其他工程和费用概算书汇编而成。如果一个建设项目只有一个单项工程，则汇编时，与这个单项工程有关的其他工程和费用即可直接汇入工程项目综合概、预算书。

（3）建设项目的定义　建设项目一般指具有设计任务书和总体设计，经济上实行独立核算，行政上具有独立组织形式的基本建设单位。如：在工业建设中，一般以一个工厂为一个建设项目，在民用建设中，一般以一个学校、一个医院等为一个建设项目，一个建设项目中可以有几个单位工程。

建设项目总概、预算书是设计文件的重要组成部分，它是确定一个建设项目（工厂或学校等）从筹建到竣工验收过程的全部建设费用的文件。建设项目总概、预算书是由各生产车间独立公用事业及独立建筑物的综合概、预算书，以及其他工程费用概、预算书汇编组成的。

（4）基本建设工程造价费用的组成　基本建设工程的造价费用，由建筑工程费、设备购置费、安装工程费、其他工程费用四个部分组成。

（5）建筑及设备安装工程费的定义　建筑及设备安装工程费，是指建设项目中用于主要生产、辅助生产、生活福利建筑和类设备安装工程施工所需要的全部费用。它是建设项目总造价的重要组成部分。

(6) 工程概算定额 工程概算定额的作用如下：

1）建筑、安装工程概算定额是设计单位进行设计方案技术经济比较的依据，也是编制初步设计概算和修正概算的依据。

2）建筑、安装工程概算定额，也可作为建设、施工单位编制主要材料计划的依据。

(7) 投资估算的重要作用 建设项目投资估算是可行性研究报告的重要组成部分，也是对建设项目进行经济效益评价的重要基础。项目确定后，投资估算总额还将对初步设计和概算编制起控制作用。

(8) 经济效益评价 建设项目经济效益评价是在投资估算的基础上，对其生产成本、销售收入、税金、利润、贷款偿还年限、资金利润率和内部效益率等进行计算后，对建设项目是否可行做出的结论。

(9) 造价分析的定义和目的 工程造价分析，是指在建设项目施工中或竣工后，对施工图预算执行情况的分析，即将设计预算与竣工决算进行对比，运用成本分析的方法，分析各项资金运用情况，核实预算是否与实际接近，能否控制成本。造价分析的目的是总结经验，找出差距和原因，为改进以后的工作提供依据。

(10) 分部工程的定义 分部工程是单位工程的组成部分，是单位工程中分解出来的结构更小的工程。如一般的土建工程，按其工程结构可分为基础、墙体、梁柱、楼板、地面、门窗、屋面、装饰等几个部分。由于每部分都是由不同工种的工人利用不同的工具和材料来完成的，因此，在编制预算时，为了计算工料等方便，就按照所用工种和材料结构的不同，把土建工程综合划分为以下几个分部工程：基础工程、墙体工程、梁柱工程、门窗木装修工程、楼地工程、屋面工程、耐酸防腐工程、构筑物工程等。

(11) 分项工程的定义 分项工程是指通过较为简单的施工就能完成的工程，并且要以采用适当的计量单位进行计算的建筑工程或安装工程，例如，每立方米砖的基础工程，一台某型号机床的安装等。

(12) 概算与预算的区别 工程建设预算泛指概算和预算两大类，或称工程建设预算是概算与预算的总称。

概算与预算大致有如下区别：

1）所起的作用不同。概算编制在初步设计阶段进行，并作为向国家和地区报批投资的文件，经审批后用以编制固定资产计划，是控制建设项目投资的依据；预算编制在施工图设计阶段进行，它起着控制建筑产品价格的作用，是工程价款的标底。

2）编制依据不同。概算依据概算定额或概算指标进行编制，其内容项目经扩大而简化，概括性大，预算则依据预算定额和综合预算定额进行编制，其项目较详细且重要。

3）编制内容不同。概算应包括工程建设的全部内容，如总概算要考虑从筹建开始到竣工验收交付使用前所需的一切费用；预算一般不编制总预算，只编制单位工程预算和综合预算，它不包括准备阶段的费用（如勘察、征地、生产职工培训费用等）。

(13) 工程建设定额 所谓“定额”是指从事经济活动时，对人、财、物的限定标准，如定员（定工时）、定质（定质量）、定量（定数量）、定价（定价格）等，工程建设的产品价格是国家采取特定的方法和形式，即工程建设定额来确定的。工程建设定额是建筑工程预算定额、综合预算定额、核算定额、建筑安装工程统一劳动定额、施工定额和工期定额等的总称，它是实行“三算”制度的基础。常言道，设计有概算，施工有预算，竣工有决算，这“三算”都是按照工程建设定额进行编制的。在社会主义国家中，定额是实行经济核算和编制计划的依据，也是现代化科学管理的基础和重要内容。

（14）预算定额　建设工程的预算定额是用来确定建设工程产品中每一分部、分项工程的每一计量单位所消耗的物化劳动数量的标准。换言之，它是确定每一计量单位的分部、分项工程内容所消耗的人工和材料数量及所需要的机械台班数量的标准。

工程预算定额的主要作用大致有以下几个方面：①是编制预算和结算的依据；②是编制单位估价表的依据；③是据以计算工程预算造价和编制建设工程概算定额及概算指标的基础；④是施工单位评定劳动生产率并进行经济核算的依据。

（15）工期定额　工期定额的工期一律以日历天数为计算单位。单位工程的工期是指基础工程破土开工之日起，完成全部工程或定额子目规定的内容，并达到国家验收标准的全部日历天数。因不可抗拒的自然灾害造成的工程停工，经当地建设主管部门核准，可按实际停工和处理的天数顺延工期；因重大设计变更或建设（发包）单位签证后，可按实际停工天数顺延工期。实行冬季施工地区，由于施工技术不允许或经济不合理，不能继续施工的，经建设（发包）单位同意，可按实际停工天数顺延工期，但关于顺延天数，Ⅱ类地区不得超过采暖期的40%，Ⅲ类地区不得超过采暖期的50%。

3. 制定工程预算的基本方法

制定工程预算有两种基本方法：

（1）定期预算　在这一预算中，为下一财政年度制订一个随时期推移改动最少的计划。一般来说，每年度的预期总费用是按月、按要素成本的活动优势分摊在全年中的。这样月“工资”作为预期成本的1/12简单分摊在各个月份上，而由于销售的季节性波动，要求多关注一点营销和生产成本及在波动的过程中成本的变化。

（2）连续（滚动）预算　在这一预算中，准备一个试验性的年度计划，其中第一季度按月份详细准备，第二、三季度的计划准备相对较为简略，而第四季度的计划只有一个大概轮廓，每月（或者也许是每季度）该预算都要通过增添下个月（或季度）所要求的详细情况来加以修订，并且加上一个新的月份（季度），以这种方式使计划向前延伸至一年，这种编制预算的程序图顺应环境的变化，并受到一些不确定性因素的影响，是非常理想的。因为它迫使管理人员无论处在当前财政年度的哪一阶段，都要不断为新的一年考虑具体的条件。

定期预算对于处在稳定行业的公司来说常常是令人满意的，因为这些公司可以对计划期间做出相对精确的预测。而在更为常见的由消费者需求不确定带来的某些不规则周期活动的情况下，滚动预算则具有更大的价值。

4. 工程预算的作用

（1）确保工程造价的科学性　在工程造价控制工作中，工程预算为起点，先后经历计算、评价等过程，最终编订成相应的工程文件。当所设计的预算经相关部门批准后，便可编订成为投资计划书，投资计划书即成为签订合同和贷款合同的基础。另外，合理工程预算的开展对于保证施工工程的科学性来说具有重要的作用，能够为施工工程及产品的资金运作计划建立完备档案。因此，工程预算也是投资者确立投资意向及企业之间签订合同的重要基础。在建筑工程预算确立后，经国家相关部门审核，若科学、合理，便可由银行发放贷款，通常数额不超过设计定额。

（2）有助于编制建筑施工设计图　建筑施工设计图的预算主要是指，在设计施工图阶段，对预期成本进行计算和评估的过程。编制施工图预算，先要依照国家工程量规则，对所批准的图样进行工程量的计算；然后，按照各预算定额统计直接费用、间接费用；最后，通过这些数值得出工程成本，并得出技术经济指标。另外，项目投标的报价及资金的结算两个过程的顺利完成是企业确立成本评估的前提。

（3）保障建筑工程成本的合理性　工程造价控制中，工程预算的有效进行是在科学施工设计图的基础上开展的，科学施工设计图的完成需要将施工图样、规范的组织设计和各工程计算费用有效结合。在建筑工程成本的预算过程中，要定量地对材料、金额、劳动量和机械设备等进行表示。可以说，建筑工程预算是对材料、金额、劳动量和机械设备的具体计算。科学的工程预算能够保障建筑工程成本的合理性，而科学施工设计图则能保证工程预算的准确性。

6.9.2　工程的经济评价

1. 工程建设项目的经济评价

工程建设项目的经济评价分为财务评价和国民经济评价。

（1）财务评价　财务评价是指根据国家现行财税制度和价格体系，分析、计算项目直接发生的财务效益和费用，编制财务报表，计算评价指标，考察项目的盈利能力、清偿能力及外汇平衡等财务状况，据以判别项目的财务可行性。

常用的基本财务报表有现金流量表、损益表、资金来源与运用表、资产负债表，以及外汇平衡表。

1）现金流量表。反映项目计算期内各年的现金收支，用于计算各项动态和静态评价指标，进行项目财务盈利能力分析。

2）损益表。反映项目计算期内各年的利润总额、所得税及税后的分配情况，用于计算投资利润率、投资利税率和资本金利润率等指标。

3）资金来源与运用表。反映项目计算期内各年的资金盈余或短缺情况，用于选择资金筹措方案，制定适宜的借款及偿还计划，并为编制资产负债表提供依据。

4）资产负债表。综合反映项目计算期内各年末资产、负债和所有者权益的增减变化及关系，以考察项目资产、负债、所有者权益的结构是否合理，用于计算资产负债率、流动比率及速动比率，进行清偿能力分析。

5）外汇平衡表。它适用于有外汇收支的项目，用于反映项目计算期内各年外汇余缺程度，进行外汇平衡分析。

常用的评价指标有以下几种；

1）财务内部收益率（FIRR）→内部收益率（IRR）。

2）财务净现值（FNPV）→净现值（NPV）。

3）投资利润率。

4）投资利税率。

5）借款偿还期 P_d→投资回收期 P_t。

6）资产负债率

$$资产负债率=\frac{负债合计}{资产合计}\times 100\%$$

7）流动比率

$$流动比率=\frac{流动资产总额}{流动负债总额}\times 100\%$$

8）速动比率

$$速动比率=\frac{流动资产-存货}{流动负债总额}\times 100\%$$

（2）国民经济评价

国民经济评价是指按照资源合理配置的原则，从国家整体角度考察项目的效益和费用，分析、计算项目对国民经济的净贡献，据以判断项目的经济合理性。

1）项目的效益和费用。项目的效益是指项目对国民经济所做的贡献，分为直接效益和间接效益。直接效益是指由项目产出物产生并在项目范围内计算的经济效益。间接效益是指由项目引起而在直接效益中未得到反映的那部分效益。

项目的费用是指国民经济为项目所付出的代价，分为直接费用和间接费用。直接费用是指项目使用投入物所产生并在项目范围内计算的经济费用。间接费用是指由项目引起而在项目的直接费用中未得到反映的那部分费用。

2）评价指标的计算。常用的评价指标包括国民经济盈利能力指标和外汇效果指标两类。前者包括经济内部收益率和经济净现值；后者有经济外汇净现值、经济换汇成本和经济节汇成本。

经济内部收益率（EIRR）是指拟建项目计算期内各年经济净现金流量折现值累计数等于零的折现率。经济净现值（ENPV）是指用社会折现率将项目计算期内各年的净现金流量折算到建设期初现值之和。

经济外汇净现值（ENPVF）是反映项目实施后对国家外汇收支直接或间接影响的重要指标，用于衡量项目对国家外汇真正的净贡献（创汇）或净消耗（用汇）。经济换汇成本的经济意义是换取1美元外汇所需要的人民币金额（生产产品用于出口，可创汇）。经济节汇成本的经济意义是替代1美元进口产品而所需投入的人民币金额（生产产品用于替代进口，可节汇）。

（3）财务评价和国民经济评价的区别

1）评价角度不同。财务评价从项目的财务角度来评价；国民经济评价从国家整体角度来评价。

2）计算效益与费用所包括的项目不同。财务评价计算效益与费用包括的项目为实际收支；国民经济评价计算效益与费用包括的项目为提供社会有用产品及耗费社会有用资源。

3）采用的价格不同。财务评价采用的是财务价格；而国民经济评价采用的是影子价格。

4）采用的主要参数不同。财务评价采用的是官方汇率和行业基准收益率；而国民经济评价采用的是影子汇率和社会折现率。

2. 技术改造项目的经济评价

技术改造项目的特点是利用原资产资源，小新增投入带来大新增效益；效益费用识别及计算复杂；目标多样化，难以定量计算。

根据以上特点，对技术改造项目的经济评价着重考察增量投资的经济效益，来判定项目的经济可行性。

技术改造项目的评价分为财务评价和国民经济评价，其指标与一般建设项目基本相同。

财务评价指标包括：①财务内部收益率（增量全部投资、增量国内投资）；②财务净现值（全部增量投资）；③投资回收期；④投资利润率；⑤投资利税率；⑥资本金利润率（增量利润总额）；⑦资产负债率；⑧固定资产投资借款偿还期；⑨流动比率；⑩速动比率。

国民经济评价指标包括：①经济内部收益率（增量全部投资、增量国内投资）；②经济净现值（增量全部投资、增量国内投资）；③经济外汇净现值（增量净外汇）；④经济换汇（节汇）成本。

3. 技术引进项目的经济评价

技术引进项目的经济评价可分为财务评价和社会评价。

（1）财务评价

财务评价的主要内容包括：

1）技术引进项目的投资总额。固定资产投资；引进项目投产的前期费用；流动资金投资；技术引进费（包括入门费、提成费、资料费、培训费）。

2）资金筹措。资金来源、筹措方式、期限、利率、优惠条件等。

3）产品总成本费用和利润计算。

4）卖方利润分享率，是指支付给技术输出方的技术引进费用占引进技术创造的利润总额的比例（20%为宜，不超过30%）。

5）提成率，是指技术输出方获取的提成费在技术引进方销售总额中所占的比例（1%~3%比较合理）。

6）外资偿还期，是指用技术引进项目每年创造的外汇净收入，去偿还利用的外资总额所需要的时间。外资偿还期的计算公式为

$$T_f=\frac{C_f}{S_f-C} \tag{6-8}$$

式中，T_f是外资偿还期；C_f是利用外资总费用；S_f是年外汇收入；C是年生产成本及其他费用。

（2）社会评价

社会评价的主要内容为：①引进技术是否适应本国劳动力的构成情况；②是否能保护本国工业级促进技术的发展；③是否适宜本国的管理水平和社会条件；④是否符合国家的技术政策；⑤是否存在污染问题等。

第 7 章 工程人才育成与创新能力培养

7.1 职业认同的培养

工程人才育成的首位是工程职业的认同教育。加拿大作家格拉德威尔曾提出“一万小时定律”，意思是说一个人在某个领域从平凡到成为大师，需要至少一万小时的锤炼，这跟平时说的有多少投入就有多少产出异曲同工。且不说是否要以大师为目标，至少在成才的道路上不会有捷径，与其在迷茫中匍匐叫苦，不如先找到自己的职业认同，顺水而下乘兴为之。

人才从来不是天生的，一个人通过学习、训练，才能获得思辨的能力，在家庭、教育、媒体的浸润中不断思辨成长成才。同学们有怎样的浸润？你们在浸润中又怎样选择？这些思辨至关重要，也直接影响到你们的职业认同。

7.1.1 求知的培养

孔子说：“不愤不启，不悱不发。举一隅不以三隅反，则不复也。”意思是说，不努力求索的人、不历经困惑的人，不要去启发他，说了四方的一方而不能看到另外三个方向的，也就不要再去多说了。这大致是教育的两个方式：一个是用光芒照向黑暗，以教师为中心；一个是等待契机愿者上钩，以学生为中心。在现代的工程人才教育中，每个老师都有自己的专长和分工，所以启发同学们在工程方面的持久的求知欲则成了首要培养目标。同学们有了求知欲，自然会主动去寻求知识，汲取力量。

在亚里士多德的《形而上学》开篇第一段就说：“所有人自然而然地想去求知。就比如人们享受到的各种感觉——且不去说有没有用，感觉到感觉本身就很让人着迷——其中人们特别偏爱视觉。别说是看一个动的东西，即使是人们不主动去看什么，看见总是人们最突出的感觉。这种偏爱正是因为视觉相较于所有感觉更能让我们认知，明辨事物的不同。”可见古希腊人把求知当成了一种极致的乐趣，不仅是因为求知有益，甚至开始求求知的知，在这些复杂的思辨中得到大欢喜。

对于形而上学的基本问题——人们为什么能认识到存在——亚里士多德从生理学和心

理学的角度来分析，这在当下都是十分先进的思维，也自然而然地引出了另一个问题：且不说人们如何认知，单说人们为什么要去认知，以及这个问题的答案，即因为认知能够带来极大的乐趣。然后就出现了乐趣之大小的问题了，就像亚里士多德后面说的，从经验引发思辨，再形成思维，这个过程的乐趣大而持久。而像动物那样通过继承记忆、先验的感觉则乐趣小而短暂。且不去多讨论人们为什么要寻求更大而持久的欢喜，在古希腊时期，跟几乎没有成本的思考得到的欢喜相比，想要得到小而短暂的欢喜似乎要付出更多。

跟古希腊比起来，今天激发感官的方式要丰富太多，如图 7-1 所示。再也不用等四年去奥林匹克看各国的健将云集比拼，智能电视上随时都可以看到直播或录播的各项运动赛事。电影、连续剧、娱乐节目、网络小说、漫画、游戏……信息爆炸的时代，只要想看，网络上随时都能满足人们的需求。从感觉上说，人们确实要比古希腊人幸福很多——人们的需求可以随时随地得到满足，那么人们还会自然而然地想去求知吗？

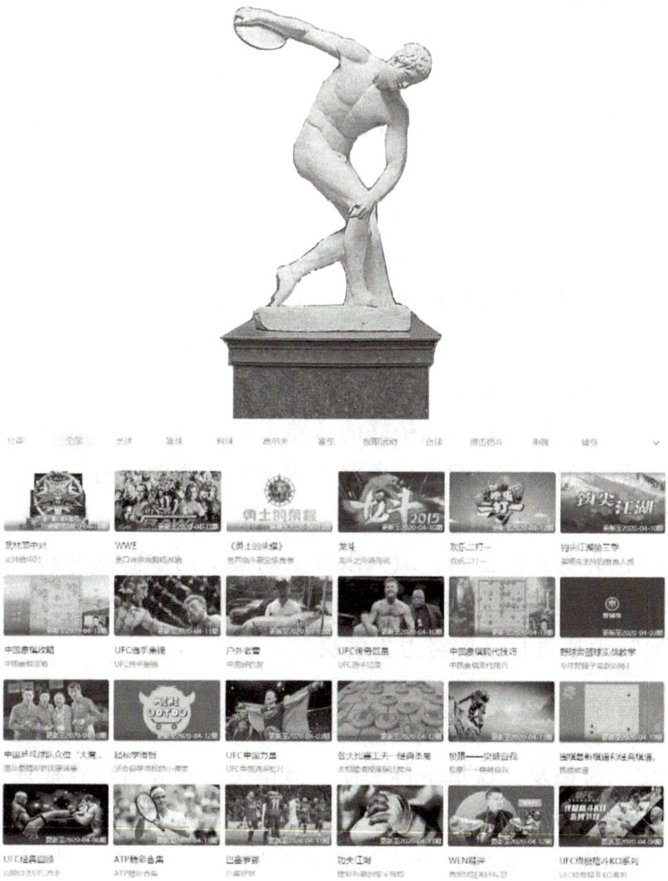

图 7-1　古希腊与今天激发感官的方式对比

同学们在小学和中学时，各类作业从不间断，加之社会中各种成功学的教育导向更加剧了同学们的紧迫感，感官一直保持在较高的刺激水平，真正能像古希腊人那样不断求知来寻求满足感的日子少之又少。很多同学在既定的考上某大学的目标下惯性地学习生活，所谓苦读不知读何苦，工作不知做何工。当你们真正来到大学校园后，没有了老师的督促、父母的监督，感官刺激骤然下降，如果此时相关的教育培养不介入，很可能就是两个下场：继续惯性地苦读考取研究生；或是沉溺于当下丰富的生活。

人生百年，若因一时之短暂欢喜而一叶障目，之后的教育则可能面临着矫正既已形成的习惯、排开其他方面的压力、可用时间紧迫等重重困难，错过了人才育成和创新培养的最佳窗口。因此，应尽早地进行职业认同教育，通过对当下社会最广大最迫切需求的生动展示，并在展示过程中结合工程进行思辨，复杂地刺激同学们的感官，让同学们在工程方面产生求知欲，建立职业认同，则自然而然会主动学习职业技能，主动承担职业操守。

7.1.2 发现需求的心

职业认同的培养对于人才教育至关重要，只有对职业产生认同，才会将自己的职业规划与职业生涯置于重要地位，主动地不断丰富自己的职业技能，从而在职业生涯中能有更令自己认同的付出，并主动地珍视自己的职业形象，保持诚信，保护雇主的利益，善待客户的权益。职业认同的最明显标志就是对相关行业的问题和需求保有一颗发现的心，也就是能够主动了解该行业当下的需求，主动思考自身需要进行的学习和可能开展的工作，使自己更专业。

职业认同的教育首先往往源于职业本身的魅力，如何将这种魅力呈现出来显得尤为重要。从正向上看，通过深入浅出地展示相关职业所研究的问题，既展示复杂性，又提炼其包含的基本规律，并将这种展示与提炼授之以渔，使同学们能够自己查阅现有的知识和前人的工作并分析其进展和关键问题，最大限度地刺激求知欲。从逆向上看，例如相关职业所解决的需求和其所能带来的成果，特别是广大人民的迫切需求的解决，建立同学们关于成功的概念和新青年的价值观念：是愿意在已铺垫好的道路上过自己的“小确幸”？还是愿意在未知的却关系到他人重要需求的事业上蹚出一条路？用未来可能发生的结果来刺激感官，引起求知欲。无论何种方式，最终的认同都是因该职业的内容和结果最大限度地契合了同学们本身已有的或正在形成的世界观和价值观，最大限度地刺激了同学们的求知欲，他们自然而然地愿意在该职业的领域里发现需求，奋发精进，为人奉献，对不断产生的新需求能够“乱我心”，进而“多烦忧”地通过自己的努力去解决。

7.1.3 职业认同的正义

正义的培养前文已有提及，这里不再赘述，但正义的培养可以在职业认同的培养中得到补充。每个人对职业的认同可以是各种因素造就的，但基本的正义仍然存在，这些认同必须是符合当下社会的普遍价值，必须是合乎该职业共同秉持的价值，更必须是符合法律的界定。每个工程学科或行业中都可能存在违反法律、有悖道德的事情，而如若职业认同是建立在这些违法或悖德的基础之上，认为这些貌似更易得利的事情可以带来个人的“成就”，那迟早是要受到法律的制裁和社会的抵制。价值和正义存在于许多个体互动共存而成的全社会中，所以越是体现最广大群体的最迫切需求，越是符合该社会群体的价值，将之实现的职业越是有正义。因此，如何将最广大群体的最迫切需求以丰富的姿态呈现出来，以刺激同学们的感官，就变得尤为重要。

7.1.4 需求的呈现

求知的核心在于求未知之知，而不是沉醉于已知之知。要最大限度地刺激个体的感官，必然要将可掌握的未知作为抓手，既要避免重复其他可接触到的教育媒体中获得的内容，又要避免过于脱离该个体的理解和判断的内容。例如，以都江堰水利工程为例，众所周知，最初的设计者是战国时期的李冰父子，他们遵循“师法自然”的道教思想，并将这种伟大工程与社会效益进行分析，这些都是已知之知，可以预见其讲述很难引起注意。但如果向上追述其需求乃是连年水患、农业灌溉，将视野拉到战国纷争的境况，秦国施政者争强的心和远大的眼光，使能者能之，再联系当下我国所处的复杂国际形势，则可能引起兴趣并激发思考，形成自我启发、自我学习的动力，为职业技能奠基；再联系到现代农业中的化肥农药滥用问题、低产作物品种消失的情况、供给与需求微观不匹配的浪费问题等；也可以向下延伸，飞沙堰在唐朝重建，而现代利用计算机辅助流体模拟可以很快对其进行优化；其鱼嘴的建筑材料到民国时期才变得定制化，这是土木工程发展的成果等。通过逐步延伸，将经典工程与当下广大、迫切的需求联系起来，与工程学科相关技能联系起来，培养职业认同。

工程需求的呈现正是要符合人对感官刺激的需求，既持久又复杂。不仅仅是单一地用主旋律来渲染该工程需求的重要性，或是简单地提及该需求所带来的利益，而不将隐含的逻辑关系阐述清晰，应需要结合学科的经典、前沿、历史和趋势，来对当下的工程需求进行剖析。

7.1.5 当下的工程需求

既然工程需求的展示对工程职业的认同极为重要，那么能够获得更多关于当下的工程需求的教育则可以让同学们在不同工程学科中体会、思考并最终对某工程学科产生认同。教师由于专业性需求，虽对广泛的工程学科有一般了解，但难以在各个方面均关注某工程学科的最新进展并将其生动地呈现出来。如何获得这些信息呢？

我国在国家层次有科技部、工信部、教育部或相应部门，在某工程学科领域还有学部、学会、职业联盟等组织机构，这些部门每年都会开放基金申请，有相关报告公开，这些基金和报告往往是当下的工程需求最直接的信息来源，其中不仅包括全面的需求阐述，还会有前人的工作总结和最近的发展动态，是职业认同教育不可多得的素材。科技部开放基金申报指南如图 7-2 所示。

某工程行业内引领性企业的研发部门也会有联合基金、产业报告或动态新闻发布，其中不乏当下需求之阐述。由于企业更贴近应用，其相关需求更为迫切。除此之外，了解到当下需求的地方也可以是方方面面的，例如一次旅行中看到的不如意，新闻中报道的一次事故，甚至是美国对华征税的中国难以自主研发的产品清单。每次需求的发现和深入的调研都是一次职业认同的教育，加上老师的讲解或答疑、学校图书馆提供的专业数据库、学院各实验室的开放课题，这些将会多维度地拓宽同学们的视野和思维，使同学们形成强烈的职业认同。

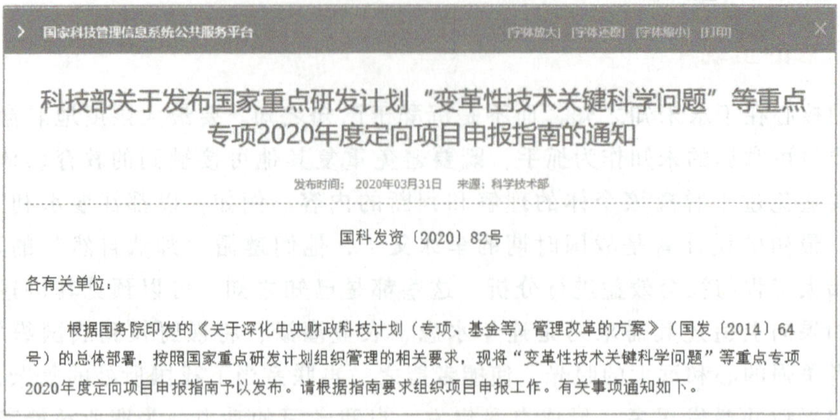

> 国家科技管理信息系统公共服务平台　[字体放大] [字体还原] [字体缩小] [打印]

科技部关于发布国家重点研发计划“变革性技术关键科学问题”等重点专项2020年度定向项目申报指南的通知

发布时间：2020年03月31日　来源：科学技术部

国科发资〔2020〕82号

各有关单位：

根据国务院印发的《关于深化中央财政科技计划（专项、基金等）管理改革的方案》（国发〔2014〕64号）的总体部署，按照国家重点研发计划组织管理的相关要求，现将“变革性技术关键科学问题”等重点专项2020年度定向项目申报指南予以发布。请根据指南要求组织项目申报工作。有关事项通知如下。

图 7-2　科技部开放基金申报指南

7.2　职业技能的培养

工程人才的育成自然离不开职业技能的培养，只有坚实充分的职业技能才能满足不断出现的广泛而复杂的新需求。职业技能的培养是需要基础科学、应用科学、实验科学、工程学等诸多课程的系统培养，循序渐进地开展的。此处所述的职业技能的培养，特指培养同学们能够自主地进行自我所需职业技能的识别，并主动地进行学习的意愿，即自学能力的培养。这种培养主要还是首先建立在明确的职业认同之上，只有明确了自己的职业认同，知道了自己未来的打算，则自然而然地会去不断武装自己的职业技能。

7.2.1　自学能力的养成

尽管同学们进入大学时选择了专业，并参与了该专业设置的课程，但这对于成为一个合格的工程人才还远远不够。首先，很多同学在选择专业时缺乏主动性和自愿性，往往听从了师长的建议和意见，而这些意见有时常会过于功利，仅从当下哪个行业需求更为迫切、哪个行业收入更高更稳定出发，这时如果不进行培养则很难形成主动的学习，无法应对未来可能出现的复杂而艰难的工作。其次，本科课程的设置更多的是考虑基础和前沿，对于应用科学特别是工程领域的专业应用不会进行深入的教学，同学们往往需要继续深造或者进入企业进行适当的培训才能胜任相关工作，越向后面发展越不会有广泛而系统的课程教育，而更多的是自主地通过专业文献的查询，伴随实验、课题、项目等开展深入的专业教育。如果一直仅仅满足于课堂上的讲授，必然在当下很多工程领域的工作中捉襟见肘，无法实现自己认同的职业愿景。

从授人以渔的教学方式就可以看出来，自学能力的养成几乎是大学里培养人才的标志成果，同学们更主动地自学，利用可以利用的时间为自己将来的职业打基础，而不是临时应付作业或是为了考试而自学。这种主动性必须是建立在自己的职业规划之上的，也就是自己的职业认同之上的。一个人有了自己认同的事业，就有了发现该领域内需求的心，就会时时刻刻关注着该领域内的发展动态，对标自己的能力进行查漏补缺。

美国职业工程师协会的工程师伦理守则（Codeofethics）里说，工程师要在自己具备专业能力的领域内进行服务。然而人们都清楚，随着科学技术的发展，新手段、新方法乃至新科学和新领域不断出现，即使曾经发展完善的学科都会老树发新芽，重新出现蓬勃的发展。例如机械领域，自动化的机械臂在汽车制造等行业已经广为应用，通过三个关节的精准控制能够在很小的公差内完成任务，然而随着软体材料的开发，无关节或新型关节的软体机械臂应运而生，原先的机械臂不仅是在功能上还是在成本上都可能再有飞跃。而如果相关技术人员在本科阶段没有接触过类似知识，难道就不再接触新生的事物吗？如果是，那只能解释为其自身没有对职业的认同，这种行为同样不符合尽力而为的伦理守则。

实际上，工程人员在实际的工作中常常会学习新的知识，这个能力不仅仅来源于其专业基础和学习方法，更来源于其对专业的执着而产生的主动学习的意愿。这种自学能力则成了工程人才的一种重要能力和评判标准。在很多时候，越是能够在短时间内获得并理解新知识，并抓住其中关键节点的人，越是能够带领团队在工程项目中有所突破。在港珠澳大桥的建设中，海底隧道的沉管作业在开始时困难重重，工程是否能够完成都遭到各方乃至项目中很多人员的质疑，然而正是其中的很多工程人员夜以继日地学习、调研和探索，最终攻克难关，他们也成为该领域世界顶尖的人才，这也为其后将要开展的其他建设项目带来了信心。由此可见，主动学习的能力往往是团队中核心骨干的必备技能。

7.2.2 能力与潜力

能力与潜力是人们经常听到的词语，其差别似乎在于已经有可展示成果的，人们称之为有能力，而未有成果但在方方面面有所体现的，人们称之为潜力。而实际上无论一个人有没有成果，其能力已经是存在的了，如果说潜力，更多的是一种激励甚至惋惜，因为他本可以做得更好。这种差别实际上就在于是否主动地去学习，来丰富其潜力而成为实力。

所以，职业认同和职业技能乃至职业操守，是综合统一互为进退的关系。有的人在遇到问题时往往找各种理由退缩逃避，最常用的理由就是“这个我做不了”，当然这可能是事实，排除专业领域差别太大或投入大产出小等理由之外，别人能找来合作而推辞，更多的是对这个需求不认同，也就可能是对这个职业不认同，缺乏责任感和钻研精神。

在职业培养上，如果能尽早地培养出职业认同来，则在其职业道路上就会形成主观能动性，顺流而下地进行工作，遇山开山逢水架桥。为自己的职业技能去学习，就是为自己所认同的职业去学习，就是为自己未来想要去服务的人们去学习。

7.2.3 职业技能的教育资源

职业技能的培养首先是要培养学习职业技能的自我动力。在这方面的教育仍然是保持授人以渔的理念，不是将技能本身和盘托出，而是通过实际需求和实际问题的案例，让同学们主动去调研进而得到学习。这种培养所需要的教育资源变得更为广泛，最主要的就是数据库资源和实验室资源。

收录完整的专业期刊数据库及前沿尖端的实验室往往是评判大学排名的重要标志，同学们进入大学如果仅仅是在宿舍和课堂之间两点一线，则会忽略大学中真正重要的资源。利用好这些资源，将其调动起来为自我的职业技能培养做支撑是一个重要的能力。很多企业之所以不断和大学建立长期的合作，就是因为校企之间的互补性：企业提供了实际的需求引领，高校则提供了数据库和实验资源。在大学学习中，尽早地接触这些资源并熟悉它们的使用，将使自己今后的职业生涯受益无穷。

7.2.4 持续的学习

曾经流行过这么一个判断：中国学者和外国学者最显著的差异在于，中国学者的专业技能基本停留在自己的博士和博士后阶段，其后就不断为经费和关系网络的建立而奔波；而国外学者则是不断地学习，最终成为领域内公认的标杆人物。这种说法当然是以偏概全的，但其中折射出的道理则体现了持续学习的重要性。就像本章一开始所说的“一万小时定律”，而这只是在某一个特殊领域内的一万小时，一个人在一生中虽然专注于某个领域，但可能接触该领域内不同的问题；同时，该领域也会因为其他人的贡献而不断发展，所以，持续的学习在工程人才中是普遍的现象。如果一个人不再进行学习，或是不再学习职业技能，则很可能是这个人的职业认同发生了变化。例如华为创始人任正非先生，他在青年时代渴望学习数学和计算机，但是因为诸多原因没有如愿，在后来的职业生涯中则又有其他的机遇与挑战使得他没有继续学习这个方面的职业技能，转而更多的是管理和引领性的职业技能不断培养深化，但他仍然认同这两方面的职业技能，所以不断地在高校设立基金和奖学金等来培养数学家和计算机科学家。

由此可见，每个人的职业认同也是因其机遇在不断调整的。一个人的时间是有限的，每个人都想保持自己的初心在某些领域徜徉，但当挑战来临时，如果不站出来，可能连自己在内的很多人都会失去能够徜徉的空间，鱼与熊掌不可兼得则二者取其重，其实并不是放下自己的职业认同，而反倒是坚守了自己的职业认同。由于工作重心的变化，则更要不断地学习相关的知识，训练自己的职业技能，不管是保持工匠精神还是成为行业标杆人物，持续的学习都是必需的。

7.3 创新能力的培养

7.3.1 创新能力的定义

创新能力是指一个人（或群体）在前人发现或发明的基础上，通过自身的努力，创造性地提出新的发现、新的发明和新的改进革新方案的能力。

也可以说，创新能力就是一个人（或群体）通过创新活动、创新行为而获得创新成果的能力，是一个人在创新活动中所具有的提出问题、分析问题和解决问题这三种能力的总和。

7.3.2 创新能力的特征

创新能力是人的能力中最重要、最宝贵、最高层次的一种综合性能力，具有综合性特征和深度结合性特征。

1. 创新能力是一种综合性能力

创新能力的综合性表现为：创新能力的核心应是创新思维，而创新思维本身就是一种综合性的能力。

2. 创新能力是一种具有深度结合性的能力

创新能力不仅具有综合性，而且还与其他相关的理论、知识及人的其他能力有很深的结合，具体表现在特殊性和内核功能这两方面。

（1）创新能力作为核心能力的一种，有其特殊性　这是因为，在国际上对人才综合素质评价的八种核心能力测评的标准中，创新能力具有极为特殊的地位，主要表现在以下两方面：

1）创新能力在人们终身发展能力的三个层次中居于核心地位。

2）创新能力是八大核心能力的核心，与其他七种能力都具有紧密结合的特性。这八种核心能力分别是交流表达能力、数字运算能力、自我提高能力、与人合作能力、解决问题能力、信息技术能力、创新能力和外语应用能力。

（2）创新能力在生产力中具有内核的功能

人是各种生产力要素中最为活跃的因素，在生产过程中居于决定性的主体地位。因此，为了提高生产力，就需要采取大量的措施和办法提高广大从业者的素质，尤其是核心的创新能力和素质，因为最终被物化在人们日常生活的各类产品和服务中的只能是人的素质和人的创新能力。

7.3.3　创新能力的构成

创新能力包括多方面的因素。创新能力主要是由提出问题、分析问题和解决问题这三种能力构成，并通过创新实践的过程和创新实践的活动等体现出来。

1. 提出问题

提出问题又称为形成问题，它是指创新者在已有知识、信息和经验的基础上，对客观存在问题的情境、状态、性质等的重新发现和认识。而提出问题的类型又包括研究型问题、发现型问题和创造型问题三种。

2. 分析问题

分析问题是指创新者对于提出的问题，经过相关资料的寻找收集、分析处理、尝试解决直至弄清问题的整个过程。

3. 解决问题

解决问题是指创新者面对提出的问题和分析的结果，在尚无现成办法可用时，将问题从初始状态向目标状态转化直至完成目标的全过程。

可见，创新能力是由提出问题阶段、分析问题阶段（包括尝试性解决问题）和解决问题阶段这三步动态的过程所构成，其结果主要是看问题是否得到了正确合理的解决，也就是说，最终只能由创新的方法和创新的成果等形式表现出来，并获得确认和评价。

7.3.4　创新能力的自我开发

1. 努力克服思维定式

人是具有高级思维能力的灵长类动物，有很强的思维能力，因而随着人们知识、经验的积累，就会形成一定的思考问题和解决问题的习惯方式。思维定式对于解决一般性的问题、老的问题是很有效的，但对于解决新的问题来说，往往就成了障碍。突破思维定式的途径与方法主要有：

①要敢于大胆质疑；②提倡立体思维；③学会暂时抛开书本；④建立自己的处事原则；⑤养成多角度思考的习惯和求异思维的观点。

2. 重视你的自我表象

自我表象，又称为心理表象，指一个人采取关于他自己的信念及所产生的对等的思维形象。换句话说，自我表象就是关于一个人是什么人或他认为自己是什么人的问题。

大量事实表明，无论你认为自己是出类拔萃的人还是一个平庸者，你的信念系统都将逐渐导致你认定的结果。其实，人的全部思维都产生于自我概念，并反过来又导致所谓的自我心理表象的结果。事实证明，人人都有提升自我表象的能力，这种能力来自人的本能，只是由于很多人没有认识到这一点，致使他的创新能力没有发挥出来而已。

教育学家普斯哥特·莱克是第一批认为自我表象的增长是一种提高个人表现手段的人中的一位。他认为：有的人之所以平庸，是因为他们有一个导致失败的自我表象，而不是因为他们没有创新的能力。莱克进一步解释道："大脑细胞的核心是个人的自我思想和自我概念，如果一个新的想法与系统中已经存在的想法一致，而且与个人的自我概念一致，他就会很容易被接纳和吸收。如果它看起来不一致，它就会遇到抵制，并可能被拒绝。"

可见，自我表象之所以极为重要，是因为"自我表象是人类个性和人类行为的关键"。不仅如此，自我表象还通过定义"你可以成为什么"或"不可以成为什么"来设定个人成就的界限。因此，扩展你的自我表象，也就扩展了你可能成功的范围。

3. 树立核心信念

为什么要树立核心信念呢？因为核心信念将促进人们具有积极的、优秀的自我表象，这是创新型人才必须具有的，也是那些杰出的创新者共同具有的、特定的信念。如果你也拥有了这些信念并把它作为生活中思考的内容，你就会有积极的、健康的、创新的思维方式。

现将一些比较典型的成功信念简单列举如下：

1）相信你自己是世界上独一无二的人，所以你是世界上最重要的一个成员，你能做出独特的贡献。

2）相信真正杰出的创新者是靠奋斗、拼搏而成就的。

3）相信决定你自己命运的主宰力量是你的创新思维方式。

4）相信你自己有无限的创新潜能。

5）相信你自己在生活中的某个领域会拥有出类拔萃的创新能力。

6）相信你自己具有为了培养创新能力而容忍失败的精神。

7）相信你自己有能力创新，并愿意以实用为目标，从小处着手。

8）相信你自己有能力创新，并愿意奉行"行动至上"的信条。

4. 如何培养和开发与生俱来的创新潜能

尽管创新是人类先天的本质属性，但如何有效地开发创新潜能，却是后天的问题。因为，能力，尤其是创新能力，是必须通过学习、教育、训练、实践、激励等培养出来的，或者说是基于以往实践经验的摸索总结，通过"学、练、干、恒"等途径的磨炼才获得的。

（1）学　就是学习创新的基本知识，提高"自我表象"，增强责任感，强化创新动机。

（2）练　就是在学习的过程中，勤学勤练，学以致用，学练结合。

（3）干　就是应用，就是实践，就是运用创新的思维、创新的技法，通过创新的活动，创造性地解决生活和社会中存在的各类问题。

(4) 恒　就是将开展创新活动和提升人的创新能力作为一项长期战略而经常化、制度化。

5. 注意培养良好的职业道德

要想成为一个有创新能力的创新型人才或创造型劳动者，除了应该具有必要的文化基础知识和相关的行业知识外，还有一个很重要的因素，就是必须具有良好的职业道德。当然，随着时代的发展和进步，思想道德、职业道德也应与时俱进，也应创新，也应注入新的内容，淘汰不符合市场经济规范的滞后的内容。因此，不仅要注意与传统美德相衔接，而且要注入新时代的特征。

7.3.5　创新——往回走也是一种创新

人类的很多古老共识并没有沉底，只是在潜水，它们还会回到水面。世界上有很多创新，不是往前，不是走向从来没人去过的陌生地带，而正好是往回走。

比如说，哈根达斯在中国市场推出冰淇淋月饼在当年是一个创新，但是这个创新的原点是月饼。仿照天上的月亮做个小吃，在1000多年前的唐朝开始过中秋节的时候就定下来了。中央广播电视总台在1983年办春节联欢晚会是一个创新，但是这个创新的原点在古时有“除夕”这个概念的时候就定下来了。

2011年，微信出现，微信开屏图如图7-3所示。为什么微信的开屏图永远是这个样子，从来不换？微信是一个10亿用户量级的产品，它不能搞怪，搞什么奇思妙想，它的开机画面必须指向所有人都认同的故乡。请问，所有人都认同的故乡，除了地球，还有什么别的选择吗？请问地球的样子是什么时候定下来的？至少40亿年前。

图7-3　微信开屏图

参考文献

[1] 李正风，等．工程伦理［M］．北京：清华大学出版社，2016.
[2] GOSTELOW P J . Engineering and society［M］．Upper Saddle River：Prentice Hall，2000.
[3] 张永强，等．工程伦理学［M］．北京：高等教育出版社，2014.
[4] 李伯聪．工程社会学导论［M］．杭州：浙江大学出版社，2010.
[5] 戴维斯．像工程师那样思考［M］．丛杭青，沈琪，等译．杭州：浙江大学出版社，2012.
[6] 宁先圣，胡岩．工程伦理准则与工程师的伦理责任［J］．东北大学学报（社会科学版），2007（5）：388-392.
[7] 哈里斯，普理查德，雷宾思．工程伦理概念和案例［M］．丛杭青，沈琪，等译．北京：北京理工大学出版社，2006.
[8] 亚里士多德．尼各马可理论学［M］．廖申白，译．北京：商务印书馆，2003.
[9] 卡逊．寂静的春天［M］．吕瑞兰，李长生，译．长春：吉林人民出版社，1997.
[10] DAVIS M，STARK A. Conflict of interest in the professions［M］．New York：Oxford University Press，2002.
[11] HARRIS C E. The good engineer：giving virtue its due in engineering ethics.［J］．Science and engineering ethics，2008，14（2）.
[12] DAVIS M. Thinking like an engineer：the place of a code of ethics in the practice of a profession［J］．Philosophy & Public Affairs，1991，20（2）.
[13] DAVIS M. Thinking Like an Engineer［M］．New York：Oxford University Press，1998.
[14] DAVIS M. Engineer Ethics［M］．Aldershot：Ashgate Publishing Limited，2005.
[15] BECKER L C. Encyclopedia of Ethics：Vol. 1［M］．New York：Garland Publishing Inc，1992：329.
[16] ZACHAR Y J M. The machine question：critical perspectives on AI，robots，and ethics［J］．New Media & Society，2014，16（6）.
[17] CARL R B. Ethics and the management of spent nuclear fuel［J］．Journal of Risk Research，2015，18（3）.
[18] ZENG，DANIEL. AI ethics：science fiction meets technological reality［J］．IEEE Intelligent Systems，2015，30（3）：2-5.
[19] 李德明．我国核电建设中的生态伦理问题研究［D］．湘潭：湖南科技大学，2014.
[20] 吴宜灿．福岛核电站事故的影响与思考［J］．中国科学院院刊，2011，26（3）：271-277.
[21] 任灿．我国核电发展的伦理反思［D］．衡阳：南华大学，2016.
[22] 罗萨，麦可利斯，基廷，等．能源与社会［J］．南京工业大学学报（社会科学版），2016，15（1）：67-81.
[23] 陈学俊．能源工程的发展与展望［J］．世界科技研究与发展，2004（1）：1-6.
[24] 宗建亮，李天德，熊豪．世界经济周期性波动与石油危机［J］．经济经纬，2008（1）：28-31.
[25] 乔维高，徐学进．无人驾驶汽车的发展现状及方向［J］．上海汽车，2007（7）：43-46.
[26] 黄碧辉．人工智能时代的制度安排与法律制度［J］．法制与社会，2019（28）：20-22.
[27] 周庆智．大数据与公共治理：需要重新定义的问题（专题讨论）［J］．哈尔滨工业大学学报（社会科学版），2019（4）.
[28] 高奇琦，陈建林．大数据公共治理：思维、构成与操作化［J］．人文杂志，2016（6）：103-111.
[29] 高志勇．植物转基因工程利弊浅析［J］．山东商业职业技术学院学报，2003，3（4）：68-69.
[30] 张永军，吴孔明，彭于发，等．转基因植物的生态风险［J］．生态学报，2002（11）：1951-1959.

[31] 张玲，吴建国，卢建华，等．转基因食品安全的生态伦理学探析［J］．安徽大学学报（自然科学版），2007（3）：91-94.

[32] 刘昌明．南水北调工程对生态环境的影响［J］．海河水利，2002（1）：1-5.

[33] 沈大军，刘昌明，陈传友．南水北调中线工程对汉江中下游的影响分析［J］．地理学报，1996，63（5）.

[34] 赵文龙．工程与社会：一种工程社会学的初步分析——以中国西部地区生态移民工程为例［J］．西安交通大学学报（社会科学版），2007（6）：65-69.

[35] 余伟．创新能力培养与应用［M］．北京：航空工业出版社，2008.

[36] 李伯聪．工程哲学引论［M］．郑州：大象出版社，2002.

[37] 李世新．工程伦理学概论［M］．北京：中国社会科学出版社，2008.

[38] 肖平．工程伦理导论［M］．北京：北京大学出版社出版，2009.

[39] DICK K J, STIMPSON B. A Course in Technology and Society for Engineering Students［J］. Journal of Engineering Education, 1999, 88（1）: 113-117.

[40] HASSLER P C. Engineering Ethics: A University Course［J］. Issues in Engineering Journal of Professional Activities, 1981, 107（3）: 185-191.

